国家社会科学基金重点项目研究成果
中国科技报告资源体系构建研究（11ATQ006）

科技报告体系构建研究

贺德方　曾建勋　著

科学技术文献出版社
SCIENTIFIC AND TECHNICAL DOCUMENTATION PRESS
·北京·

图书在版编目（CIP）数据

科技报告体系构建研究 / 贺德方，曾建勋著. —北京：科学技术文献出版社，2014. 10

ISBN 978-7-5023-9533-9

Ⅰ.①科…　Ⅱ.①贺…　②曾…　Ⅲ.①科学技术—技术报告—中国　Ⅳ.①G322

中国版本图书馆 CIP 数据核字（2014）第 254942 号

科技报告体系构建研究

策划编辑：周国臻　责任编辑：周国臻　赵　斌　责任校对：赵　瑗　责任出版：张志平

出 版 者　科学技术文献出版社
地　　址　北京市复兴路15号　邮编 100038
编 务 部　(010) 58882938，58882087（传真）
发 行 部　(010) 58882868，58882874（传真）
邮 购 部　(010) 58882873
官方网址　www.stdp.com.cn
发 行 者　科学技术文献出版社发行　全国各地新华书店经销
印 刷 者　北京时尚印佳彩色印刷有限公司
版　　次　2014 年 10 月第 1 版　2014 年 10 月第 1 次印刷
开　　本　710 × 1000　1/16
字　　数　294千
印　　张　18. 25
书　　号　ISBN 978-7-5023-9533-9
定　　价　78. 00元

序

科技报告是科技人员为了描述其从事的科研、设计、工程、试验和鉴定等活动的过程、进展和结果，并按照规定的标准格式编写而成的特种文献。科技报告必须符合以下要求:内容翔实、专深，提供图表、数据、研究方法等，能如实、完整、及时地描述科学研究的基本原理、方法、技术、工艺和过程等，科研工作者依据科技报告中的描述能够重现实验过程并了解科研结果。

科技报告作为一种难得的战略信息资源，是科研管理得以实现过程监控的有效手段，是科技创新得以继承和发展的参考源泉，也是科技成果得以转化的知识资产。美国政府于 1945 年成立了科技报告出版局，进行科技报告体系建设和公开交流，20 年后，美国政府科技报告开始成为一种常规性战略资源，成为支撑美国科技全面领先的重要基础之一。1984 年，我国由原国防科工委组织启动国家国防科技报告体系建设，涵盖核、航空、航天、船舶、兵器和电子等行业，2000 年我国国防科技报告体系进入规范化管理阶段。

近年来，我国科技报告工作得到了党和国家的高度重视。2012 年 7 月，中共中央、国务院《关于深化科技体制改革加快国家创新体系建设的意见》明确提出加快建立统一的科技报告制度。科技部于 2013 年 4 月在国家科技计划中正式启动科技报告试点工作，颁布了《国家科技计划科技报告管理办法》; 2014 年 9 月，国务院办公厅转发科技部《关于加快建立国家科技报告制度的指导意见》，成为国家科技报告制度建设纲领性文件。与此同时，党和国家的一些领导人和科技部领导同志也在不同场合强调了科技报告制度建设的重要性，对我国科技报告制度的建设和发展起到了重要的推动作用。目前科技报告制度建设正在全国范围内全面展开。

2011 年，贺德方研究员依托中国科学技术信息研究所在科技报告馆藏和研究方面的优势，申请了国家社会科学基金重点项目“中国科技报告资源体系构建研究”（11ATQ006），并获得批准。在重点项目的研究过程中，贺德方研究员率领课题组结合近年来我国在科技报告制度建设方面的举措，积极推动我国科技报告体系研究及其在国家层面的建设进程，相关研究成果多次得到科技部领导批示，并在国家科技报告制度建设进程中得以正式应用，最终该重点课题以免于鉴定方式准予结项。

《科技报告体系构建研究》是国家社会科学基金重点项目的主要研究成果。该书以构建国家科技报告体系为目标，通过对国内外科技报告制度演化历程进行比较研究，基于科技项目的生命周期对科技报告的产生机制进行了深入分析，面向科技资源开放共享需求对科技报告的资源配置与整合模式进行了全面探索，结合科技报告制度建设目标提出了科技报告制度建设的政策依据，从政府科技投入效益的视角设计我国科技报告体系和共享服务模式。最后紧密围绕我国科技计划管理实践，从运行层面制订了我国科技报告工作的操作指南。《科技报告体系构建研究》一书对于全社会整体把握科技报告制度建设流程，系统构建科技报告管理体系具有指导意义，对于科技界全面认识科技报告的内涵与价值，提升科技报告质量和使用效益具有参考作用。

科技报告制度建设是一项复杂的、实施难度巨大的长期性基础工作，构建我国科技报告体系既需要相关理论依据和指导，从国家层面顶层设计、统一部署，将科技报告工作纳入各级、各类科研管理程序，又需要具体操作流程和标准，充分考虑科研管理、信息资源管理与信息安全管理等制度的对接和融合，实现基于科技项目的科技资源集成整合与开放共享。我们期待贺德方研究员及其研究团队在科技报告相关实践和探索中取得更加丰硕的研究成果，进一步丰富我国科技报告理论、原理，完善我国科技报告资源建设与共享服务体系。

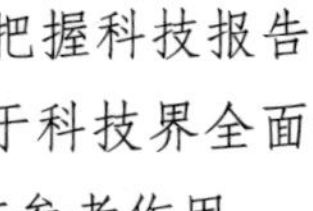

中国社会科学院学部委员

国家哲学社会科学研究专家咨询委员会委员

国家社科基金图书馆、情报与文献学学科规划评审组召集人

2014 年 9 月

目 录

1 科技报告概述

1.1 科技报告的定义

科技报告是科学技术报告的简称。美国科学技术报告编写标准（ANSI/NISO Z39.18）对科技报告的定义如下：科技报告用以传递基础或应用研究的结果、支撑基于这些结果所产生的决定。这类报告还应包含一些必要的信息，用于解释、应用或重复一项研究结果或方法，其主要目的在于推广传播科学技术研究的结果，并提出有关的行动建议。①

我国国家标准《科技报告编写规则》（GB/T 7713.3—2014）将科技报告定义为：科技人员为了描述其从事的科研、设计、工程、试验和鉴定等活动的过程、进展和结果，按照规定的标准格式编写而成的文献。

由此可见，科技报告是指科技人员为了描述其从事的科研、设计、工程、试验和鉴定等活动的过程、进展和结果，按照规定的标准格式编写而成的特种文献。科技报告产生自各类科研项目的研究活动之中，翔实记载了项目研究工作的全过程，包括成功的经验和失败的教训，是科技文献信息的重要组成部分。②

科技报告内容翔实、专深，能如实、完整、及时地描述科研的基本原理、方法、技术、工艺和过程等，科研工作者依据科技报告中的描述能重复实验过程或重现科研结果。

而由政府部门立项并利用国家财政全额或部分经费资助的，由政府科研机构、科研管理部门以及其他承包单位或合同单位承担的科研项目所产生的科技报告，政府部门一般会强制科研项目承担单位呈缴，并指定政府科技信

---

① 周杰. 科技报告资源的构成及产生机理研究 [J]. 情报学报，2013，32（5）：466-471

② 贺德方. 科技报告资源体系研究 [J]. 信息资源管理学报，2013（1）：4-9，31

息管理部门印刷和收藏，这类科技报告往往被称为政府科技报告。我们所说的科技报告，一般是指专门针对政府出资的科研、技术项目所产生的政府科技报告。根据项目的大小，一个项目一般可形成几份到几十份，甚至几百上千份科技报告。

总之，科技报告是按照标准规范撰写、由国家采取一定的行政手段强制形成的特种文献，是国家重要的战略资源。科技报告应该由承担国家科技项目的科研人员进行撰写，由科研人员所在法人单位负责审核。项目承担人员应该在研发实施和转移、转化阶段提交科技报告。

1.2 科技报告的特点

依据每个科研项目的专业特性和任务目标要求，不同的科研项目可产生和提交不同类型的科技报告，并不要求每个项目都形成和提交上述所有类型的科技报告，提交科技报告的具体类型和数量需要根据项目的类型、规模和任务性质而定。以“阿波罗计划——高级载人空间飞行系统的可行性研究”的最终报告为例，该科技报告共有 9 卷，涉及总体设计、飞船推进、原材料等方面。例如：第 1 卷是“概要与结论”，第 9 卷是“阿波罗项目实施计划”，其中第 9 卷长达 614 页。对这些科技报告的系统研究，将对研制载人空间飞行器具有重要的意义。

科技报告涉及科研的全过程，内容翔实、专深，附有图表、数据、研究方法等，能如实、完整、及时地描述科研的基本原理、方法、技术、工艺和过程等，科研工作者依据科技报告中的描述能重复实验过程或重现科研结果。归纳起来，科技报告主要具有以下几个突出特点。

（1）与科研项目直接相关

这一点首先体现在其来源上，科技报告一般产生于政府资助立项的科研项目，由政府部门强制呈缴并指定专门机构进行管理；其次体现在其内容上，科技报告翔实记载科研项目的全过程，包括成功的经验和失败的教训。虽然有些期刊论文会注明其研究受某项目或课题资助，具体内容也可能的确与项目或课题进展相关，但期刊论文发表与科研项目之间并无必然联系，叙述内容也更为简略。

（2）内容覆盖面广，技术含量高，实用性强

科技报告内容覆盖整个科研过程，不仅包括最终报告，还包括各阶段产生的实验（试验）报告、技术报告、分析报告、专题报告、技术论文等，能较为真实、准确、详尽地反映科研活动的全过程，并可以包括不适宜公开发表的关键技术、核心技术、工艺方法等涉限、涉密信息，因此，科技报告的技术含量和使用价值远高于公开发表的期刊论文、会议论文等文献。另外，科技报告侧重于事实，用成熟的理论来解决设计、试验、工艺、设备、材料等技术问题，是对来自解决实际工作问题的经验和教训的总结，可用于指导今后的科研和生产工作，具有很强的实用性。

（3）具有较强的新颖性和前沿性

科技报告多产生于政府立项资助的重大科技目标和科技项目，内容涉及国家层面的战略尖端领域、重大科学问题、核心关键技术、新兴产业技术等方面，具有极强的新颖性和前沿性。科技报告能及时反映科研过程进展和技术进步成果，代表项目研制的最新状况和水平，体现项目的创造性内容，在保密设限的范围内进行交流和利用，能够提升研究起点，形成成果阶梯，可以加快一个国家整体的科技创新和科技进步。

（4）具有较好的时效性

科技报告伴随科研工作和项目的进展而产生，它不受研制周期节点的限制，不需要评审和编辑出版环节，发表周期短。科技报告也不受篇幅限制，可以是几页，也可以是几百页。美国许多非保密性的科技报告是以小册子形式公开发表的，具有发表快、出版快的特点。另外，科技报告可以在科研项目的实施过程中随时形成和提交，不必等到项目结束。因此，科技报告能反映最新的科学研究进展和结果，快速地进行共享交流。据报道，在国外，同一研究成果，如以科技报告形式单独发表，比以科学论文形式在期刊上刊登，要早 1 年左右的时间。

（5）编写较为规范

科技报告一般都需要按统一的编写格式撰写，题目、目录、摘要、附录等都有相应的格式规范标准，对内容构成也有较完整的要求。科技报告的编写是科研材料和科技档案文献化、隐性知识显性化的一个过程，内容翔实，论述完整，可读性强，便于理解。科技报告还有统一连续的编号，每份科技报告的编号永久不变，供管理和服务使用。

（6）管理严格

科技报告一般都由政府部门强制征集和管理，其编写、管理和使用制度比较严密。美国政府科技报告工作是从总统签署命令开始有组织进行的，此后，又陆续制定了一系列政策法规和规章制度，来规范科技报告的产生、收集、组织管理和交流利用。管理流程涉及机构设置、运行机制、知识产权、密级管理等问题，其严格性和规范性能够有效保证科技报告的完整产生和安全利用。

1.3 科技报告与其他文献的差异

科技报告与期刊、图书等公开出版的文献以及科技档案、科技成果等科研材料既有联系，又有所不同。科技报告的收录范围很广，所有伴随国家科研生产计划而产生的科学技术成果都可以作为科技报告的要素，从而产生科技报告。而其他类型的科技文献，如图书、期刊论文等也可能产生于科研生产活动中，科技档案尤其如此，但比较起来，科技报告具有如下属性特征：①科技报告具有专门的编号系统，用以进行收藏、管理、提供利用和复印；②科技报告的内容覆盖广泛，篇幅长短不受限制，但具有统一的编写格式和封面形式，具有辑要页和审定表，其中包括项目或合同编号在内的20多项著录项，可生成索引进行检索和项目查新，同时具有技术内容审查意见；③科技报告是可带有密级的技术文件，有些部分属于不公开发表的内容，或敏感，或保密，或二者兼而有之。科技报告可以借阅，但读者范围根据密级进行限制。

总之，在众多的科技信息资源中，科技报告是唯一能够完整、系统地记录整个科研过程中技术细节，并能永久保存、供后人查阅使用的科技文献形式。

（1）科技报告与期刊论文等公开文献具有较强的互补关系

期刊、图书等科技文献属于正式出版物，而科技报告一般属于灰色文献（非正式出版物），两者在内容的涵盖范围、详简程度上不同，具有较强的互补关系。

期刊论文等公开文献对刊载的学术论文内容的独创性有严格要求，内容必须是在理论性、实验性或观测性上具有科学创新见解，或者是已知原理应用于实际中取得的新进展、新发现，需要经过专家评议。同时受到载文数量和篇幅的限制，期刊论文的内容选择、文章长短、编排格式都严格控制。因此，在大量的科学研究结果中，只有小部分具有创新性的最终研究成果能够在公开出版物上发表，而且由于刊载的论文篇幅有限，只能以阐述作者的科学见解和研究结果为目的，对研究方法、试验过程、中间结果等描述较为简单。

由此可见，科研活动过程中所产生的全部研究结果，只有小部分具有独创性或新颖性的成果可以通过公开文献发表，而大部分的研究结果，特别是中间结果，由于保密受限等原因，无法公开发表。这部分未发表的科研结果也具有较高的科研参考价值，是一笔巨大的知识财富，需要通过有效的手段和渠道进行完整的记载和保存，以便他人借鉴和利用。而科技报告在此方面正好可以发挥巨大作用。科技报告作为一种灰色文献，其编写没有数量和篇幅的限制，可以全面、完整和翔实地记载和描述科学研究和技术开发活动中任何调研、试验、设计、研制、开发、生产等方面的过程和结果，并包括大量的图表及原始数据。科技报告涉及的研究问题可大可小、可深可浅，即使是非常专门或细节的研究，也可作为科技报告的内容，目的是记录和保存科研活动中一切有价值的结果。相比已在公开文献上发表的研究成果，科技报告记录和描述得更加翔实，而对于未在公开文献上发表的研究结果，科技报告对此的记录和保存更体现出了不可替代的作用。

科技报告与期刊论文等公开文献所涉及内容的密级也存在很大不同。期刊论文等公开文献内容一般不会涉及国家秘密、技术诀窍、关键技术和数据等，内容以基础理论和公共知识的研究为主，涉及技术秘密或细节时都会尽量回避和笼统论述。科技报告具有严格的密级划分、使用范围限制和安全管理制度，有助于打消科技人员的顾虑，在科技报告中详细撰写技术细节。因此，科技报告在科技知识和科技成果完整记录与保存方面，可以发挥比期刊论文等公开文献更重要的作用。

此外，科技报告是在科研活动过程中产生的非正式出版物，无须同行评审，排版、印刷简明，以报告科研工作的过程与结果为目的，时效性、可读性、技术性强。科技报告与学术论文的主要区别见表 1–1。

表 1–1　科技报告与学术论文的主要区别

类别	科技报告	学术论文
内容重点	侧重于报告实事，真实而准确地反映客观进展情况，最终引导出结论或报告成果，或提出问题进行讨论	重在体现创新内容（新见解、新方法、新应用、新设计、新数据等），进行缜密的逻辑推导，从理论上反复论证
关联性	其中有部分可上升为科技论文	一般可按科技报告格式形成科技报告
撰写目的	及时跟踪、反映科技项目的研制、试验、设计、生产过程中的进展，总结科研知识和生产经验，对技术发展进行积累、交流和传承	在学术刊物上发表或在学术会议宣读、讨论，主要表明作者所掌握的本门学科的理论基础、专业知识、基本技能以及从事科学研究或担负专业技术工作的能力。主观目的是用于学位申请、职称评定
撰写要求	政府指令性、强制性	个人自主行为
交流范围	受密级限制，交流范围小	公开
其他	不受出版周期和篇幅限制	受出版周期和篇幅限制

（2）科技报告是对科研档案的文献化

科技报告是科研档案的重要组成部分，但更强调技术内容的规范化描述和记录。科研档案的基本目的是归档、保存和备查，作为一种原始凭证，涵盖内容相对宽泛，侧重保存研究过程中形成的管理性文件和研究结果的依据性材料；而科技报告则是以积累、传播和交流为目的，按照规定的格式编写而成，侧重描述研究的技术过程、内容和结果，更具有参考价值。[①] 科研档案主要服务于科研实施单位和管理部门的科研管理，而科技报告主要面向公众或特定群体提供开放共享。

科技报告与科研档案两者之间的具体不同与相互关系见表 1–2 和表 1–3。

① 贺德方．科技报告资源体系研究 [J]．信息资源管理学报，2013（1）：4–9，31

表 1-2 科研档案与科技报告的区别

类别	科研档案	科技报告
目的	作为科研过程的记录和凭证，用于保存、备查和证据	用于积累、传播、交流科技信息
内容	科研活动的原始记录等第一手资料，涵盖内容相对宽泛，包括具有保存价值的批复、信函、通知等管理性文件和技术文件	科研活动的研究、总结、分析与记录
格式	无固定格式要求，归档为案卷，成套保存	按规定的格式编写，每份报告自成一册，单独发行
载体形式	报告、图纸、文字、表格、照片、声像资料、原始文件等	纸质和电子版等
管理	科研机构、档案馆，不发行	由政府部门或其授权的科技信息机构管理发行
交流范围	不允许外借和交流	按密级范围进行交流

表 1-3 科研档案与科技报告的关系

类别	内容	与科技报告的关联
设计文件	产品结构、性能和参数指标等	不能直接产生科技报告，可作为资料来源
工艺文件	工艺方案、工艺规程和材料明细表	不能直接产生科技报告，可作为资料来源，参考其产品工艺分析、技术协调工艺、专题工艺攻关总结等内容
研究试验文件	任务书、立项报告、调研报告、方案报告、研制计划、计算报告、试验大纲、测试细则、原始记录、试验报告、研究／设计报告、学术报告、工艺报告、质量报告、定型／鉴定报告等	其中除去任务书、研制计划、试验大纲、测试细则、原始记录、定型／鉴定报告不能单独成为科技报告，其他都可按照科技报告编写内容的重点和撰写格式加以转化
专题研究报告	相关专著、论文、研究报告	其中的关键技术研究课题、支撑性研究课题与科技报告最为接近，一般可直接产生科技报告

（续表）

类别	内容	与科技报告的关联
项目研试报告（基本与科研档案中的研究试验文件相同）	任务书、立项报告、调研报告、方案报告、研制计划、计算报告、试验大纲、测试细则、原始记录、试验报告、研究／设计报告、学术报告、工艺报告、质量报告、定型／鉴定报告等	其中除去任务书、研制计划、试验大纲、测试细则、原始记录、定型／鉴定报告不能单独成为科技报告，其他都可按照科技报告编写内容的重点和撰写格式加以转化
管理性报告	预先研究计划指南、建议书、重点项目综合论证报告、开题论证报告	重点项目综合论证报告和开题论证报告可作为产生科技报告的来源
	科技预研基金项目申请书、科技预研基金项目总结报告等	科技预研基金项目总结报告可转化为科技报告

另外，科技报告最终会在科研档案中保留一份，丰富了科研档案内容。而科技报告的强制呈缴，也有利于加强科研档案的建设和管理工作，扭转科研人员档案意识淡薄、不愿提交科研档案、基层科研档案管理力度不够的局面。

由于科技报告涉及很多不能公开发布的技术信息，必须明确标注密级或授权使用范围，一般由政府部门或其授权的科技信息机构管理发行，使用非公开发行的科技报告需经严格的授权管理和审批程序。

（3）科技报告有利于科技成果的形成和申报

科技成果是指人们针对某一科学技术研究课题，通过观察实验、研究试制或辩证思维活动取得的具有一定学术意义或实用价值的创造性结果，是在科学技术活动中通过复杂的智力劳动所得出的具有某种被公认的学术或经济价值的知识产品。科技成果需由法定机关（一般指科技行政部门）认可，在一定范围内经实践证明其先进、成熟、适用，能取得良好经济、社会或生态环境效益。科技成果强调研究结果的产品化、知识产权和专有技术，突出技术创新点和关键点、成果用途、经济效益与社会效益等内容，主要用于成果推广、转化和应用，形成的文字材料按成果报告格式编写，用于成果申报和授奖。

而科技报告属于一种科技文献，侧重于对研究过程和结果的完整记录与描述，既可包括可以形成科技成果的研发结果，更多地包括了不宜或不能形成公开科技成果的研究内容。因此，科技报告与科技成果在技术含量、内容涵盖范围、产生的数量和时效性等方面有明显差别。

首先，科技报告和科技成果的差别表现为技术含量不同。科技成果资料主要包括相关评价证明、知识产权证明、用户证明等，虽然也包括研制报告、研究报告、学术专著、学术论文等，但总体上看技术内容不够系统、详细。科技报告包括科研全过程各个阶段的技术内容和成果，甚至包括核心技术和关键技术，内容系统而专深。

其次，科技报告与科技成果的覆盖范围不同。在众多的科研项目研究结果中，只有能形成产品或工艺、具有实用推广前景、能取得良好经济或社会效益的成果才能申报科技成果，进行成果登记，而大量的理论、方法、试验以及中间研究结果，最终不会成为科技成果予以公开和发布。科技报告却不同，政府资助的所有科研项目，无论有无成果，都必须提交科技报告。因此科技报告收集面更广、数量更多。

最后，科技报告与科技成果的时效性不同。应用技术项目研究完成后，其成果经过用户试用，取得用户证明后，才能申报成果，这往往需要 1 年以上的时间。而科技报告是伴随科研过程产生的，较大的项目往往在项目整体完成前就会产生相当数量的科技报告，时效性很强。美国科技报告一般只需要 2 ～ 3 个月即可进入流通体系进行交流。

当然，科技报告与科技成果也有密切的联系，在科技报告的基础上凝练科技成果和准备成果申报材料，可以加快科技人员申报科技成果的进程。

（4）科技报告和科学数据是不同类型的两大科技资源

科学数据是指在科研活动中，特别是在科学实验 / 试验过程中，所产生的基本数据以及按照不同需求而系统加工的数据产品或相关信息，它特别强调各类科技活动过程和结果描述的原始性、客观性、长效性和可重复性。目前，我国科学数据主要集中在国土、地理、气象、空间等领域。

现代科学的主要基础是实验科学和形式逻辑，随着各种大型、先进的科学实验设备的出现，产生的科学数据越来越庞大，其中蕴藏着大量尚未发现的内容、关系和规律，具有极高的研究价值，因此，科学数据日益成为一种科技战略资源，成为科技信息资源的重要组成部分。但是，科学数据作为一种客观、事实性的数据记录集合，其与用文字记录科学知识和科研结果的科技报告明显不同。科学数据是在科学实验或测量过程中获得的原始数据记录，是科研的原材料，可作为科学研究的佐证，需要进行归纳和分析，从中总结出科学规律或研究结果。而科技报告是对科研过程、方法、实验、结果和经验的文字总结和记录，侧重于分析研究过程与结果。因此，科学数据与科技报告属于两类科技信息资源，产生于科研活动的不同环节和阶段。科学数据往往作为科研档案的一部分或参照科研档案的管理方式进行保存。

科学数据是产生科技报告的基础素材之一，通过对科学数据进行采集、整理、统计和分析，挖掘其内在的本质和规律，发现问题和解决问题，就可以形成专门的科技报告。科技报告为佐证结论形成过程，往往也包含文本格式的科学数据。

1.4 科技报告的类型

科技报告是继图书、期刊、专利、标准、档案等类型文献之后出现的一种独特的文献类型，它在记述技术先进性、实用性等方面具有独特的优势，是促进科学技术迅速发展的重要信息资源和宝贵财富。

科技报告可以是科学技术研究的过程和方法描述、结果或进展总结、研制或试验结果分析，也可以是某项科学技术问题的现状和发展论述、科学技术考察经过、科研成果记录、具体问题的研究分析、技术性文件、阶段总结和记录等，种类繁多，可以包括正反两方面的结果和经验。不同类型的项目在不同的阶段会产生不同类型的科技报告。

一般而言，一项科技工作和科技项目的全生命周期可划分为科研立项，项目研发实施，成果转移、转化三大阶段，在不同的阶段会产出不同的科研成果和文字材料，形成不同类型的科技报告（见图 1–1 和图 1–2）。

科研人员在科研立项，研发实施，成果转移、转化环节都需要使用已有的科技报告资源，同时在后面两个环节中还将产生新的科技报告资源，进入科技报告体系，为下一轮创新活动提供文献支撑。在科研立项阶段，科研人员将提交申报书和合同书等材料，它们属于科研档案，不纳入科技报告范畴。在研发实施阶段，项目承担人员一般需要提交专题技术报告、技术进展报告、最终技术报告以及组织管理报告。专题技术报告包括试验 / 实验报告、分析 / 研究报告、工程 / 生产 / 运行报告和评价 / 评估 / 测试报告，其中试验 / 实验报告提交各种数据及分析结论，分析 / 研究报告提交某项课题的研究经过与

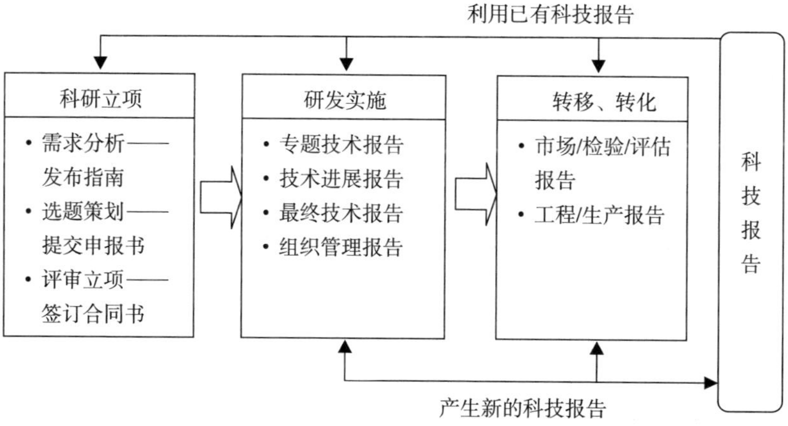

图 1–1　科技报告的形成

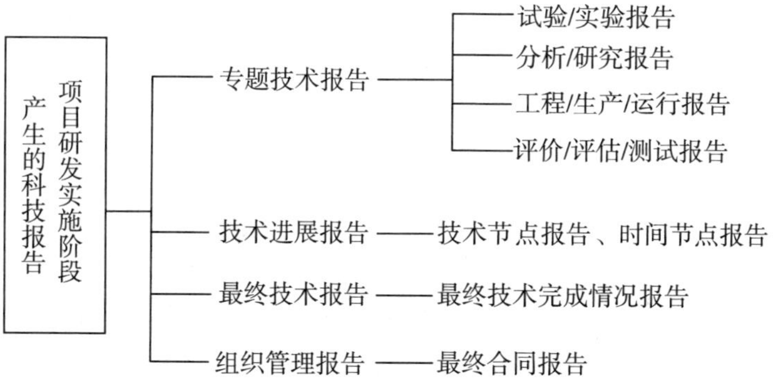

图 1–2　研发实施阶段产生的科技报告类型

成果，成果包括论文（报告）和专有技术，公开发表的论文和专利属于科研产出，但不纳入科技报告范畴。工程 / 生产 / 运行报告描述工程类、科技产品类以及科学仪器、设备、设施类科技项目的设计和建设开发的过程、进展以及关键技术、生产原料、材料方法、技术状态、维修维护等。技术进展报告要根据技术节点提交研发过程中的技术进展、结果以及时间节点报告。最终技术报告要提交技术最终完成情况报告。组织管理报告即最终合同报告，反映最终课题任务完成情况。在成果转移、转化阶段，项目承担人员需要提交市场 / 检验 / 评估报告以及工程 / 生产报告。市场 / 检验 / 评估报告要提交描述产品的生产运营成本、经济可行性、市场前景等相关科技报告。

在实际工作中，很多科技报告是上述几种类型报告的混合体，如美国政府科技报告中有许多技术进展报告，其提交形式是季度报告或年度报告，而内容实际上是对某一具体科学技术问题的研究，相当于是研究报告。还有很多报告的名称为技术研究报告（Technical Research Report）、最终科学分析报告（Final Scientific Analysis Report）。

此外，根据科技报告的密级，可将科技报告划分为公开科技报告、解密科技报告、非保密受限制科技报告、保密科技报告等。

1.5 科技报告的价值

根据面向多元利益主体的公共项目价值理论，科技报告资源的价值构成包括科研人员价值构成、科研机构价值构成、科技管理部门价值构成、政府投资人价值构成和社会公众价值构成等5个纬度。

（1）科研人员的价值构成

主要体现为使用性价值和功能性价值。科研人员是科技报告的撰写者，也是直接使用者。撰写科技报告能够提高科研人员的科研总结和归纳能力以及学术影响力和学术声誉。而科技报告包括科研过程和科研成果的详细信息，具有极高的参考价值，可以提高后续研究的技术起点，缩短研究周期，避免重复研究，使得后人可以站在前人的肩膀上取得更高的成就。

（2）科研机构的价值构成

主要体现为收益性价值、管理性价值和发展性价值。科技报告是一个机构强化知识管理、促进隐性知识显性化的重要手段，是机构知识库和科研档案的核心内容。撰写和保存科技报告有利于积累和培育本机构的核心竞争力，促进科研能力的阶梯式递增。

（3）科技管理部门的价值构成

主要体现为职能性价值、效率性价值、监管性价值等多重价值。科技报告可为科技管理部门提供真实的信息支撑，有效避免不同科研管理体系的重复立项，减少财政资金的浪费。而在项目的中期检查、结题验收阶段形成的科技报告则可对科技成果的真实性和创新性进行实时检验，有利于增加科研工作的透明度。

（4）政府投资人的价值构成

主要体现为社会性价值、回报性价值和安全性价值。对国家科技投入所产出的科技报告进行全面收集、保存和共享，是作为纳税人代表的政府投资人的权利，在国家科技计划项目研究成果及其形成的知识产权授予科研项目承担单位所有的背景下，科技报告将是国家科技投入的重要回报形式，也是国家科技投入的总结形式和成果展示方式。

（5）社会公众的价值构成

主要体现为社会性价值和监督性价值。科技报告方便了全社会对科技成果的共享和利用,社会公众即使不是直接受益者,也会成为间接受益者。同时，科技报告是社会公众了解科技经费投入、科技成果产出的有效渠道，可以扩大公众知情权和监督权，有利于增强全社会对我国科技投入模式的理解和支持。

总之，科技报告各利益主体的利益关系表现为多元化和错综复杂的形态，各方既有共同利益（如项目总结、成果发布、绩效评价、共享交流），又有利益冲突（如保密、知识产权、撰写成本等），需要进行利益平衡，在科技报告资源的积累、组织和利用中充分实现各方价值，也有利于科技报告资源持续完整的积累、保存和长期价值的形成、创造。

1.6 科技报告的作用

数字化时代，我国科技报告资源体系建设以电子形态为主，实现数字化撰写与保存、网络化呈交与服务、规范化管理与共享。因此，利用计算机手段和大数据技术对科技报告进行集成整合、规范组织后，对科研人员、科研机构、科技管理部门、科技信息机构、社会公众等多元责任主体将发挥更大作用，产生更大增值效应，主要体现在以下几方面。

（1）有利于实现科技产出效果的全面评估

科技报告可以展示科技项目研究的实际水平和进展，也可以反映项目承担单位的研发实力。获得项目资助代表了政府和社会对其科研能力的肯定，对项目承担单位科技报告进行统计分析，并将项目研究领域、项目承担数量、项目研究结果、科技报告内容质量以及科技报告所包含的论文、专利、成果等信息进行综合分析，是评估科研机构科研能力的重要指标。与此同时，获得政府资助项目，并依据项目研究过程和结果撰写、呈交各类科技报告，是科技人员科研业绩的重要体现。科研人员承担项目的数量和参与程度，完成科技报告的数量和质量以及项目产出相关成果等，都能够体现科研人员的创新能力和实际水平，有助于量化人才评价指标，从重学历、资历向重能力、业绩转变，客观真实地形成有说服力的人才评价依据。

（2）有利于实现与其他科技产出的集成与关联

科技报告源于相关科研活动或项目，这些活动或项目除产出科技报告外，还产生论文、专利、标准、软件、样机和相关仪器设备等成果。科技报告往往还是多机构、跨领域、跨地区科研人员协同合作之结晶，科技报告内容中包含了大量的图表、数据、参数、设计、技术、产品等知识要素，通过科技报告各种属性的信息关联，可以组织成为强大的知识网络和社会网络结构。同时，科技报告不但需要进行常规的元数据加工和检索服务，还要通过内容抽取、知识标注、数据挖掘等技术手段，将科技报告中的内容、数据、知识产权信息与主题进行集成关联,实现科技报告的知识链接与发布,对科研人员、科技管理部门和社会公众都具有参考价值。

（3）有利于实现对科技活动相关要素进行系统分析

科技报告不仅包含内容丰富的科研细节和成果信息，还包括了计划类别、技术领域、项目名称以及项目承担单位和承担人等科研活动的基本信息，对这些信息进行交叉统计和综合分析，可以为计划项目的过程管理、进展监控、绩效评估等提供真实依据，为科技计划的发展规划、重点方向、领域布局、立项评估等提供决策参考信息，实现对科技要素的综合统计。因此，利用科技报告文献信息和项目信息相互关联的优势，构建科技报告统计分析工具，固化科技报告统计分析模式，可以建立起完整的科技报告统计分析体系。通过对科技报告部门分布、领域分布、机构分布、平均数量、时间进度等基本指标进行统计分析，结合项目任务合同书对研究内容、实施进度、科技报告提交的要求进行比对，可以获得项目执行情况、阶段进展、项目产出、成果质量等方面的基本判据。

（4）有利于实现科技领域趋势预测和科研团队发现

政府资助科技项目主要针对我国科技发展的战略重点，着力解决关系国家未来发展的重大科学课题和关键技术问题，瞄准前沿技术、共性技术和核心技术，由此而产生的科技报告能够充分反映当前我国科学技术的最新发展。因此，采用数据挖掘和主题分析的方法，对科技报告技术内容及其相关产出成果进行分析，使用科技报告中所蕴含的领域数据和技术数据，建立技术预测模型，形成各学科领域和专项技术的研发主题和研发状况的关系图谱，有利于发现影响我国社会经济发展所需要的重大技术、核心技术和薄弱技术，识别技术发展的趋势、状态和路径，也有利于识别和发现优秀的科研团队，为科技管理部门分析、评价科技发展现状，选择优先资助领域，优化科技投入结构，科学设置计划、项目指南提供决策依据。

（5）有利于形成产权凭据进而避免政府重复投入

科技报告作为科研项目（课题）产出和科研成果的一种重要形式，也是科研人员主持或参与科研项目的有效凭据。经过多级审查并进入国家保存体系的科技报告作品，具有包含课题编号和基层单位编号的完整编码，也是科技报告及其所涉及的创新性研究结果的产权标识，可与论文、专著、科技成果同等对待，形成一种新型的著作权形式。同时，科技报告发布是技术内容的首发权象征，在知识产权纠纷或侵权案例中，可作为相关知识产权内容的拥有凭证。

目前，各科技管理部门虽然建立了科技计划项目管理信息系统，但项目信息和数据沉淀和保存在各自系统之中，并与各种申报信息、过程信息、管理信息、财务信息相互混杂，无法实现项目信息的开放共享。科技报告可以形成跨部门的相对完整的项目信息数据库，作为项目查重、科技查新的重要信息源，根据科技报告所蕴含的技术内容和最新研究进展，对立项项目进行深度查新查重，从而减少不同科研管理体系的重复立项和重复投入，逐步改变政府多头科技投入与封闭运行的状况。

（6）有利于对科研活动进行过程监控和规范管理

年度报告、中期报告、进展报告、最终报告等类型的科技报告，包含更多的技术内容和研究细节，并配备完整的数据、表图、照片等内容，可以有效监督项目实施的过程和进展，检验项目阶段研究任务的完成情况，评估研究成果的真实水平。对社会的有效开放，可以满足社会公众对国家科技投入和科技发展的知情权和监督权，在一定程度上形成对科技报告本身以及科研项目过程和结果的公示效果，增加科研工作的透明性，促进科研人员树立诚信、务实的科学精神，推动我国科研生态环境的健康发展。也能为公众提供科技成果的线索，提高科技成果的转移、转化效率。

按标准撰写科技报告是科技人员系统、完整地记录科研过程，凝练科研结果，总结科研经验，表述科研心得，分析科研数据，归纳科研方法的一种重要手段，是科技人员从事科研工作的一项基本业务能力，是规范科研活动过程的有效管理方式。通过科技报告工作能够强化科研档案的归档和保存，强化隐性知识的记载和分享，确保机构知识和技术的持续积累，促进机构技术能力的演化，提升机构核心竞争力，避免本单位技术和知识随着时间流逝或者人员变动而流失，促进机构内部隐性知识的显性化、个人知识的机构化、零散知识的整合化，是机构知识管理工具，也是机构知识库建设的重要组成内容。

2 国外科技报告制度剖析

以“Technical Reports”及其扩展词作为关键词，在国外科技文献门户网站上进行检索，相似或相关的文章非常有限。仅有的几篇文章主要关注科技报告的撰写与服务，例如，美国国家技术信息服务局（NTIS）对科技报告的完整性、质量、标准、密级进行了规定；美国航空航天局对科技报告出版发行的目标、政策、选择、标准、审核、批准制定了详细规定；Tom Warren 论述了如何撰写国防科技报告，特别是流程和标准；Nickum，Lisa S. 分析了美国政府科技报告过去不易利用的原因和如何利用新技术促进报告的有效利用；Cfaristiaee Stock 介绍了法国政府科技报告的收集和服务。

与理论研究形成鲜明对比的是国外在科技报告建设中的实践行为，欧美国家都很重视科技报告的管理、开发和利用，把国家支持的科研活动产生的资料，包括研究目的、方法、过程、技术内容、中间数据以至经验教训，尽可能向公众开放共享。

美国从 1945 年发布第 9568 号总统令开始有组织地开展政府科技报告工作，目前已建成世界上规模最大、内容最丰富、管理最完善的政府科技报告管理体系。美国有一套完整的政策法规体系和组织管理机制保证科技报告体系的权威性、完整性和平稳运行。此外，英国也建有科技报告工作协作体系。2000 年以前，英国大部分科技报告分散在科研院所、大学、政府和企业之中，资源难以鉴别、查找和获取。为加强信息资源建设和信息服务，英国在 2002 年开始实施“访问灰色文献收藏”项目，建立工程灰色文献收集、存储和利用的协作体系，使科技报告成为国家电子资源持续发展的重要部分。目前，英国科技报告管理工作已经明显改善，大英图书馆的馆藏科技报告数量显著上升，数字化水平迅速提高。同时，德国也拥有初具规模的科技报告管理和服务体系。与其科研机构类型划分相似，德国科技报告体系包括联邦各部科技报告、高等院校和四大国家级科研机构科技报告、基层研究单位科技报告 3 个级别。德国联邦教育与研究部建立名为“研究之门”的搜索引擎作为科技报告门户网站,链接德国联邦各部、各高等院校及研究机构的科技报告,以方便公众的交流使用。目前，德国科技报告正在走向统一收藏和管理，重点是技术领域和自然科学领域的研究报告。除美国、英国和德国以外，其他国家虽然没有建立国家层面的科技报告体系，但都有相关法规制度对科技报告的撰写、提交、收藏和利用等予以明确规定。通常情况下，科技报告由科研经费出资部门 / 系统自行管理，公开科技报告由国家图书馆或各部门 / 系统下属科技情报机构收藏。例如，日本规定科研项目进行至中期必须提交中期报告，项目结束必须提交终期报告；法国政府科研管理条例规定科研项目的执行必须提交科研报告，并接受相应的评估。

2.1 美国科技报告制度

2.1.1 美国政府科技报告的形成和发展

1945 年美国政府成立了科技报告出版局，进行科技报告体系建设和公开交流，但在 1964 年，科技报告才开始成为一种战略信息资源。美国政府科技报告包括国防部 AD 报告、商务部 PB 报告、航空航天局 NASA 报告和能源部 DE 报告四大体系,其中 AD、NASA、DE 报告由各自部门承担保密和解密工作,公开和解密的部分交 NTIS 公开发行。美国的科技报告体系是世界上发展最为成熟和完善的，每年公开发行 6 万多份公开科技报告，占全世界科技报告总量的 80% 左右，是支撑美国科技全面领先的重要基础。①

美国政府科技报告的形成和发展过程，大致可分为 3 个阶段。

（1）前期，从 19 世纪后期到 20 世纪初的几十年间

随着近代科技工作的蓬勃发展，美国在科技研发方面采取了许多先进的措施和政策，并逐步建立了庞大的科研机构和科技队伍，产生了许多供内部交流使用的科研记录、文件、摘要、备忘录、总结报告等，并以政府出版物的形式公开发行。如 1895 年，美国政府出版的《美国政府出版物月报》将政

① 冯长根，饶子和，王陇德，等．建立国家科技报告体系势在必行 [J]．科技导报，2011（21）：15-16

府各部门及相关研究机构编写的科技材料统一编目，并提供公开使用。这个时期，科技成果资料的管理工作还比较分散，尚未形成系统。

（2）雏形期，从第一次世界大战开始到第二次世界大战初期

为了保持在航空领域的领先地位，美国于1915年成立了国家航空咨询委员会，在此期间，还成立了国家标准局（现名国家标准与技术研究院）。随着科研经费的增加，国家航空咨询委员会又陆续成立了几个研究中心和实验室，研究范围逐步扩大。国家航空咨询委员会在科研活动中注重对科研过程和结果的整理、归纳、分析和总结，在40年间形成1.6万篇技术文件和研究报告，在美国政府各部门之间进行交流使用，成为美国政府科技报告的雏形。

（3）成型与发展期，从第二次世界大战到今天

第二次世界大战爆发，促进了世界各国科学技术和军事力量的发展。美国当时是资本主义国家中经济实力最雄厚、科学技术最发达的国家，从第一次世界大战中受益甚多。第二次世界大战期间，美国一方面密切注视和千方百计搜集其他国家的经济、军事、科研发展动向和情报；另一方面，从1939年开始，投入了大量资金和科学技术人员，并成立专门机构分别从事原子能、航空航天等尖端技术秘密开发与研究工作以及对科技文献信息的收集、整理和交流利用工作。

1940年夏天，美国政府成立了国防研究委员会，1941年改组为战时科学研究与发展局，后改组为武装部队技术情报局，直到今天的国防技术情报中心，专门从事军事科技情报的收集、管理和服务工作。

1945年，成立了科技情报出版局，之后改名为技术服务局，直到今天的NTIS，专门从事国内外科技报告的集中收集、管理和公开服务工作。科技情报出版局的成立标志着美国科技报告工作的正式开始。

1946年，成立了原子能委员会，后改组为能源研究与发展署，1977年改组为能源部，并成立了科学技术信息办公室，专门负责能源科技报告的收集、管理和服务工作。

1951年，成立了武装部队技术情报局，专门负责国防部及三军系统的科技报告工作。

1958年，国家航空咨询委员会改组扩大为现在的国家航空航天局，并专门成立科学技术情报局全面负责科技报告的管理工作。

这些部门的相继成立，有力地推动了政府部门的科技信息工作，并逐步

形成了美国政府四大套科技报告体系。1946 年，美国政府科技报告开始公开出版发行。

目前，主要的四大体系包括能源部系统的 DE 报告、国家航空航天局的 NASA 报告、国防部和三军系统的 AD 报告和其他政府部门形成的 PB 报告（见图 2–1），并且形成了相对完备的法规制度体系、组织机构体系和工作机制。①

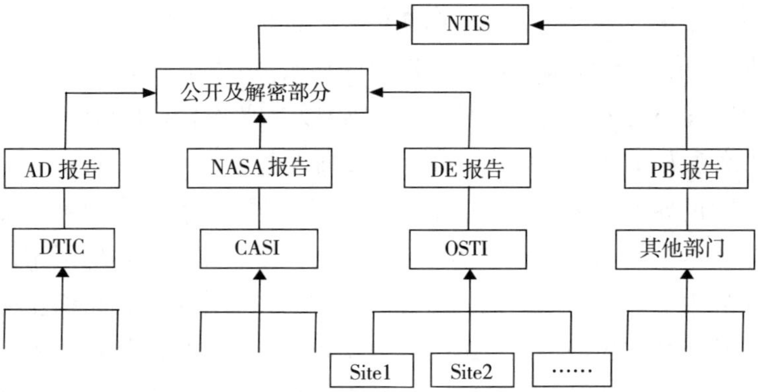

图 2–1 美国政府科技报告体系示意图

2.1.2 美国政府科技报告法律、法规制度

为确保科技报告体系建设的顺利进行，美国建立了"联邦政策法规 + 各部门规章制度 + 项目承担单位规章制度"三级法规制度体系。

联邦政策法规包括《美国技术卓越法》、《联邦信息资源管理》、《科学技术报告：准备、描述和保存》、《联邦采办法规》等，明确规定联邦投资产生的各类科技报告的提交和共享等方面的要求，明确相关知识产权规定，明确国家技术情报服务局的职责和功能及其他相关部门的责任和义务；在联邦法律、法规的指导下，国防部、航空航天局、能源部、商务部等部门根据各自的需要和特点制定本部门的共享及管理政策和办法，如《国防部科技报告格式要求》、《NASA 科学技术信息记录、审批和传播要求》、《能源信息法》等，明确了相应部门科技报告的提交范围、方法、程序等，确保科技报告的安全

① 张爱霞，沈玉兰. 美国政府科技报告体系建设现状分析 [J]. 情报学报，2007，26（4）：496–502

管理和使用；在上述两级制度的指导下，项目承担单位制定本单位科技报告工作的相关实施细则。[①]

在此，我们主要研究和剖析与美国科技报告管理相关的国家级法律、法规和部门/行业级的规章制度。

（1）美国科技报告管理国家级法律、法规

与美国政府科技报告工作相关的国家级法律、法规包括但不局限于：

- 《美国技术卓越法》（American Technology Preeminence Act of 1991, Public Law 102–245， dated 2–14–92）；
- 《武器出口控制法》（Arms Export Control Act， Public Law 94–329，22 U.S.C. 2751 et seq.）；
- 《信息自由法》（Freedom of Information， 5 U.S.C. § 552）；
- 《文书销减法》[Paperwork Reduction Act of 1995， Public Law 104–13（44 U.S.C. 3501）]；
- 《电子政府法案》（E-Government Act of 2002， Public Law 107–347）；
- 《出口管理法案》[Export Administration Act of 1979， as Amended, Public Law 96–72， as amended（50 U.S.C. 2401）]；
- 《版权法》（Copyrights， 17 U.S.C.101–601 et seq）；
- 《联邦信息资源管理政策》[Management of Federal Information Resources， Office of Management and Budget（OMB） Circular A–130]；
- 《与高等院校、医院、其他非营利机构签署协议的统一要求》（OMB Circular A–110， "Uniform Administrative Requirements for Grants and Agreements With Institutions of Higher Education， Hospitals， and Other Non-Profit Organizations"）；
- 《与州和地方政府的合作或授权协议》（OMB Circular A–102， "Grants and Cooperative Agreements with State and Local Governments"）；
- 《科学技术报告：准备、描述和保存》（ANSI/NISO Z39.18， "Scientific and Technical Reports-Preparation， Presentation and Preservation"）；
- 《标准技术报告号的格式和创建》（ANSI/NISO Z39.23， "Standard Technical Report Number（STRN） Format and Creation"）；

---

① 贺德方．科技报告资源体系研究 [J]．信息资源管理学报，2013（1）：4–9，31

• 《公制转换法案》[Metric Conversion Act of 1975，as Amended，Public Law 94–168（U.S.C. 205a et seq.）]；

• 《隐私法》[Privacy Act of 1974，Public Law 93–549，as amended（5 U. S. C. 552a）]；

• 《史蒂文森法案》（Stevenson-Wydler Technology Innovation Act of 1980，Public Law 96–480， 15 U.S.C. 3710a note）；

• 《美国专利法》（U.S. Patent Laws， 35 U.S.C. 205）；

• 《美国联邦采办法规》 [Rights in Data General， Federal Acquisition Regulation（FAR） 52.227–14]；

……

美国政府通过制定国家级政策法规，明确联邦投资产生的各类科技报告的管理和收藏机构、提交流程、公开共享、知识产权等方面的法律基础和具体要求。其中，《信息自由法》、《文书削减法》、《版权法》、《美国联邦信息资源管理政策》等是美国信息资源管理政策的基石，也是科技报告提交和管理配套法规的上位法。这些法律、法规明确了政府所拥有信息的公开和共享问题以及公民使用政府信息的权利，例如，美国《版权法》明确禁止联邦机构对自己的工作成果拥有版权，确保国家所有信息的全社会共享；《信息自由法》第 552 条款对科技报告的使用、密级进行了明确规定。

美国白宫管理与预算办公厅 OMB–A110 通告对非营利性项目承担单位所产生的数据和信息的知识产权保护和公开共享给予了明确的规定，这些数据和信息受到美国版权法保护。但是，在项目完成和优先使用期以后，这些数据必须公开，并且索取费用不得高于复制和邮寄所发生的费用。

美国《国家技术信息法案》（15 U.S.C. 3704b）明确规定：NTIS 是美国科学、技术及工程信息的收集、处理和传播中心，其职能规定不经国会批准必须永久保留不得撤销或私有化。①

《美国技术卓越法》（Public Law 102–245）规定：美国联邦单位必须及时将联邦资助研发活动产生的公开科学技术及工程信息传递给 NTIS；所有涉及书目性的相关费用成本由国库支付。

① 张爱霞，沈玉兰. 美国政府科技报告体系建设现状分析 [J]. 情报学报，2007，26（4）：496–502

《美国联邦采办法规》明确规定：凡承包由联邦政府拨款资助的科研和生产项目者，都必须向联邦政府提交合格的科技报告（含该项目中形成的其他文献），这些报告的产权属于联邦政府。其中，第 35.010 条款对“科技报告”明确规定：

• 研发合同要求合同单位必须提供科技报告，符合工作目标，作为合同完成工作的永久记录。

• 服务机构应将研发合同产生的成果提供给其他政府活动和私营部门使用，合同官员应遵守有关国家安全、数据保护和新技术传播条例，将科技报告提交给NTIS：

如果收藏机构要求科技报告具有辑要页，合同单位应按标准格式（SF-298）随报告提交一份辑要页。

《美国联邦采办法规》在第 35.011 条款规定：研发合同中应规定需要提交的技术数据，在制订后续生产合同计划时，应该考虑获得技术资料（计划、图纸、规格、其他描述信息）所需的时间和要求，并作为生产合同的竞争因素。合同方在这些技术资料的产生过程中具有主导地位。《美国联邦采办法规》第 27 部分对政府合同中形成的专利、发明、版权等的使用政策、流程等也进行了规定。可见，《美国联邦采办法规》将政府项目产生的科技报告与科学数据、专利和出版物等并列为科研产出，并单独管理和考核。

《美国联邦采办法规》第 53.235 条款给出了科技报告文件页的标准表格格式（SF 298），该表被指定用于向合同官和技术信息服务局提交科技报告，表格的填写内容包括报告日期、报告类型、报告题名、合同号、基金号、项目号、任务号、作者、完成机构、项目下达机构、发行说明、文摘、主题词、页码、密级、审核人等。

这些政策的基本精神是：联邦政府投资产生的科技报告属于国家战略资源，应积极开展科技报告的集中管理和安全交流使用工作。这类政策的出台可以从不同角度确保国家对各类机构承担的国家资助科研项目产生的科技报告予以控制和开发利用。

（2）美国部门 / 行业级政策法规

美国科技报告的管理机构主要包括美国能源部、美国航空航天局、美国国防部和美国商务部。以国家政策法规为基础，美国各部门都制定有针对本部门科技报告工作的规章制度，以明确科技报告的提交范围、方法、程序等具体要求，确保科技报告的安全管理和利用。部门级规章制度又可以细分为两个方面：

一是通过在相关计划管理、项目管理、合同管理制度中提出明确的科技报告提交和监督要求，将科技报告制度纳入科研管理制度，确保科技报告的产生和提交，如能源部科学办公室的项目申请指南中明确规定需要提交信息的类型、数量、提交方式、单位等，详细信息在合同中规定。[①]

二是制定专门的科技信息制度，明确科技报告的提交范围、程序、方式、安全管理以及相关部门和人员的职责，以确保科技报告的安全管理和交流使用，如国防部的《美国联邦采办法规国防部补充条例》和《国防部科技信息计划实施原则和工作纲要》、能源部的《科技信息管理导则》（DOE O 241.1B 于 2010 年生效，后来的 DOE O 241.1A 和 DOE 241.1–1A 废止）、航天航空局的《科技信息管理规定》（NASA NPD 2200.1）和《撰写、提交和分发 NASA 科技信息的要求》（NASA NPR 2200.2A）等文件都详细规定了本部门科技报告的提交范围、程序和方法、发行范围、安全管理以及相关人员和部门的职责等。

1）美国商务部的政策法规

美国商务部于 2002 年发布的命令 DOO 30–7A 对美国公开科技报告的收藏和服务机构——NTIS 的授权、分工、任务等做了明确的阐述，确定 NTIS 是商务部的主要运营单位，是技术信息的交流中心，授权其建立国家技术信息服务周转基金、传播国内外科技信息、通过收费方式回收运营成本、通过各联邦机构向 NTIS 转让科技信息等权力，规定了 NTIS 应执行的任务，具体包括：①检索、收集、协调、整合、记录和编目从国内外可以得到的非保密科学、技术、工程和商务信息；②建立和维护所收集信息的永久档案库和交流中心；③根据情况，通过准备或出售文摘、译文、书目、索引和复制品，利用科学技术出版物和服务，使收集的信息能为商务、学术、联邦机构、地方政府以及普通公众所共享；④直接或根据情况与私营部门合作收集国外的非保密科学、技术和工程信息并译成英文，进行发布；⑤为更易于得到科学、技术、工程和商务信息，探索、开发和采用新方法或新介质，包括生产

① 张爱霞，沈玉兰．美国政府科技报告体系建设现状分析 [J]．情报学报，2007，26（4）：496–502

和传播电子格式的信息；⑥与私营部门合作（包括合营），探索、开发和采用新途径发行 NTIS 处理的信息产品，在这些途径中私营部门能够对信息产品的发行做出有用和有效的贡献；⑦使选择的书目信息产品即时被政府版本图书馆收藏；⑧作为联邦计算机产品中心管理“联邦软件交流中心”；⑨对国家和地方政府以及私营部门有潜在用处的、归联邦所有或由联邦产生的技术信息进行收集、传播和转让；⑩向联邦实验室技术转让协会提供信息和参考，以及应国家和地方政府的请求进行适当技术支持；⑪ 根据负责技术的副部长要求，对《美国技术文献法》[15 U.S.C. 3704（d）] 相关的项目提供支持；⑫ 进行 NTIS 与政府其他科学、技术和工程信息计划的协作和协调；⑬ 根据其他机构的请求提供产品和服务，包括联机情报检索、访问和网关服务，以加强这些机构的信息传播和技术转让；⑭ 为支持 NTIS 信息产品的散发，经营一个照相和复制部；⑮ 经营各联邦机构开发的音像产品；⑯ 为副部长和部属各部门在相关政策的制定和评价方面提供适当的信息支持。

美国商务部第 DOO 30-7B 令对 NTIS 的组织结构和权力分工进行了规定，制定了 NTIS 的组织结构图，明确了包括主任办公室、首席财务官（CFO）办公室、首席信息官（CIO）办公室、负责商务开发的副主任办公室、负责客户服务的副主任办公室、负责生产服务的副主任办公室在内的各部门职责。

2）美国能源部的政策法规

美国《能源部科技信息管理导则》明确规定了科学技术信息的内涵、参与科学技术信息活动的相关机构和人员及其职责，其核心内容主要包括：

• 科学技术信息是科研活动的一项重要产出，包括基础或应用研发活动产生的观察、试验、分析结果和结论以及其他相关信息和数据，应采取有效措施确保科学技术信息的产生、收集、存储、分发和利用。

• 能源部各部门应将有关要求、目标纳入计划管理、合同管理、绩效管理活动当中，并通过设立科技信息联络员等方式确保将科技研发结果以有效的形式提交到科学技术信息办公室（Office of Scientific and Technical Information，OSTI）。

• OSTI作为能源部科技信息的中心协调机构和最终存储机构，负责与各部门进行协调，并应按照规定的发布范围面向不同类型的用户提供服务，同时，还要负责科技信息的永久保存。

• 在向OSTI提交科技信息前，能源部各部门及信息产生单位必须按照有关安全、保密等方面的规定对科技信息的敏感性、密级、知识产权等进行适当的审查和处理。

《能源部科技信息管理导则》针对的是各种类型的科技信息，但其中最重要、最核心的信息类型就是科技报告，通过这类制度的制定和实施，将科技报告工作纳入从科研立项直到项目验收的整个科研管理流程，从不同的环节确保科技报告产生、提交、管理和利用。

虽然《能源部科技信息管理导则》和《能源部科技信息管理细则》涉及的是更加宽泛的科技信息，但科技报告作为科技信息的重要组成部分，通过这类制度的制定和实施，就将科技报告工作纳入从科研立项直到项目验收的整个科研管理流程，从不同的环节确保科技报告产生、提交、管理和利用。

《能源部科技信息管理细则》第二部分“科技信息产品的公告和发行”的第二节“财政资助接受者和非主要设施管理承包单位产生和提交的科技报告”，专门针对科技报告的奖励和资助以及非主要设备的管理合同（非管理经营 / 管理综合合约）进行了直接、明确的规定，科技报告的主要目的是有利于能源部投资的研发以及示范成果能够在能源部及公众中交流与共享。其中，对将科技报告纳入科研管理程序和项目合同的规定包括：

• 项目管理局资助的采购需求的发起人，需要根据奖励或协议具体说明科学/技术报告和产品的种类、次数、内容。业务合同承包方需要确保这些上交的报告中的需求、执行、业务、请求及结果，还要确保这些报告要求和工作目标与措施是否应列入招标、仲裁结果或合同中。业务合同承包方有责任与受众者沟通，以确保获取的科学/技术产品和信息满足受众的要求。

• 对于接受财政援助的单位，“联邦援助报告核交清单”（DOE F 4600.2）明确规定了技术成果的报告，其中包括发布形式和交付方式。能源部的业务合同承包方必须根据规定将报告提交给科技信息办公室。

• 研发奖励通常需要有最终的科学/技术报告或产品，应在获奖后一定的时间期限届满时提交。此外，根据产品开发及科技转移业务的实际情况，科技报告还可以是期刊论文，已发表的其他类型的研究结果，反映项目结果的网站或网页、软件、数据库、发明、专利申请和许可协议，也可以是项目研发的分析和总结。如果能源部需要发表，文件只有先经过科技信息办公室才能通过GPO和NTIS予以公开。

• 科技报告和产品提供了如环境、健康保护和废物处理等专业领域的科技成果的研究、开发、示范等，体现受资助研发项目的研究结果。能源部不得发布商业出版书籍、论文版权或再版发行的期刊。如果需要购买、使用此类资源，必须证明发行商的有效性。

• 项目状况报告或者其他项目的现况报告，包括管理、财务、预算、行政信息或其他由业务合同承包方服务支持的非技术业务产生的信息，不应递交给科技信息办公室。

此外，能源部还有很多与科技信息相关的制度，用于规范涉密受限信息的识别和安全利用。例如，信息安全手册（DOE M 471.6，Information Security）明确了各部门保护和限制涉密信息的要求和相关职责、仅供官方使用信息的鉴别和保护（DOE O 471.3，Identifying and Protecting Official Use Only Information）、非保密受控制核信息的识别和保护（DOE O 471.1B, Identification and Protection of Unclassified Controlled Nuclear Information）、保密信息的识别（DOE O 475.2A, Identifying Classified Information）等。对于贯彻执行《能源部科技信息管理导则》的最佳实践指南 ，即废止的《能源部科技信息管理细则》（DOE G 241.1-1A）中的有关规定，包括需要提交给能源部OSTI的信息类型、内容和格式要求以及科技信息提交、审查、发布的相关程序和方法等相关信息，目前都公布在OSTI网站的科技信息计划页面之下（http://www.osti.gov/stip）。

能源部下属的国家实验、主要设施/场地承包商要提交技术报告、数据、专利、学位论文、专注、软件等各类资料，财政资助接受者和非主要设施管理承包单位主要需要提交技术报告、期刊论文和会议论文。其中，对于开源软件、公开出版的期刊论文和会议论文等版权资料，可以只提交发布声明即元数据信息，元数据信息要包括详细的出版信息，不用提交全文。

《能源部科技信息管理细则》的这一节对科技报告的提交程序和要求也做出了详细规定。

• 作为合同的一部分，“联邦援助清单报告”（DOE F 4600.2）明确了受资助人需要最终提交的科技报告和其他科技产品。

• 通过财政援助接受人与非重点设施管理业务合同承包方应通过官方网站（http://www.osti.gov/elink）提交科技报告和其他科技产品及其元数据信息，登录页面见图2-2。E-link不需要用户名和密码就可以直接登录。在提交报告前，提交者要确保按照敏感信息评审程序对报告进行敏感性机构审查。

报告提交后，将会用电子邮件自动通知DOE合同官员、科技信息发布官员和OSTI。该网站采用了安全套接层协议（Secure Socket Layer，SSL），公开信息和受限信息都通过这个网站提交。

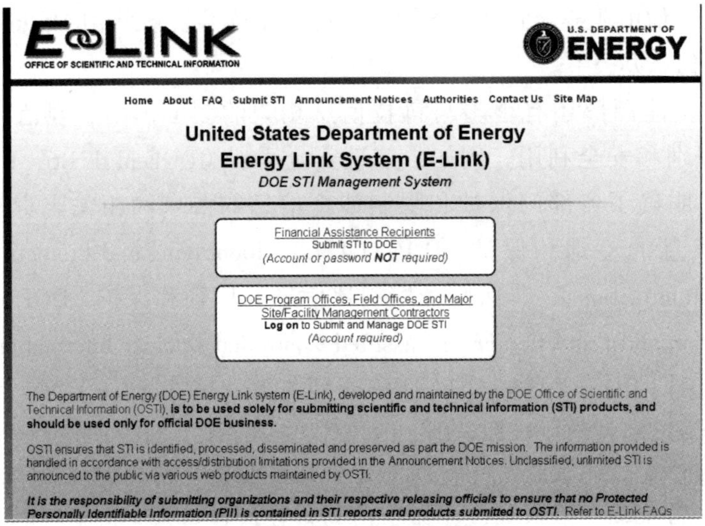

图 2-2　E-link 登录页面

• 每一份报告或其他科技信息产品应提交包括全文、图表公式在内的完整的电子版文件，原文提交可以通过上载、FTP、提供URL等方式。若只提供URL，则需要链接到可检索的PDF，上载的PDF全文不要求是可检索的。也可以提交HTML、WORD文档等。同时，还要提交包括题名、作者、出版者及格式等在内基本元数据信息以及发行声明（即使用限制元数据信息），并提交发布声明（AN 241.3，Announcement Notices of U.S. Department of Energy Scientific and Technical Information）。软件产品则通过AN 241.4提交元数据信息，科研数据通过AN 241.6提交元数据信息，见图2-3。

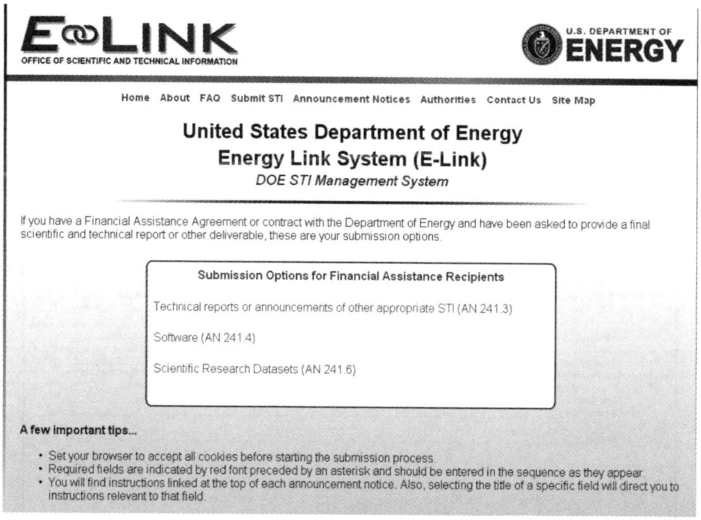

图 2-3 文件提交页面

发布声明，即 AN 241 文件一般包括三部分：第一部分为基本元数据信息；第二部分为格式信息；第三部分为审核 / 使用限制信息（即敏感性审查信息），包括信息发布官员的签名，见图 2-4。

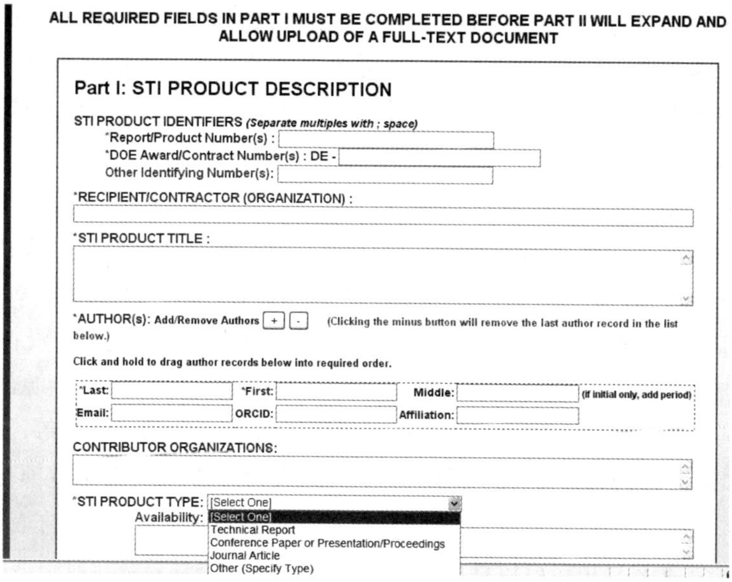

图 2-4 发布声明提交页面

AN 241.1 的部分字段见图 2–5：

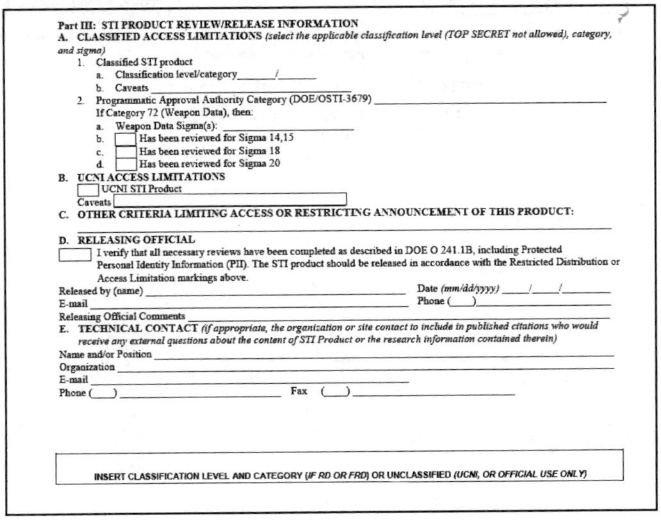

Part III: STI PRODUCT REVIEW/RELEASE INFORMATION

A. CLASSIFIED ACCESS LIMITATIONS *(select the applicable classification level (TOP SECRET not allowed), category, and sigma)*

1. Classified STI product
   a. Classification level/category______/______
   b. Caveats ______
2. Programmatic Approval Authority Category (DOE/OSTI-3679) ______
   If Category 72 (Weapon Data), then:
   a. Weapon Data Sigma(s): ______
   b. ☐ Has been reviewed for Sigma 14,15
   c. ☐ Has been reviewed for Sigma 18
   d. ☐ Has been reviewed for Sigma 20

B. UCNI ACCESS LIMITATIONS

☐ UCNI STI Product

Caveats ☐

C. OTHER CRITERIA LIMITING ACCESS OR RESTRICTING ANNOUNCEMENT OF THIS PRODUCT:

______

D. RELEASING OFFICIAL

☐ I verify that all necessary reviews have been completed as described in DOE O 241.1B, including Protected Personal Identity Information (PII). The STI product should be released in accordance with the Restricted Distribution or Access Limitation markings above.

Released by (name) ______ Date *(mm/dd/yyyy)* ____/____/______

E-mail ______ Phone (___)______

Releasing Official Comments ______

E. TECHNICAL CONTACT *(if appropriate, the organization or site contact to include in published citations who would receive any external questions about the content of STI Product or the research information contained therein)*

Name and/or Position ______

Organization ______

E-mail ______

Phone (___) ______ Fax (___) ______

INSERT CLASSIFICATION LEVEL AND CATEGORY *(IF RD OR FRD)* OR UNCLASSIFIED *(UCNI, OR OFFICIAL USE ONLY)*

图 2–5　AN241.1 部分字段

• 受资助人与非重点设施管理业务合同承包方应当直接采用DOE F 241.3文件，科技成果应以电子方式提交给能源部网站（http://www.osti.gov/eLink/）。财政援助接受人与非重点设施管理业务合同承包方应通过网站（http://www.osti.gov/elink-2413/）传送电子科技信息。其他媒介载体（CD、磁带、录像带等）的电子版本，应当通过美国邮政服务或海运传送；公告记录（见DOE F241文件）电子版本最好通过E-link提交，如要通过海运提交，应当随附文本复印件。

• 提交的报告应使用规定的模板。电子文件应以一种综合的文档提交，其中包括文本、表格、图表、照片、计划、曲线图。资料档案格式转换和便携式文件格式（PDF）可通过E-Link的“About E-Link”页面获取。

• 如果信息刻录在CD中，则需按照DOE F 241文件递交完整的资料（科学/技术报告或产品），同时附上复印件。磁带应当做标签，包括能源部编号、报告类别、报告时间、提交组织名称、准备者姓名、电话、传真等。

• 如果签订的报告要求包括DOE F 241.2文件“能源研发示范项目授予公告”，非主要设备管理业务合同承包方或财政援助接受人应直接向科技信息办公室提交请求，并向承包官员提交复印件。

• 承包官员与技术代表有责任确保科技报告的临时请求与最终请求符

合DOE F 4600.2 文件与DOE F 1332.1文件，并进行审核后上交至科技信息办公室。

• 能源部承包官员、科技信息发布人员将进入E-Link请求审查DOE F 241文件及与其相应的数据、报告。

• DOE F 241文件发布及信息提交后，能源部科技信息办公室官员将根据现有公告与全文资料对发布的数据和报告进行审核，其审核包括是否严格符合现有公告规定以及全文资料的有效性，必要时对已提交报告进行修改。最后，向OSTI提交报告，审核及公布科技信息。

《能源部科技信息管理细则》在其他部分还对科技信息与科技报告的发布公告相关程序审查、适合发布的产品、科技信息产品/报告编号、元数据元素、报告的提交、电子格式、建档与保存、分布式环境中发布产品、公众请求与访问渠道等方面做出了规定。在适合发布的产品类型中，受资助者的科技报告位列第一，与商业发行的书刊、会议文献、期刊论文、专利、软件、学术论文并列为项目的成果产出的考核标准。对于公开出版的期刊论文和会议论文等版权资料，则只需要提交发布声明（即原数据信息），不用提交全文。

3）美国国防部的政策法规

美国国防部将科技报告归为科技信息中的技术文献类的一种，在 1997 年美国国防部第 3200.14 号令《国防部科学技术信息计划（DOD STIP）实施原则和工作纲要》(以下简称《纲要》) 中，明确定义科学技术文献是由国防部主办，或与国防有关的研究和工程工作产生的以文献形式编写的成果。这些工作既可以由军内研究所完成，也可以由外部的承包商、分包商、受资助单位或其他类似的商业伙伴完成。这些科学技术文献，包括但不限于最终技术报告和中期技术报告、技术笔记、技术备忘录、技术论文、专题报告、会议论文集、期刊论文、试验报告、项目主管报告和任何媒体发布的其他形式的文献。而将其中的技术报告定义为任何初期、中期或终期的，用来记载、叙述或交流科学、技术、研究和分析工作成果的技术文献，这些成果都是从国防部承办或联合承办的项目中，或者是国防部推荐或与国防科研有关的项目中获得的。可见，美国国防部将科技报告完全纳入了科技文献管理体系。

“纲要”明确规定国防部的政策是建立一个协调、全面的计划，将国防部出资主办或国防部完成的研究与工程和各种科研项目的成果编写成文献，并根据国防部的任务，以有效的方式提供对这些科研项目的查询。国防部各部局领导人的职责之一是确保国防部各种科研活动产生的所有重大科学技术观察、发现、建议和成果，包括根据合同、资助和其他有关国防部任务或有助增强国防部和国家科学技术基础的方法所产生的成果，都要以“技术文献”的形式进行记录。各单位制定的内部程序和合同程序都必须保证这些技术文献的副本可以让国防部研究与工程单位使用，包括向各技术资料馆、国防技术信息中心和国防部各有关信息分析中心提供，并根据已制定的安全规定和其他限制规定，向民用科学技术单位提供这些文献。这项文献工作必须根据国防部的政策和科学技术信息计划程序指南确立的文献格式、发行范围、安全标记和复制方法的标准，尽快进行编写和发行。

《纲要》明确指出国防部对其技术基础进行巨额投资，通过保存科学技术信息，像国防技术信息中心、各信息分析中心、国防部各种数据库和技术资料馆等单位，最大限度地回收在研究与工程和各种科研项目中的投资成果，对科学技术信息起着收藏、保管和二次分发的作用。因此，当遇到机构调整、合并或取消计划项目等情况有可能部分或全部危及这些单位保存科学技术信息时，受影响单位必须制订切实可行的计划和提供必要的经费，以保存关键的科学技术信息。同时，按照国家安全要求管制，要努力以非密级形式编写技术文献和其他国防科学技术信息，并根据已经建立的审查程序，通过适当的联邦政府部门向公众提供使用。这样使用非密级的科学技术信息或非密级版本的国防科学技术信息摘要，将加快国防部和国家科学技术团体之间的信息交流。

《纲要》的附件四对“国防部研究与工程和科研项目的文献编写与发行工作”进行了详细的规定。首先，明确了文献编写和发行的对象是国防部实施或其他单位为国防部实施的所有项目的成果，文献编写及文献发行工作被认为是科研项目不可分割的一部分，直到文献编写及文献发行工作完成后，这些研究与工程项目才算完成。[①] 研究与工程和科研项目应迅速编写成文献并发行，其目的在于促使国防部门中其他人员完成类似的项目。各种研究与工程和科研项目，不论在实施中其结果是否获得成功，都应编写成文献。所有科研项目的叙述记录可为国防部的其他工作人员提供一个技术基础，为未来

① 尹建，霍振礼．美国科技档案工作探析（一）——美国国防科技报告的档案性与交流性 [J]．档案与建设，2001（5）：22-25

项目的投资和实施提供合理的依据。国防部各部局应确保由其下属各单位实施的、全部或部分由它们资助的所有研究与工程和科研项目，都要编写成文献，并予以传播和发行。

另外，《纲要》还通过附件的方式对国防部科技信息的查询使用和发行工作中各方的职责、运行政策和原则、用户收费等做出明确规定。美国国防部1999年第5230.29号令《国防部信息公布的安全性和政策审查》对国防科技信息和科技文献保密审查工作的政策、各部门职责、审查程序等做出了规定。国防部1992年第5230.11号令《对外国政府和国际组织的保密军事信息发布》从政策、责任、程序、信息要求、条件与限制、安全密级分类等方面对国防信息的国际交流进行了限制性的规定。

4）美国航空航天局的政策法规

与美国国防部类似，美国航空航天局（NASA）并没有专门的科技报告管理法规，而是将科技报告作为一类重要的科技信息，纳入科技信息管理体系，并受科技信息相关政策法规的约束，在必要时将科技报告在这些政策法规中单独列明。除了国家层面的政策法规外，NASA科技信息管理的政策法规主要有：

- 《1958年美国航天法》；
- NPR 5100.4《NASA联邦采购法补充条例》；
- NPD 2200.1《NASA科技信息管理》；
- NPR 2200.2《NASA科技信息的文件编制、审批及发行要求》；
- NPD 1490.1《NASA印刷、复制、版权、表格和信函管理》；
- NPR 1490.5《NASA印刷、复制和版权管理程序要求》；
- NPR 2810.1《NASA信息技术安全》；
- NPD 1440.6《NASA记录管理》；
- NPR 1441.1《NASA记录保存计划》；
- NPD 1383.1《NASA视听材料制作与服务的发布与管理》；
- NPR 1600.1《NASA安全计划程序要求》；
- NPD 2110.1《技术转移资料出口限制》；
- NPD 8070.6《NASA技术标准》；
- NASA信息技术需求（NITR）–2810–3的《NASA互联网内容出版指南》。

其中，NPR 2200.2《NASA科技信息的文件编制、审批及发行要求》与科技报告管理的关系最为密切，对科技报告的出版物类型、责任、标准、提交、知识产权保护、发行、审查级别等做了全面的规定。该条例适用于 NASA 总部、各中心及其下属机构以及自行决定或依照合同或受让协议被要求由 NASA 审查或出版的 NASA 合同户和受让人。

《NASA 科技信息的文件编制、审批及发行要求》第 2 章“NASA 科技信息报告系列”专门对科技信息报告（即 NASA 科技报告）的目的、类型、责任、标准等做了全面和详尽的规定。要求当 NASA 按合同或授让协议与另外的政府机构合作或为其工作时，它们应以 NASA 科技信息报告系列的形式报告它们的科技成果；而当 NASA 的工作由某中心发起和资助并由另一个中心执行时，科技信息成果也应以科技信息报告系列的形式进行报告，执行该项工作的中心负责该文件的核准、制作和发布。

该章规定了 NASA 科技信息报告系列的出版物类型，包括技术出版物（TP）、技术备忘录（TM）、合同户报告（CR）、会议出版物（CP）、特种出版物（SP）和技术译文（TT）等六大类出版物。各类科技信息报告具体包括的内容见表 2–1。

表 2–1　NASA 科技信息报告的具体内容

类　型	内　容
技术出版物	包括已完成的研究或用于展示 NASA 计划研究成果的重要研究阶段的报告。技术出版物通常包括大量的数据或理论分析，但它也可以是被认为具有长期参考价值的重要科技信息
技术备忘录	包括初步的专业性结果和科技成果，例如快报、工作文件、预印本、专业会议或科学讨论会的会议录、与工作相关的论文或学位论文、计算机程序应用文档、数据集、研究成果报告等
合同户报告	包括已完成的或重大的科技工作成果、初步的或专业性质的有意义成果、最终报告或其他报告、NASA 会议出版物、特殊出版物或技术出版物
会议出版物	包含从 NASA 主办或合办的科技会议、科学讨论会、座谈会或其他会议中收集来的文章或预印本
特种出版物	记录 NASA 的计划、项目和任务中的科技或历史信息，多数是有关与公众利益紧密相关的学科内容
技术译文	包括与 NASA 任务相关的非英语科技资料的英语译文

NASA 对科技信息报告系列制作和提交的管理责任和程序规定如下。

• 科技信息计划办公室负责管理本机构的科技信息计划，并对六类科技信息报告系列的制作和分发进行管理。这一职责由NASA总部的科技信息计划主任、各个中心的科技信息经理及技术出版物经理分担。

• NASA科技信息经理和合同官技术代表确保所有非保密出版物在通过NF-1676格式表的审批后转发给航天信息中心。对这种科技信息应以NASA核准的隐密格式进行电子传输，在没有隐密条件的情况下以纸本或保存在CD-ROM上的电子形式进行发送。

• 制作报告：NASA对科技信息报告系列制作和出版的标准做了具体规定，包括彩色的使用，标准的封面、封底和题名页、报告辑要页（SF-298格式表），各种代码，补充注释，摘要，电子和其他媒体标准等。

• 提交报告：当合同、受让协议或合作协议中有具体的规定时，合同户、受让人和合作协议方必须向NASA合同官或合同官技术代表提交报告。合同户、受让人和合作协议方必须向NASA信息中心提供最终报告，对于科技信息报告系列文件来说，还需提交SF-298格式表。

• 合同户、受让人和合作协议方必须向NASA航天信息中心发送两份NASA科技信息报告系列 [一份电子版（必需）和一份纸本（建议）]。对于其他媒体形式的科技信息报告，可与航天信息中心联系并决定必须提供的份数，以便他们能够进行适当地发行。

• 审查和核准：合同官或合同官技术代表以及NASA经理对报告进行审核，并依照合同确认该报告是否符合要求，NASA的科技信息报告才能进入正式的报告系列程序。

• 出版发行：由NASA或为NASA出版的所有科技信息，无论其出版类型或所使用的媒体，在出版、发布或对外公开前，都必须通过审查和核准，确保所需的审查已完成并已得到核准且已签字。

NASA 对科技报告的储存、保留和归档进行了规定，所有 NASA 及该局资助人员应确保其工作成果整理成文并归档，以备将来使用。在通过 NF-1676 格式表过程核准后，NASA 及该局资助的科技信息的电子版本（必需）和纸本（非必需，但是被请求的）必须通过中心的科技信息经理或指定机构发送至 NASA 航天信息中心。这些要求适用于科技信息报告系列、提交给专业期刊的论文、技术会议上宣读的论文、可试讲稿以及未包括在 NASA 会议出版物内的会议论文。

NASA 对科技信息报告的审查与核准也做出了规定，目的是最大限度地保证其科技信息的质量和完整性，在最广泛的范围内可行而又适当地传播其科技信息，并依照法令、法规或政策保护不能向各种受众传播的信息。具体规定包括依照法律某些类型的信息应受到保护，不向公众披露。NASA 科技信息在出版前或向 NASA 以外发布之前，必须对其进行审查，以确定公众对该信息的获取是否受到禁止或限制。审查包括"科技信息文件利用授权书"审查，对由 NASA 或为 NASA 产生的科技信息通过任何渠道或媒体出版、发布和展示情况进行审查；国家安全审查，是对科技信息进行审查，决定该信息是否受安全保密限制，最终安全密级由 NASA 总部安全和计划保护办公室决定。NASA 科技信息报告的审查还包括出口控制审查、《国际武器贸易条例》审查、《出口管理条例》审查、所有权 / 敏感科技信息审查、"有限权利数据"审查、小企业发明研究数据审查、商业秘密 / 保密商业信息审查等。

NASA 对科技信息报告发行限制规定如下。

• 在"科技信息文件利用授权书"审查期间，确定其发行限制级别，并在NF-1676格式表中注明文件发行限制，分为以下6个级别：

a. 限美国政府机构和美国政府机构的合同户使用；

b. 限 NASA 的合同户和美国政府机构使用；

c. 限美国政府机构用；

d. 限 NASA 人员和 NASA 的合同户使用；

e. 限 NASA 人员使用；

f. 经（计划办公室或 NASA 中心的）发行办公室核准方可得到。

• 当NASA科技信息不再受限制，有管辖权的NASA中心（计划官员和出口控制管理员或专利/知识产权法律顾问，依照具体情况）必须重新对该科技信息加标志，并且通过中心技术出版办公室或科技信息经理将一份新出具或修改的"文件获取权审批书"拷贝提供给NASA航天信息中心。

由此可以看出，科技报告工作是一种强制性的政府行为，需要有一系列法规制度保证其产生、提交、安全管理和利用，科技报告体系完善与否与国家是否有强有力的政策支持以及政策的执行程度密切相关。此外，科技报告工作不仅仅是科技信息工作的组成部分，更重要的是，它也是科研管理工作、国家信息安全工作、保密工作乃至科技档案工作的重要组成部分。因此，在制订科技报告制度时,要充分考虑与各级、各类现有相关制度的对接和兼容。[①]

2.1.3 美国政府科技报告的收集和管理

需要强调的是，美国科技报告的提交是政府强制行为。美国联邦采办条例（FAR）明确规定，凡承包由联邦政府拨款资助超过 25 000 美元的所有项目都应保留其非保密记录，所有研发合同承包商必须向联邦政府提交合格的科技报告（含该项目中形成的其他文献）。能源部的《科技信息管理导则》（STIM）等文件都明确了科技报告的提交范围、类型、方法等，规定从合同签订后最迟不超过 6 个月，即要提交该项目的第一份科技报告。

为加强科技报告工作，美国政府部门相继启动科学技术信息计划，联合科研管理部门人员、科技信息人员和科研人员共同开展科技报告工作。

（1）联邦政府机构设立专门机构 / 人员协调科技报告工作

随着科技信息资源在科技发展中的作用日益突出，为进一步推动科技报告工作的开展，各部门相继成立了科技报告工作的政府协调机构。例如，能源部成立了科技信息协调委员会，联合总部科研资助机构或政策制订机构人员、工作办公室人员及 OSTI 人员等就科学技术信息计划的制订、评价、实施以及相关政策问题提出有关建议和意见，OSTI 负责该计划的具体实施；美国国家航天航空局设立首席信息官负责科学技术信息计划的制订、实施、监督和评审，同时成立了科学技术信息计划办公室负责该计划的具体实施。这类机构 / 人员的设立有利于统一对科技报告工作重要性的认识，加强对该项工作的宏观协调和管理，能为科技报告工作的顺利开展提供有效的管理机制和制度环境保障。

（2）设立科技信息联络员具体负责协调科技报告工作

科技信息联络员具体负责协调本部门 / 单位科技报告工作的开展，可分为两类。一类是联邦政府机构科研管理部门内部的科技信息联络员，如能源部在业务办公室设立的技术信息官员、国家航天航空局在各中心设立的科技信息管理人员等，负责监督科研项目承担单位的科技报告工作，并确保按规定对科技报告进行审查和提交；另一类是科研项目承担单位的科技信息联络

---

① 张爱霞，沈玉兰. 美国政府科技报告体系建设现状分析 [J]. 情报学报，2007，26（4）：496–502

员，如能源部下属国家实验室及主要设施承包商设立的科学技术信息管理员，具体负责本单位的科技报告工作。科技信息联络员的设立有利于对科技报告产生和提交进行及时监督和管理，能为科技报告的安全审查和提交提供有效的工作机制保障。

（3）各部门科技信息中心负责科技报告的收藏和服务工作

科技信息部门负责对提交上来的科技报告进行集中收藏、加工、保存、传播等处理，并负责向科研管理部门反馈科技报告的提交情况，如 OSTI、CASI、DTIC 等。对于非公开科技报告的使用，一般需经过科研管理部门审批，信息部门按照审批意见提供服务。科技信息部门利用自身优势对科技报告进行集中管理、组织并提供服务，有利于促进科技报告的交流利用，增加对科研项目的事前、事中和事后评估，增加国家研发投资价值。

（4）公开、涉密、涉限信息分开管理

美国对公开、涉密、涉限科技报告进行分开管理和服务，见图 2–6。对于国家投资产生、不会危及国家安全和影响政府政务、不会涉及个人隐私的全部数据和信息纳入“完全与开放”的运行机制管理。对于有可能危及国家安全、影响政府政务、涉及个人隐私的数据和信息均纳入“保密”运行机制中管理。如非公开科技报告，提交前一般都经过基层单位和科研管理部门的严格审查，并标明了使用范围和分发限制等信息，用户使用这类报告，也需进行资格审查。

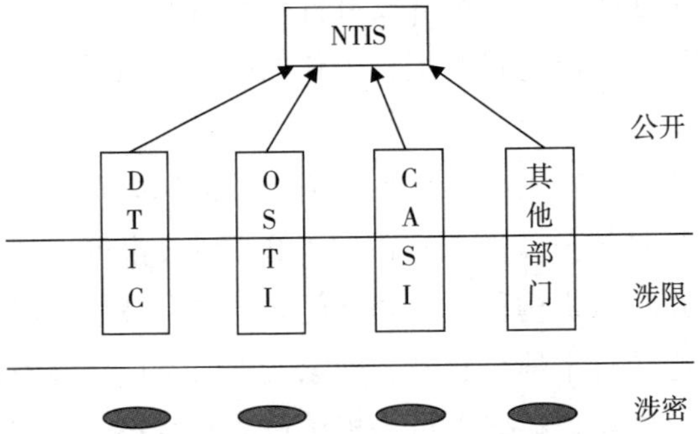

图 2–6　美国政府科技报告管理和服务模式示意图

（5）科技报告工作流程

美国政府科技报告的收集、管理和服务工作流程大致可以划分为 5 个阶段：① 科研管理部门通过合同等方式明确规定需要提交的信息。依据有关规定，资金提供机构通过合同等方式确定需要提交的科技报告的类型、数量、内容等。如能源部对非主要设施管理承包商（拨款合同）（non-major site/facility management contracts）通过合同或相关附件明确提交报告的类型、格式等信息，对于财政资助项目（financial assistance awards）通过在财政援助书中附加 DOE F 4600.2《联邦援助提交报告核交清单》详细规定提交产品的类型、格式等信息。② 项目承担单位产生、提交并审查信息。项目承担单位应根据合同、协议等要求，按照规定的格式及渠道撰写和提交研发活动中产生的科技报告等信息产品。同时，信息提交单位还应根据有关信息安全规定，在提交信息前对信息的敏感性进行判断，并对密级、知识产权、专利信息进行适当的标记和处理。③ 科研管理部门对提交上来的信息进行审查。科研管理部门相关责任人员对提交信息的密级、分发限制、格式等进行审查，并确保信息按要求提交到本部门信息中心，如能源部各部门和主要设施承包商负责审查本部门产生的科技报告，业务办公室及合同官员等负责审查财政资助接受机构及非主要设施承包商提交的科技报告。④ 本部门信息中心对科技报告进行长期管理和服务。本部门信息中心对提交上来的科技报告进行集中、永久保存，并根据科技报告的分发限制，按照一定的安全利用制度在不同使用范围内提供服务。⑤ 公开信息提交到 NTIS 进行长期保存并提供公开服务。[①] 其中，美国能源部 DE 报告的收集流程见图 2-7。

由此可以看出，科技报告工作应该是一种“自上而下”的强制行为，单纯依靠科技信息部门“由下而上”推动或单纯依靠科研机构的自觉性来完成都是困难的，这是美国政府科技报告建设经验的总结，也是我国科技报告工作的经验总结。[①]

科研管理部门在科技报告工作中具有举足轻重的地位，应在科技报告的产生、提交、管理和利用等方面提供政策环境、机制保障和监督协调等支持。科技报告工作需要科研管理部门、科研机构和科技信息部门的通力合作。其中，科技报告的产生、提交和安全控制应以科研管理部门和科研机构为主，科技信息机构辅助其进行科技报告的收集、检查和安全控制工作。科技报告经过

① 张爱霞，沈玉兰．美国政府科技报告体系建设现状分析 [J]．情报学报，2007，26（4）：496–502

撰写、审查、提交等阶段之后，就进入收藏、保存、加工、流通等资源管理和开发利用阶段，这一阶段的工作主要应由科技信息部门来完成，科研管理部门和科研机构辅助其开展非公开科技报告的交流使用工作。

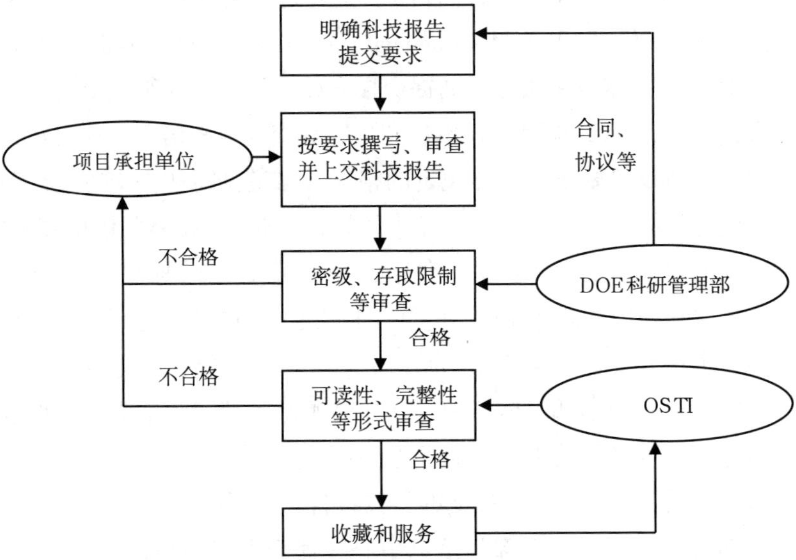

图 2–7　美国 DE 报告产生、收集工作流程示意图

2.1.4　美国政府科技报告的收藏和服务

美国政府科技报告实行集中与分散相结合的多层次收藏模式（见图 2–6）和分类、分级共享交流服务模式（见图 2–7），并逐步走向网络化、数字化和分布式收藏和服务模式，如能源部各部门及其合同户可以通过网络提交非保密科技报告；可以在本部门网站上提供公开科技报告的存取服务，OSTI 对该产品进行远程链接和索引。

美国政府交流利用可以大致划分为公开科技报告的交流使用、受限科技报告的交流使用和保密科技报告的交流使用三大体系，并分别按照一定的安全交流使用机制来提供服务。

其中，公开科技报告除 NTIS 集中提供服务外，各部门信息中心负责集中提供本部门公开科技报告的存取服务，并逐步联合起来提供多个部门公开科技报告的一站式存取服务，如 GreyLIT Network；各基层单位也可分散提供本单位公开科技报告的存取服务。

受限科技报告一般由各部门科技信息机构向本部门人员及其合同户、其他政府机构人员及其合同户集中提供授权服务。科技信息机构将配合科研管理部门对信息使用者的身份、使用权限进行审批和审查。一般通过 IP、密码控制等方法限制存取。

保密信息一般通过专门的渠道进行集中管理和服务，如能源部保密科技报告通过专门的能源保密信息管理系统提供服务。

（1）NTIS 科技报告收藏和服务情况

NTIS 是美国商务部技术管理部门的一部分，成立于 1945 年，是美国唯一的政府公开科技报告的法定集中收藏单位，负责 PB 报告及公开的 DE、NASA 和 AD 报告的集中收藏和服务。它通过搜集、出版、传播科技信息来协助美国工业企业加速新产品与新技术的发展，帮助美国保持其经济竞争力在世界上的领先地位。NTIS 集收藏、服务和销售于一体，是当今规模最大的美国政府科学、技术、工程和商业信息资源中心，拥有 350 余个主体领域的 300 多万份出版物。

作为美国政府唯一专门从事科技报告收集并向社会提供服务的机构，NTIS 在美国政府科技报告体系建设中承担了重要职责。目前，NTIS 的人员规模近 150 人，其经费来源主要包括财政拨款和出售信息产品 / 服务收入两部分，美国国会将 NTIS 的年度预算列入了总统专项经费预算之中。

PB 报告的来源主要是美国自己的研究成果，涉及美国国内政府科研机构、公司企业、高等院校、研究所以及部分国外科研机构的科技报告，也有少量译文。内容也逐步从原来的军事科学转向民用，内容主要涉及民用工程方面，如土木建筑、城市规划、生物医学、航空、电子、原子能利用、交通运输、环保、军械等许多领域。从 1961 年起，公开发行的 AD 报告、NASA 报告、AEC 报告等不再编入 PB 报告，而是直接按照各自的编号系统向公众公开发行，PB 报告只编目、通报上述三大系统以外科研部门的科技报告，包括美国物理研究所、美国气象学会、美国心理学研究协会、美国专利局、美国国家标准局等一些科研院所和机构。这就逐步形成了今天我们所说的除美国国防部和三军系统、国家航空航天局以及原子能委员会系统以外的政府其他各民用部门的 PB 报告。

1970 年之后，NTIS 加大了科技报告的收集力度，加强了对美国农业、交通、民用工业、建筑、医学卫生、环境保护、社会科学、商业经济等方面科技报告的收集编目和通报工作，这一时期 PB 报告的主要来源单位有：卫生、教育与福利部，商务部，环境保护局，运输部，国家科学基金会，内务部，住房与城市发展局，联邦能源管理局以及劳工部。

20 世纪 80 年代以来，PB 报告的来源单位已经扩大到美国政府的各个科研部门和世界上许多国家科研机构，主要有美国公共卫生署、农业部、退伍军人事务局、国家科学基金会、国家运输研究局、地质勘查局、国家标准与技术研究院等。

NTIS 可提供的数据库主要包括：① NTIS 著录文献数据库（NTIS Bibliographic Database），超过 300 万条记录，内容涉及研究报告、计算机产品、软件、多媒体产品等，该数据库平均每年新增 3 万多条纪录，大部分记录都有摘要；② 农业文献检索数据库（AGRICOLA Database），一个较为全面的美国农业和生命科学方面的信息库，收录了美国农业图书馆（NAL）收藏文献的著录信息；③ 能源科学与技术数据库（Energy Science and Technology Database），由美国能源部科学技术信息办公室开发，用于检索世界范围内基础科学和应用科学技术研究方面的多学科文献；④ 联邦研究进展数据库（Federal Research in Progress Database），提供超过 15 万个联邦政府正在资助的有关物理科学、工程技术、生命科学等领域的项目信息。

美国 NTIS 最早的科技报告都是纸质版和缩微胶片，后来使用过 CD、DVD 等光盘。1964 年，NTIS 在计算机上建立电子数据库，开始为公众服务。1995 年，NTIS 实现全部科技报告数字化管理，见图 2-8。目前，NTIS 科技报告的收集和服务都是通过数字化的文档进行传递，对外销售的科技报告超过 90% 都是以电子文档的模式进行销售的。NTIS 为联邦政府机构提供的服务主要有以下 6 种：① 出版物、多媒体与计算机产品传播；② NTIS 电子 / 多媒体产品服务；③ NTIS 多媒体服务；④ 存货与传播服务；⑤ 专业信息与支持服务；⑥ 网络建设、管理与在线整合。NTIS 的服务对象既包括政府机构，又包括国内外公众。NTIS 信息服务的手段日益多样化，如可以通过订购、租借与临时购买数据 3 种形式访问 NTIS 数据库；也可以通过选择 NTIS 网上提供的链接直接从政府收藏网站获取报告的原文、付费下载 1997 年以后的出版物、定制 CD-ROM、订购印刷本等 4 个途径获取各种出版物和技术报告等。

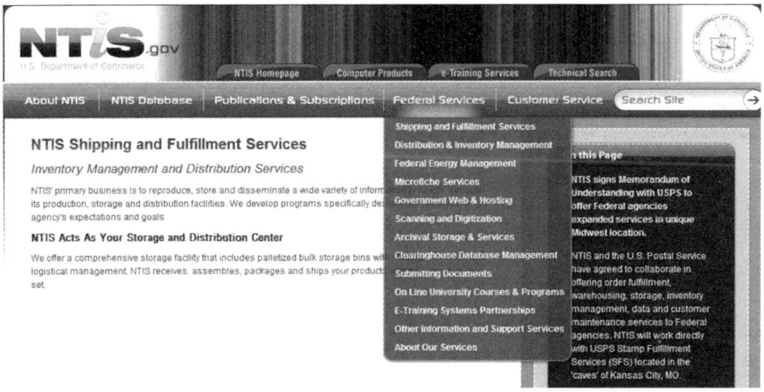

图 2-8 NTIS 管理页面

（2）DE 科技报告收藏和服务情况

OSTI 是美国能源部科学办公室的直属机构，负责协调能源部的科学技术信息活动和 DE 报告的集中收藏、加工、保存和服务工作。OSTI 直接归属能源部科研计划管理部门，一方面，说明科技报告工作是科研管理工作中的重要组成部分；另一方面，也有利于 OSTI 直接从顶层管理方面协调科技报告工作，并从源头上规范科技报告的产生。

DE 报告分为公开信息、公开发行的解密信息、非保密受控制信息、非保密受控制核信息和保密信息五大类，并通过不同的渠道和系统发布。OSTI 将根据项目承包单位、受资助机构等在提交 DE 报告或其他科技信息产品的同时提供的一篇该产品的提交表来确定信息的发布范围，并按规定面向不同的用户——能源部、其他政府部门、公众等发布信息。如表 2-2 所示，公开信息将通过能源部信息桥、能源引文数据库、科学研究链接系统发布；保密信息通过保密信息管理系统（Classifide Information Management System，CIMS）发布，只有授权用户才能获取这些信息。

表 2-2 能源部科技报告的密级类型和发布途径

类型	OSTI 的发布途径
公开信息	SciTech Connect、科学研究链接系统、EnergyFiles、NTIS、GPO、其他途径
公开发布的解密文献	OpenNet

（续表）

类型	OSTI 的发布途径
非保密受控制信息（UCI）或其他受保护数据： 仅供官方使用（Office Use Only，OUO） ● 受保护数据 ● 申请中的专利（Patent Pending） ● 有限权力数据 ● 应用技术 …… ● 小企业创新研究（SBIR） ● 小企业技术转移研究（STTR） ● 有版权的资料 ● 海军核推动力信息（Naval Nuclear Propulsion Information，NNPI）	科学研究链接系统，有存取权限的专门数据库
非保密受控制核信息 （UCNI）	CIMS
保密信息	CIMS

SciTech Connect 将信息桥和能源引文数据库进行集成，其中包括 250 多万条引文记录，140 多万条期刊文章，31 万多份全文科技报告（大部分都是 1991 年之后出版的，8 万多份是 1990 年之前出版的），提供语义检索工具，见图 2-9。科学研究链接是 OSTI 面向 DOE 及其合同户开发的免费服务系统，

图 2-9　SciTech Connect 使用页面

提供 400 万条书目记录以及约 12.5 万份的全文文献，覆盖能源部 60 年来的研究结果及国外能源信息，包括公开信息和限制存取信息。

在实际交流使用中，能源部根据信息类型和性质的不同，又将 DE 报告进一步细分为 9 类交流使用范围，并通过能源部相关管理部门、OSTI、信息产生单位三者的配合和合作，开展非公开科技报告的交流和利用工作（见表 2-3）。

表 2-3　DE 报告交流使用范围划分

分类	使用范围	适用信息类型举例
A	公开发行，使用、分发不受限制	非保密、非敏感信息
B	面向美国政府机构发行，其他索取者需经来源机构或能源部的授权	专利、专有数据信息等仅供官方使用的信息等
C	面向美国政府机构及其合同户发行，其他索取者需经来源机构或能源部的授权	出口控制信息等
D	面向能源部及其合同户发行，其他索取者需经来源机构或能源部的授权	非保密受控制核信息等
E	面向能源部发行，其他索取者需经来源机构或能源部的授权	受保护信息等
F	经来源机构或能源部授权才能传播，索取者须持有适当的安全证明及能源部安全办公室授权	保密非武器数据等
G	经来源机构或能源部授权才能传播，索取者必须持有适当的安全证明、受控制数据获取授权书及能源部安全办公室授权	部分高度机密、机密、秘密信息
H	经军事应用局授权或得到能源部武器数据控制官员的指示才能传播，索取者必须拥有能源部 Q 证明或等效证明、受控制数据获取授权书以及能源部安全办公室授权	部分保密信息
J	不经信息产生者或信息来源单位使用控制协调人的授权不能进一步传播和复制。根据 DOE M 452.4-1，获取这些信息需要特殊授权	部分保密信息

（3）NASA 科技报告收藏和服务情况

美国国家航空航天局设有首席信息官和科学技术信息办公室，全面负责该局的科技报告工作。其中，航空航天信息中心（Center for Aerospace Information，CASI）在上述机构的指导下，负责 NASA 报告的集中收藏、保存和传播。

NASA 报告主要分为技术论文、技术备忘录、合同户报告、会议出版物、特殊出版物和技术译文 6 大系列。

1）技术论文（Technical Papers，TP）：准备在会议上宣读的论文的前身材料；

2）技术备忘录（Technical Memorandum，TM）：试验报告、数据资料、会议记录等，不出版；

3）合同户报告（Contractor Reports，CR）：完成合同过程中的进展报告、研制报告等；

4）会议出版物（Conference Publication，CP）：此分辑包括从科技会议、座谈会、研讨会或其他由NASA资助的会议上搜集到的论文；

5）特殊出版物（Special Publications，SP）：会议文集、总结报告、资料汇编等；

6）技术译文（Technical Translation，TT）：翻译国外有价值的新技术。

目前，NASA的科技报告数据库中有360多万条记录，用户可以通过两条途径访问这些资源：一是面向公众服务的公开科技报告的发布系统NTRS，该系统包括NASA公开科技报告及通过OAI协议获取的外部信息，共有93万多条记录，每月点击率约有2.3万次；二是面向美国联邦政府机构及其合同户提供服务的NA&SD数据库，每月点击率约有4.6万次。

（4）AD 科技报告的收藏和服务情况

美国国防技术信息中心（Defense Technical Information Center，DTIC）是美国国防部科技报告的集中收藏、加工和服务机构，每年平均收藏科技报告 3.3 万篇左右，累计已达 200 多万篇。

AD 报告的主要来源有国防部各机构以及与国防部订立合同的机构，外国政府以及其他美国政府机构及其合同户等也属 AD 报告来源之列。AD 报告的具体撰稿者是美国的陆、海、空军以及其他特种部队、军队院校等国防部所属的军队系统；大专院校和公司企业及其所属科研院所和实验室系统；美国政府科研机构、外国科研机构和国际组织中的那些科学家、工程师、管理人员、经济学家、学生、采办专家、教授、计划管理人员以及其他在政府、工业和学术组织供职人员等。

美国国防技术信息中心对AD报告的撰写和提交要求包括国防部研究与工程项目承担者应按合同书的要求，在项目开始后6个月时就必须编写和提交AD报告，以保证最大范围的实用性。项目承担者完成AD报告编写后，应将其提交给本部门负责科学技术信息计划的管理人员，由其联系本部门负责印刷、编辑、公共事务、数据管理、安全、知识产权审议、合同签订等方面的工作人员，做好AD报告的发行标记以及编辑、印刷等工作。各部门完成上述工作后，由本部门的科学技术信息计划管理人员将公开的AD报告一式12份，上交给DTIC，然后再由DTIC直接分发给国防部各信息分析中心、国防部各技术图书馆等机构。

美国国防技术信息中心收到AD报告后，将评估是否应该收录进DTIC的技术报告数据库。评估时首先要进行查重，接着审查文献的来源、技术内容、“分发声明”是否正确、是否缺页、复制和照片的清晰度是否符合要求等。最后对AD报告进行编目和标引，建立相应数据库。

AD报告的发行范围规定如下。

AD报告在使用中大致分为公开发行利用的公开科技报告、严格限制使用范围的非保密敏感科技报告和按有关保密规定发行利用的保密科技报告三大类。在实际使用中，《国防部技术文献的分发规定》（DOD 5230.24）将AD报告的发行范围分为7类，分别是：

A类：准许公开发行；分发不受限制；

B类：只允许向美国政府机构发行，对该报告的其他申请应提交国防部文献管理办公室进行审查；

C类：准许向美国政府及其合同商发行，对该报告的其他申请应提交国防部文献管理办公室进行审查；

D类：只允许向国防部和国防部合同商发行，对该报告的其他申请应提交国防部文献管理办公室进行审查；

E类：只允许向国防部部门发行，对该报告的其他申请应提交国防部文献管理办公室进行审查；

F类：进一步的分发由国防部文献管理办公室或更高一级的国防部机构决定；

X 类：根据《防止非密级数据公开披露的规定》(DOD 5230.25 号令)，允许政府机构、合法的私人部门和企业获得出口控制技术数据。

2.2 英国科技报告制度

2.2.1 英国科技报告体系概述

由于技术细节好和发行速度快的特点，科技报告是英国科研人员青睐的信息媒体。英国没有统一的科学技术组织管理机构，其科技管理体系表现为松散型的管理模式，大致分为两大层次：议会、内阁的科技管理机构；政府各部门的科技管理机构。英国没有设立收藏科技报告的核心政府机构，其科技报告的集中收藏由大英图书馆负责。

除了大英图书馆收藏的科技报告外，大部分科技报告分散在科研院所、大学、政府和企业。在 2000 年以前，这些资源还难以鉴别、查找和获取。虽然那时科研人员访问电子信息资源已经越来越方便，然而，对科技报告等灰色文献的重视还是不够。英国注意到了这个问题，并采取措施加强信息资源建设和信息服务。其中，2002 年开展的访问灰色文献收藏项目（Managing Access to Grey Literature Collections，MAGIC）就是一个重要举措，旨在建立一个新的协作体系，收集、存储和利用工程灰色文献。该项目的目标是使科技报告成为国家电子资源持续发展的一部分。经过几年的努力，英国科技报告的管理工作明显改善。大英图书馆的馆藏科技报告数量显著上升，数字化水平明显提高。

（1）2000 年以前英国科技报告的管理

1981 年以前，英国政府研究机构的未出版报告一直由技术报告中心（Technical Report Center，TRC）向外提供。它的功能被分给国防研究信息中心（Defence Research Information Centre，DRIC）和大英图书馆。DRIC（现在改称国防科技研究院知识服务局）给英国国防机构传递科学技术信息已有 79 年之久，是与其他国家交换国防科学技术报告的核心机构，出版《国防报告摘要》和《国防技术预告》。

公共档案办公室保存着中央政府的档案。政府部门产生的那些技术报告形成了档案的一部分，由公共档案办公室收集和保存，但是30年内不允许被公开。有些机构虽然产生大量的科技报告，但却控制它们的发行，使得科技报告难以获取。合作与分享的概念在商业组织得到的支持少于在政府和学术机构。然而，即使政府资助了研究，相关机构或公司仍可能不愿意把视为自己财产和商业利益的信息泄露。另外，相较于科学团体，工程方面的出版没有和奖励体系挂钩，因而出版科技报告并不能给个人带来专业上的利益。

在英国限制商业和国防信息的要求意味着许多报告可能永远也不能公开。报告将一直受禁，直到相关企业认为这个信息不会被它的竞争者用于商业利益。常常只有直接联系该企业才能获取企业报告，或只能从引文和推荐书目里被发现。

抑制科技报告获取的另一个原因是脱离市场的定价。例如，电能研究所（EPRI）的一份编号为“TR-106294”的报告，标题为“系统能量质量分布状态评估”，可以很容易地在ERPI网站（http：//www.epri.com）上找到，但是这套三卷的报告每卷定价为25 000美元，这个价格太高了，大部分人都无法支付。

综上所述，2000年以前，尽管科技报告成为科研人员日常工作中很有价值的一部分，是重要的信息源，但是它们却难以查找和获取。科技报告的出版发行由开展科技报告研究工作的公司和机构所控制，因而许多报告从来都没有向外流通。即使一个报告系列最终被发行，学术图书馆苦于空间不够，商业图书馆加速改革，不断下降的预算带来的压力，都迫使科技报告只能短期存储或是被丢弃。除了大英图书馆开展的工作，英国在组织和发行科技报告方面做得很少，更较少讨论如何管理和提供科技报告。

（2）2000年以后英国科技报告的管理

为了研究科技报告的管理状况，更好地发挥科技报告的价值。2002年英国开展了访问灰色文献收藏项目。此项目的目标是为了科研人员和企业的利益，提高科技报告的认知度、访问量和使用率。这一目标被分为3个小目标：

1）科技报告收藏的发展、管理和维护；

2）提高收藏的显示度；

3）提高电子收藏的访问和文件提供。

研究人员的结论是，合作是解决问题的关键。合作是基础，只有合作，才能使开放档案计划实现；解决科技报告缺乏组织的难题；提高收藏管理的机会和合理性。

此后，英国科技报告管理工作快速发展，每年大约收集 19 000 份科技报告。现在，大英图书馆已藏有 490 余万份科技报告。经过几年的发展，绝大部分英国报告、美国报告乃至国际机构和其他国家出版的报告都加入了电子数据库，通过网络对外提供服务。

2.2.2 英国科技报告管理体系

（1）大英图书馆对科技报告的管理

作为英国国家图书馆，大英图书馆是英国系统收集科技报告最大的机构。科技报告是其馆藏资源的一个重要组成部分，该馆搜集的供公共读者查询、阅读的报告数量约为 4 900 000 种，是世界上此类型报告收藏量较大、覆盖面较全面的图书馆，包括英国研究和实践报告、美国联邦政府机构（如 DOD、DOE、ERIC、NASA、NTIS）出版的报告、国际机构（如 INIS、ESA、FAO、EU）出版的报告以及其他国家出版的报告。

由大英图书馆采集的英国报告文献都被收入国家报告库（National Reports Collection）中，这是一个联合的国家资源库，收入的文献范围包括：报告、论文和公共或私人机构 / 资产团体 / 行动组 / 研究机构的不以商业销售为目的的技术注记。大英图书馆在搜集英国报告文献方面尽可能做到全面，目前已从 4000 多个来源搜集了 1980—1998 年的约 18.2 万份报告，现在每年新增 1.9 万份。大英图书馆推行的是典型的科技报告集中服务模式。大英图书馆负责信息收集、标准制定、文献保存和管理及为用户提供服务等各项工作。其特点是集中收集、集中整理、集中保存、集中服务。根据英国呈缴制度规定，英国出版发行单位必须将灰色文献缴送大英图书馆入藏，全国学术单位必须将各种报告、会议论文集、博硕士论文等送英国图书馆典藏。大英图书馆除负责收集和管理呈缴的科技报告外，还提供多种网络化服务。

（2）国防部对科技报告的管理

科技报告本质是一种科技信息，在信息化时代，涉及科技事务的政府部门都建立有自己的科技信息战略。以国防部为例，为了加强国防信息整体建设，提高国防部处理信息事务的能力，满足英国政府现代化改革的需要，2000 年国防管理委员会专门设立了信息局，将分散在国防信息和通信局、信息网络办公室、国防档案局、国防部信息和图书馆服务部等机构的一些职能全都集中于信息局。

国防科技研究院下属部门知识服务部是英国国防科技信息工作的核心机构，除收藏科技报告外，还收藏与武器装备研究和军事技术相关的资料，向英国国防部、武装部队系统、国防部合同商、国外有合作关系的国防机构提供科技信息服务。国防系统图书馆和信息中心在英国的国防科技信息保障体系和科技报告的收藏中也发挥着重要作用。

（3）其他机构对科技报告的管理

除了大英图书馆和政府各部门对科技报告进行收藏和管理外，很多大学和科研机构都收藏有自己的科技报告。如剑桥大学计算机实验室提供自 1974 年以来的科技报告。牛津大学计算实验室提供自 2001 年以来的科技报告。爱丁堡大学信息学院计算机科学基础实验室提供自 1986 年以来的科技报告。曼彻斯特大学计算机科学系提供自 1980 年以来的科技报告。这些大学没有设立专门的科技报告收藏管理体系，但其某些下属机构组织出版科技报告，并通过网络为用户提供免费服务。研究机构如廷德尔中心提供自 2001 年以来的科技报告，该中心由 6 个研究所组成，受到 NERC、EPSRC 和 ESRC 等 3 个研究理事会的资助。又如中央实验室委员会研究理事会的计算科学与工程部提供自 1991 年以来的科技报告。这些机构将自己的科技报告放在网上公开，有的还公布相关政策。

以剑桥大学为例，剑桥大学的计算机实验室从 1974 年开始出版《技术报告》（ISSN 1476-2986）这一连续出版物。较新的技术报告，特别是 2002 年 1 月以后出版的报告，都可以在线获得其 PDF 格式的文件；较早前的报告则可以按照要求扫描上网或按需要通过邮寄的方式免费将纸本形式的副本寄给学术机构。用户若想查阅某篇报告，可以通过在线索引查看从 1974 年起，编号始自 UCAM-CL-TR-1 的报告书目信息。此外，用户也可以浏览带有超链接的倒叙形式的报告记录，并随时通过点击相应链接直接查看原文。

除了这些大学和研究机构外，还有一些机构的图书馆也收藏有科技报告，如皇家学会图书馆。与大英图书馆不同，该馆未建立单独的报告收藏、管理系统，其科技报告的收藏是隐含在对图书和期刊的收藏之中的。皇家学会图书馆的这种模式也代表了英国多数文献信息资源收藏机构对科技报告的处理方法。

2.2.3 英国科技报告的管理制度

（1）科技报告编写规范

英国的科研机构和大学使用国际标准 ISO 5966-1982（E）作为科技报告撰写格式。根据 ISO 5966-1982（E），科技报告被定义为一种用来描述科学研究或技术研究进程或结果的文献，或者是一种描述一个科学问题或技术问题的文献。完整的科技报告由前置部分、正文部分和结尾部分三大部分组成。

（2）英国科技报告相关政策法规

英国没有专门针对科技报告的政策法规，但这并不代表英国科技报告的管理无法可依。英国非常重视信息法规建设，建立了较为完备的信息政策法规体系。科技报告作为一种信息，也受这些政策法规的保护。英国《信息自由法》规定，任何人，不管是否拥有英国国籍，也不管是否居住在英国，都有权利了解约 10 万个英国公立机构的信息。根据《信息自由法》的规定，为了便于公众了解公共机关所拥有的信息，每个公共机关都要编制该机关的信息公开摘要，且应当经常检查摘要的内容。《信息自由法》也有关于版权的规定，个人和组织不能随意制作索取到的信息的副本，以向外出版发行。此外，国家颁布的有关科技报告的法案还有《数据保护法》、《公众档案法》、《知识产权法》、《版权法》等。

一些特殊机构制定有专门在本机构内部通行的有关科技报告的政策法规。这些机构的成员在遵守国家政策法规的同时，还要遵守部门内的政策法规。例如英国国防部制定了《国防信息战略》和 JSP600 系列指令（Joint Service Publication，JSP），英国国防部颁发的指令或指示。《国防信息战略》是英国关于国防信息工作的纲领性文件，涉及信息的各个方面，包括计算机或人工系统中信息的存储，信息的管理、评估与检索以及如何利用信息改进作战与业务活动的流程等。JSP600 系列主要是提供信息一致性的指示和指令，规定了国防信息管理的基本原则及国防信息管理过程、开发、利用等。

综上所述，英国通过相关的法律法规，加强了科技报告工作的管理，再辅以促进科技报告工作发展的政策措施，从宏观上引导和控制科技报告工作的可持续发展。

2.3　法国科技报告制度

科技报告作为科学研究及其成果的载体，在法国得到重视。但是中法两国科技管理分别遵循了各自的发展道路，其科研运行过程和方式不同。由于法国科研机构普遍执行“预算管理和科技评估模式”，与我国的“项目管理方式”有体制上的根本差别。因此“科技报告”这个词在中法两国有明显的“含义”差异。

“科技报告”在中文里更多指的是“科研项目执行过程及结束后所提交的与项目有关的报告”。而“科技报告”在法语的直译是“Rapport Scientifique”，不过，Rapport Scientifique 在法语里所指的内容并非我们中文的含义，而更多指的是与科研管理有关的行政报告，如机构或部门的年报等，含义较为狭窄。

对于“科技报告”，在法国更为对应的是“Archive Scientifique”，直译为中文即“科技档案”。法国对科技报告或档案的保存十分重视，在法律框架体系下建立了比较完整的“科技档案”体系，每个大的科研机构都设有专门的“科技档案部门”。这些举措源于法国对科研过程的重视，他们认为保存与科研过程相关的资料可以为研究和决策提供相关的线索，因此，科研中的每个过程都应当认真地作为档案予以保存。这点已经作为法律在全国的研究机构中得到执行。

然而，法国“Archive Scientifique”这个概念所涉及范围又比我国目前“科技报告”概念宽一些，涉及了科学研究的整个过程。基于以上说明，了解到法国科技报告管理，更多的是科研过程的档案管理。这主要基于法国科技评估和档案法的要求。因此，法国所保管的“科技报告”范围比我们目前的宽得多。

法国科技报告 / 档案编写一般包括：报告文本、专题技术资料、涉及科研项目执行过程的会议和论坛的材料等。科技报告 / 档案的管理由研技部、研究机构或组织以及国家科技档案馆共同负责。其中，研技部（有时会同文化部）负责制定管理政策；研究机构或组织主要负责报告的提供和利用，以及对非本部门机构或人员报告的利用需求提出是否许可；国家科技档案馆研究与技术部负责科技报告的收集、编目和保存工作，并依法提供使用服务。法国科技报告 / 档案的收藏机构包括国家档案馆研究和技术部，负责法国大部分科研机构科技报告 / 档案的入档和收藏，同时在一些大的科研机构内部还设立了专门的国家档案分部。

法国科研中心科技信息中心（INIST）是国家科研中心内部资料库，主要任务是收集、整理以及传播科学技术研究成果，并为科研提供相关服务。INIST 保存有来自公共和私营科研机构的科技报告 75 000 份，大部分都是法国公共科研机构的报告，包括国家科研中心与法国研技部、环境部、能源研究与环境署、国立信息与自动化研究院、国家卫生与健康研究院等合作伙伴科研合作合同执行的最终科技报告。科技报告构成了中心收藏资料的关键性内容。

研技部资料中心是研技部直属机构，主要收集和存储综合类科技报告，直接服务于研技部管理与决策。保存有 40 000 份各类行政报告、小册子等。开放领域包括：政策、管理、科研管理、科技发展及社会经济环境等。

根据档案法规定，科技报告在存档有效期内，只有本部门人员为了科研目的方可有权查阅相关科技报告。其他部门或人员只有在两种情况下可以进行查阅：一是获得形成科技报告的科研机构或组织的许可；二是授权。

法国科技报告的存档时间一般为 30 年，部分需要严格保密类型的科技报告存档时间根据需要可延长至 60 ～ 100 年，而少数专业类科技报告甚至可以长达 120 年。存档有效期过后，科技报告即可面向公众。

法国具有严格的知识产权保护制度，以保障和促进创新。1951 年，依法成立法国国家工业产权署，隶属于经济、财政与工业部，具有独立的财政投入。部门除巴黎总部外，另在地方设有 14 个分支机构。根据工业产权署制定的知识产权保护条例，任何部门在科研和技术开发中获得的知识产权由本部门所有，享有转化、转让以及通过其他方式受益的权利。条例规定，所有知识产权在本国范围内可以自由交流、转让，但在对外合作过程中，涉及关键、军事敏感技术等，要有严格限制，需要进行严格审批。

2.4 德国科技报告制度

2.4.1 德国的科技报告体系

德国科技研究报告与德国科学研究机构的种类相类似，大致可以分成三个级别。第一级是联邦各部科技报告，第二级主要是高等院校和四大国家级科学研究机构的科技报告，第三级是基层研究单位（主要是研究所）的科技报告。研究所是科技报告的最基层来源。

德国的科学研究网络通信是世界一流的，这也体现在科学研究工作中的科技报告的管理、交流和使用上。目前在德国，依然可以按照传统方法到图书馆或研究所查找科技报告，但是，实际上科技报告的管理和交流、使用基本上通过网络实现，省时、省工，效率又高。

根据资源共享、互惠互利、竞争是手段、共赢是目标的传统，各个基层研究单位，将有关科技报告的信息发表在自己网站的专栏上，这些基层研究单位的上级部门又在各自网站的相关专栏上设置链接,以此类推,在联邦各部，如联邦农业部、联邦环境部等网站上也设置了相关专栏和链接。最后，联邦教育与研究部在其网站设置专栏，即“研究之门”，开辟相关的科技报告检索界面。这便是初具规模的全德科技报告管理和服务体系。

（1）一级科技报告

一级科技报告指联邦各部的科技报告。联邦政府的各个部都有各自的科学研究任务，也就形成了各自的科学研究体系。科学研究体系具有规模的5个联邦部有教育与研究部、经济与技术部、农业部、环境部、交通、建筑与城市发展部，一级科技报告主要源自这些部。这些部在各自网站上提供科技报告，类型包括：新闻通报、通信、快讯、年度报告或年鉴等。

德国研究联合会（DFG）建立了其资助项目的科技报告数据库（GEPRIS），通过互联网提供DFG当前资助研究项目的信息，包括项目内容和进展以及项目研究者等的信息。2006年，GEPRIS还将进行改版，用户可以在新版中查到所有的研究项目。DFG每年都出版德法英版的年报，详细介绍其资助的项目，公众可以在其网站上下载年报。DFG还在支持一个名为“科学图书和文献系统”（LIS）的项目，旨在为德国科学研究提供高质量的文献和数字化信息资源，是独立于大学图书馆之外的系统，由专业图书馆组成，DFG支持3个应用领域的中央技术图书馆。DFG要求其支持项目的报告一式3份上交到LIS，并规定了报告格式。LIS还支持德国的专业图书馆收集国外的科学文献，特别是有灰色文献之称的各国研究所、科学院出版的科技报告。由于灰色文献不易通过传统方法得到，LIS还专门支持一项“出版物国际交换”项目，通过其在世界各地的合作伙伴交换获得所需文献。

（2）二级科技报告

二级科技报告是指德国高等院校和四大国家级科学研究机构以及德国工程师协会和德国电工技术人员联合会这些机构的科技报告。

德国365所高等院校的科技报告无统一规格，它们的科技报告以不同形式出现在各自网站主页的某一个与科学研究概念相关的栏目里，以“研究”名称出现居多。在德国各高等院校网站主页的“研究”栏目，科技报告内容源自同一所高校内所有的研究单位。在每一个校内研究单位或某一个研究项目又有自己的网站。查找德国高等院校的科技报告最简捷的途径是进入“研究之门”的“研究机构分布图”中的“高等院校”（Standorte Von Hochschulen），便可直接进入科技报告所属的高校。

四大研究机构的网站上收集了其下属的各个研究所的科技报告，在其各自下属的研究所的网站上也有科技报告的入口。四大研究机构公示的科技报告的种类略有不同，主要包括有研究报告、年度报告、新闻通讯、快讯等。四大研究机构对其下属机构的部分种类的研究报告统一编排在其网站发表，供查阅、下载或订购。

亥姆霍兹联合会（HGF）每年的出版物约有7 000种，大部分可以在联合会或相关研究中心的网站上阅读或下载。HGF在其网站上有选择地提供了下属15个中心研究工作的出版物，公众可以免费下载或订阅，相应各中心也都提供一定的出版物。

莱布尼茨联合会（WGL）科技报告有4种，分别为莱布尼茨杂志、莱布尼茨通报、莱布尼茨通信和莱布尼茨年度报告，可以在WGL网站主页查找到并下载。莱布尼茨研究报告不在此列，并无统一的编排和收藏，由84个研究所和科研报告机构自行处理，形式各异。

德国工程师协会和德国电工技术人员联合会的科技报告是德国科技报告体系不可缺少的构成部分。它们的进展报告等在德国和国际上享有盛誉，可按专业分类，供用户查找。德国工程师协会出版社（VDI Verlag）编辑出版丰富的科学技术出版物，其中包括研究报告系列（进展报告和德国工程师协会报告）。德国电工技术人员联合会（VDE Verlag）是德国著名的电工技术和信息技术专业出版社，其出版的德国电工技术人员联合会报告（VDE Reports）在德国和国际上享有盛誉。在VDE的主页上可以检索和订阅全部书目和报告。

（3）三级科技报告

三级科技报告是指研究所的科技报告，主要包括四大研究机构下属研究所的科技报告。四大研究机构在对下属研究所和研究中心的部分科技报告进行统一编排和发布之外，各研究所还独自发表和收藏其科技报告，为用户提供查询、下载和订购服务。

马普协会下属 80 个研究所的科技报告主要以“新闻通报”和研究报告等形式出现，它们由该协会统一编排在协会网站发表，供查阅、下载或订购。马普学会每年出版 12 000 种科技文章、图书、会议报告和其他出版物，出版之前都要有同行评议。马普学会正在建立马普学会研究报告数据库（MPRR），收录内容从 1995 年至今。在费城科技信息研究所（ISI）的当前内容检索数据库里检索到马普学会最新的研究报告，每周更新。另外，新的研究信息和出版物都可在各研究所的网站找到。例如，在马普学会的情报学研究所的网站就可以查阅该研究所的研究报告和出版物，研究报告有统一编号，如 MPI-I-2005-4-004。

弗朗霍夫协会有 5 种科技报告和 1 个出版物数据库。5 种科技报告分别是研究报告、媒体服务、新闻信息、弗朗霍夫协会研究快讯和年度报告。弗朗霍夫协会对下属各研究所的研究报告统一编排，同时在其网站供用户查找。在弗朗霍夫出版物和书籍数据库（Fraunhofer-Publica）里可以检索到从 1980 年以来的协会支持项目产生的文章、图书、会议论文集、研究报告、学位论文和专利等，协会 Fraunhofer-ePrints 数据库提供协会所有文献的电子版。弗朗霍夫协会下属 57 个研究所的科技报告分别由各个研究所独自发表和收藏，用户可以在其各自的网站上查阅、下载或订购。研究结果除报告之外，一些研究所还将开发出来的软件、程序等也在网站上向公众开放。

亥姆霍兹联合会（HGF）下属 15 个研究中心的科技报告分别由各个研究中心独自发表和收藏，用户可以在研究中心各自的网站上查阅、下载或订购科技报告。各个研究中心科技报告中的“新闻通报”由亥姆霍兹联合会网站集中发表。以 HGF 下属的传染病研究所（HZI）为例，公众可以通过 HZI 主页的检索系统，检索该研究所的多种科技信息资源，包括新闻、在研究项目、完成项目、年度报告和研究生论文等，非常方便。

莱布尼茨联合会（WGL）下属 84 个研究所和科研服务机构均有各自网站，上面设有“新闻媒体”、“出版物”或“服务中心”等栏目，刊登各种科技报告，例如“新闻通报”、“通信”、“快讯”和“研究报告”等，用户可以查阅、下载或订购各类科技报告。由于WGL下属各机构的研究和工作各有特色，因此，其科技信息和报告系统也有各自特色。例如：WGL下属的知识和媒体研究所（IWF）是一家为科学研究提供多媒体信息支持的科学电影研究所，现在既生产加工科教影片，也传播科教影片。为此，IWF建立了自己以及国际同行机构收藏的科教音像资料的数据库，并通过数字系统平台，对公众服务。

2.4.2 专业的科技报告收藏与服务机构

德国的研究报告来源繁多，仅仅是德国三大科学研究支柱之一的四大国家级科学研究机构，就有总计近260个研究所，每一个研究所都有自己的研究报告。现在，德国的研究报告正在走向统一管理，重点是技术领域和自然科学领域的研究报告。

（1）汉诺威技术情报图书馆（TIB/UB）

汉诺威技术情报图书馆，也称德国科学技术图书馆，成立于1959年，设在汉诺威大学，与该校的大学图书馆是一套系统，两个牌子，属于WGL。它收藏高质量的技术类与自然科学类专业文献资料，总计约820万册。其特色馆藏有德国研究报告、国外研究报告、会议报告、学位论文、东欧及东亚技术文献、专业文献和标准等，最广泛地收集技术领域和自然科学领域的研究报告。当前，它收藏的研究报告重点对象是由联邦教育与研究部和德国研究联合会资助的研究项目。

根据项目受资助者义务的有关条文规定（incidental provisions for Third-party donors），凡是从1996年1月开始的上述类型研究计划，都必须有研究项目的总结报告，它要作为赠阅本由项目资助者递交给汉诺威技术图书馆馆藏，包括印刷版和电子版各1份。

截至2005年10月，汉诺威技术情报图书馆收藏1.5万份研究报告。现在，汉诺威技术情报图书馆每月大约新增100份电子版研究报告。

所有的研究报告都要交给汉诺威技术情报图书馆网站的文献供应中心和“在线目录”两处检索和在线订购。汉诺威技术情报图书馆目录没有收编的德国研究报告，该技术情报图书馆可以代为解决。

（2）“研究之门”通向德国科技报告世界

“研究之门”（http://www.forschungsportal.net）是德国联邦教育与研究部建立的搜索引擎，“研究之门”顺应德国科学研究管理体系的固有特征，将来源各异的科技信息有条不紊地整合成各种数据库，可以让用户从总体上掌握德国有关研究机构及其研究状况的信息。“研究之门”与高等院校、四大研究机构、联邦各部、德国23个中央级专业信息管理机构和专业图书馆相链接，在其框架内编辑整理了2.7万个服务器的1200万个网页，便于社会各界和研究部门查找所需信息。

“研究之门”是德国科技报告的门户网站，链接了德国联邦各部、各高等院校及研究机构的科技报告，公众可以通过“研究之门”便捷地查询所需内容。但是德国工程师协会和德国电工技术人员联合会的科技报告除外。

德国的一些研究机构，如德国物理学会现在只出版电子版的研究报告。

（3）主要的专业情报中心

卡尔斯鲁厄专业情报中心（FIZ-Ka）和技术类专业情报中心（Fiz-Technik）是德国23家中央级信息管理机构和专业图书馆中最重要的两个综合性科技情报中心。卡尔斯鲁厄专业情报中心的研究数据库包括科研机构和项目的研究报告和摘要信息。这些数据库为研究者提供在研R&D项目的信息，可在开始就避免项目重复。FORIS包括德国、奥地利和瑞士4200家机构的在研和已完成的社会科学类研究报告，涉及社会学、政治学、心理学、经济学和教育学等领域。

技术类专业情报中心（http://www.FIZ-Technik.de）是公益性科技团体，每年加工处理大约11万件文献资料，来源是杂志、会议文集、研究报告和学位论文，涉及专业有机械制造和装备制造、材料、电工技术和电子学、纺织、工业情报技术、医学技术和能源等。

2.4.3 德国科学研究机构对科技报告的管理规定

德国的各级科学研究机构对其资助的科学研究报告的管理和使用，都有不同的要求。

（1）联邦教育与研究部的科技报告管理

TIB/UB是联邦教育与研究部（BMBF）资助项目最终报告的法定收藏机

构，根据《第三方资助管理条例》，1996 年以来受 BMBF 资助的任何项目都要免费向 TIB/UB 提供印刷版和电子版的最终报告，并按推荐的格式提交最终报告。

2006 年 4 月，BMBF 发布了《资助项目特别管理条例》（BNBest-BMBF 98），对其资助项目的报告、结果、发明、版权、出版物、义务等进行了详细规定。该条例第 3 条是报告，规定项目执行者每年度第 4 季度需要向资助方或者代表机构提交一份项目中间报告，在项目资助结束 6 个月之内，需要提交一份最终报告，格式参照德国《研究项目资助管理条例》（ANBest-P/GK）要求。中间报告和最终报告需要提交一式 4 份。该条例第 6 条是出版物，要求出版物要明确版权保护，并注明资助相关信息；受资助方必须依据版权保护要求向资助方呈交报告外，还要在项目结束 9 个月内，将报告提交给联邦政府下设的相应机构，或以专业报告和期刊论文等适当形式公开发表，供公众使用；必须向资助方免费上交出版物一式 3 份；受资助方发布在出版物显著位置上标明该项目受 BMBF 资助，作者对出版内容负责；受资助者除向资助方上交报告和出版物之外，还需要将最终报告（印刷版及电子版）提交给汉诺威情报图书馆。

DFG 在《研究资助的综合信息和申报指南》（DFG Research Grant-General Information and Guidelines for Proposals）中规定的义务中，第 4 项即为：按照资助协议中规定的时间提交相应的报告，DFG 希望其资助项目的研究结果向公众开放。DFG 还对其资助项目数据进行统一电子化存储和加工。

（2）四大国家级科学研究机构的科技报告管理

四大国家级科学研究机构在项目资助管理条例中，对科技报告有相应规定。

马普学会（MPG）自 2000 年开始采用“良好科学行为”准则的第 7 条规定，原始数据和研究报告应该在研究所或资助机构进行至少 10 年的有效保存，既要作为其他科研人员的参考资料，又要接受其他人员的质疑。研究所负责制订和实施更详细的方案和责任，特别是详细的报告标准和使用条例。

弗朗霍夫协会（FhG）根据用户的需求，通过因特网向公众提供免费的订购服务。若出版物引用 FhG 提供的材料，则需要向设在慕尼黑的 FhG 总部免费上交 2 份出版物。FhG 网站提供的文献只能用于信息目的，不能用于商业目的。FhG 对其自身的内容负责，保证时效性、准确性和完整性，对所链接的内容不负责，也不对第三方引用其内容造成的损失负责。

莱布尼次联合会（WGL）下设多学科服务联合机构（IVS），其主要任务是综合 WGL 的 18 个研究所的资源，为大学和其他研究机构提供数据、信息和科学计算服务、知识推广，并制定相关的长期合作机制。IVS 负责收集、加工并提供技术数据、文献和实物信息，建立数字图书馆等。

亥姆霍兹联合会（HGF）对不同科技报告有不同要求，如下属的同步加速器中心（ANKA）向社会开放其同步加速器设备，要求使用者事后提交实验报告，并规定了格式、内容和提交时间。还规定长期实验项目除最终报告外，还要提交中间报告。洪堡基金规定每年基金的获得者需要提交一份上年度研究进展报告和资金使用财务报告。在资助项目结束后的 4 个月之内，需要向洪堡基金专家委员会提交详细的项目研究报告，而且洪堡基金对这些报告保留评估和出版权。

2.5 日本科技报告制度

2.5.1 日本科学技术情报活动发展概况

第二次世界大战后，随着日本国内研究和开发水平的提升，政府认识到有必要将国内产生的大量成果情报收集起来，在全国范围内加以流通，于是 1957 年成立了日本科学技术情报中心（Japan Information Center of Science and Technology，JICST），作为日本的科学技术情报流通的中枢机构。1996 年日本科学技术情报中心与新技术事业团合并，并以科学技术振兴事业团的名义运营。2003 年起该机构作为独立行政法人科学技术振兴机构（Japan Science and Technology Agency，JST）运营，促进科学技术情报的流通成为其主要业务之一。

JST 以全世界的科学技术文献和情报为基础制作的数据库，现已成为日本科学技术情报流通的中枢。日本的科学技术报告方面的数据就包含在公共资料部分中，其数据库中录入了被收集文献的资料名、标题、著者名、摘要、关键词等一些基本信息，而资料则由资料中心进行整理和保管后提供阅览和复印服务。JST 的“研究成果应用综合数据库”（JST Science and Technology

Research Result Database for Enterprise Development，J-STORE），旨在将大学、国立研究机构、JST 等的研究成果制作成技术源信息、专利信息和研究报告信息的数据库，通过互联网提供到企业，从而促成研究成果的转让。另外 JST 还建有“支持研究开发的综合目录数据库”（Directory Database of Research and Development Activities，ReaD）、“研究信息数据库”（主要是通过协商在 JST 和国立、公立研究机构、独立行政法人等研究机构之间共同开发研究成果数据库）等。图 2–10 为科学技术振兴机构的情报服务系统图。

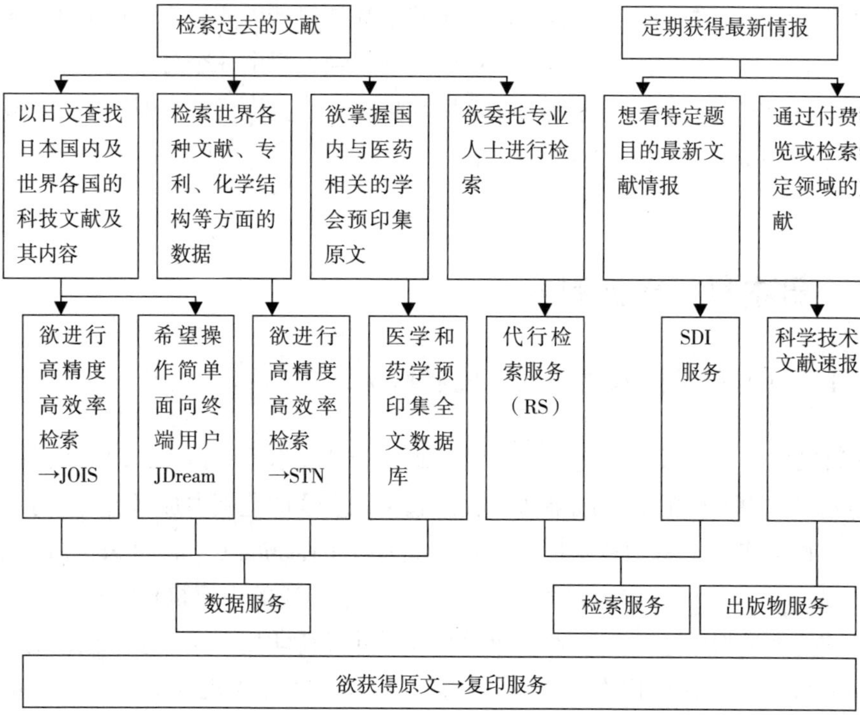

图 2–10　科学技术振兴机构的情报服务系统图

2.5.2　科技报告的产生、提交、收藏、管理

科技报告由承担研究或开发项目的科技工作者或研究小组根据科学技术振兴机构规定的“科学技术报告格式”要求撰写。一个项目通常要提交 2 份甚至多份报告。项目进行至中期须交中期报告（有可能提交多次），项目结束

时须交终期报告。

在日本，不存在美国 NTIS 那样的机构和相应的科技报告管理制度，根据资金提供者不同，报告的提交、管理情况也有所不同。报告通常须提交到出资者的相应主管部门。通常，根据项目合同或规程，须在项目年度结束的 60 天内提交中期报告，在项目结束后的 60 天内提交终期报告。接收报告的资金提供方根据情况结集或以项目形式刊行并保存报告。

日本《国立国会图书馆法》规定，所有刊行物均须向国会图书馆提交保存样本，因此，已刊行的科技报告在国会图书馆都有保存。使用公共资金的项目报告通常也会提交国会图书馆，但也并非百分之百的报告都有收藏。

根据出资单位的不同，研究报告的提交处也有所不同。文部科学省、日本学术振兴会的科学研究费辅助金项目的研究报告的一些必要数据（课题名、概要、成果、研究者名）通常提交到科学技术振兴机构和国立情报学研究所，而其研究报告的文本则提交到国会图书馆保存。文部科学省的科学技术振兴调整费项目的研究报告除向 JST 的国家研究开发总揽数据库提供数据外，还向内阁府的研究开发数据库提供数据。

通常，大学、国立试验研究机构、独立法人、特殊法人等机构的研究课题数据会提供到 JST。而农林水产方面的研究课题数据由农林水产省研究企划系统提供。另外，为了恰当地评价运用国家资金进行研究开发的情况，科学技术综合会议从 2001 年起开始收集网罗了最新研发情报（课题概要、成果、研究者），并将必要的情报制作成可供检索的数据库，逐步形成了政府研究开发数据库。此外，一些研究报告文本则会提交到国会图书馆收藏。

此外，内阁府综合科学技术会议从 2001 年起开辟了一个“政府研究开发数据库”。它是一个跨省际的一次情报综合数据库，包含了来自各省的竞争资金型研究课题以及项目型课题的研究题目、研究者、经费、研究领域（生命科学、IT、环境、纳米技术 & 材料、其他）、关键词、研究开发的性质（基础、应用、开发）、研究目的、研究概要、评价者（小组）、评价结果、研究成果（论文、专利等）等内容。

厚生劳动省的厚生劳动科学研究辅助金制度规定，厚生劳动科学研究课题的报告概要等需向综合科学技术会议“政府研究开发数据库”提供数据，并向本省的厚生劳动科学研究成果数据库提供研究成果概要和报告原文。

2.5.3 科技报告的规范

1969 年，作为内阁总理大臣的咨询机构的科学技术会议提出了构筑“全国科学技术情报流通系统（NIST）”的设想，指出了情报标准化对促进情报流通的重要性。之后于 1973 年，文部省科学技术厅成立了科学技术情报流通标准考察会，制定了科学技术情报流通技术标准（Standards for Information of Science and technology，SIST）。从 1978 起，标准草案的制定以及修改工作移交至 JICST，现归 JST。

有关科学技术报告的构成要素、撰写规范、原则等可见于 SIST 09《科学技术报告的形式》（Presentation of Scientific and Technical Reports）。SIST 09 由 6 个部分组成：适用范围、用语规范、报告的构成要素及记载要项、封面/标题页/正文中的书写要项和要领、前言/文本/后记中书写要项和要领、一册一论文以外形式的报告及以一个标题撰写的一系列报告的组成要素和要领。

2.6 欧盟科技报告制度

欧盟的科技发展经历了从小到大、从分散到联合的过程。尽管欧盟的研究开发投入仅占其成员国总研发投入的 5%，但它在协调、集成、联合各成员国的科技政策、优势力量和研发活动方面发挥了巨大作用。

始于 1984 年的欧盟研发框架计划，是欧盟研发计划中投入最大、领域最广、参加研究的人员和机构最多的一项大型综合性研发计划。该项计划自实施以来，为欧洲科技进步、经济发展以及加强欧洲的整体实力做出了巨大贡献，也为欧洲的进一步联合注入了活力。① 由于框架计划涉及和影响面最广，我们在介绍欧盟科技报告管理体系时，主要以框架计划科技报告的管理为例。

在获得资助以前，框架计划项目承包方需与欧洲委员会签订一系列的合同。合同明确规定项目承包方必须在项目每个阶段结束后 45 天之内向欧洲委员会呈递相应的报告。一般而言，需提交的报告包括定期报告和最终报告，

① 周萍，刘海航. 欧盟科技报告管理体系初探[J]. 世界科技研究与发展，2007（4）：94-100，89

其中定期报告有：定期活动报告、定期管理报告、资金分配报告以及最终报告等；最终报告包括：最终活动报告、最终管理报告以及合同附件要求的任何补充报告、资金分配报告等。除此以外，一些项目还需提交特别的报告，如下一个 18 个月计划和中期活动报告等。欧洲委员会在对各种报告进行评估后，做出是否延续研究合同的决定。

对于活动报告，委员会的评估将在收到报告后 45 天之内进行。如果报告不需要改变或进行实质性修改，此报告将在收到后 90 天内通过。如果委员会对项目承包方的工作不满意，可以拒收其呈递的报告，让其在合理的时间范围内进行完善后再提交。委员会根据重新协商的结果决定是否通过报告。在此期间，委员会可以暂停此项目，如果委员会仍然对报告不满意，可以终止合同。通过以上一系列严格而规范的程序，不仅能够保障研究项目的质量和财务的规范性，同时也能确保科技报告的及时上交。

项目承包方需通过互联网向欧洲委员会提交电子报告，原始报告需直接提交给欧洲委员会研究总司。

2.6.1 科技报告的内容和格式

（1）定期报告

1）定期活动报告

依据合同规定，项目承包方须提交定期活动报告。报告须涵盖合同附件所涉内容，主要由以下部分组成。

● 标题页。

● 可出版的概述（通常不超过4页），概括介绍项目目标、项目承包方、协调方的联系方式、所开展的工作、迄今为止所取得的成果和预期成果、应用意向与影响等，还包括应用和推广知识计划中可发表的成果的要素。如有可能，应附有可说明上述内容的图、表、照片及项目标示，如有关于该项目的网站也一并说明。

● 第一部分——本报告阶段的项目目标和成果。

a. 概述项目总目标，介绍项目现状和最新进展；

b. 概述以前的评审意见（如果有的话），简单介绍项目联合体是如何采纳这些建议并进行改进的；

c. 总结本报告阶段的项目目标、所开展的工作、项目承包方的情况，以及此阶段所取得的主要成果；

d. 如适用的话，评述此阶段存在的最重要的问题和所采取的相应措施。

• 第二部分——本阶段的工作计划进展情况。

根据本阶段的工作计划，介绍报告所开展的工作。

每一份工作计划应包括以下内容：

a. 工作报告的目标和工作起点；

b. 项目进展情况——目标任务与完成情况，按合同规定的各承包方的任务予以分别说明；

c. 项目实际完成情况与工作计划之间的偏差，所采取的措施或建议，找出偏差出现的性质和原因，需与项目承包方挂钩；

d. 列出需提交的材料，包括时限和实际 / 预计提交的时间；

e. 列出重大成果，包括时限和实际 / 预计取得的时间。

• 第三部分——联合体管理。

这一部分应总结项目的现状、项目的管理以及其他有关活动。具体内容包括：

a. 联合体管理任务及取得的成绩、出现的问题与解决方案；

b. 项目承包方对于贡献、职责的变化、联合体本身的变化（如果有变化的话）的评价；

c. 项目时间表和现状，包括最新的、来自项目第一线的条形图、表。阐明预计成果发生的变化与影响（如果有的话）；

d. 本部分还应提供有关报告期间协调活动的简短评论和信息，如参与人之间的交流、项目会议以及与其他项目 / 计划等进行合作的可能性。

2）定期管理报告

在每一报告阶段之后提交定期管理报告，同时提交定期活动报告。定期管理报告包括的内容如下。

• 标题页。

• 第一部分——主要支出项目和配置的合理说明。

每个项目承包方都要提供一份项目主要支出和资源配置的合理说明，将这些支出和资源配置与实施的活动联系起来，并说明其必要性。具体内容如下：

a. 概述每个项目承包方在本阶段开展的工作，在工作计划层面予以说明，详细阐述配置的合理性。对“工作计划 X”有用或者“对工作计划 X 有多大贡献率”这类描述就过于泛化，而应具体描述：为工作计划 X 中的某项任务而开发的模块；

b. 对于重要仪器的购买、主要差旅费、数目较大的消费等，应予以明确说明，解释其对项目的必要性；

c. 对照列出预算支出与实际支出，按项目承包方、主要支出和人员费用分别列出；

d. 对照列出人员月预算支出与月实际支出，按项目承包方、工作计划分别列出。欧洲委员会提供人员月预算的格式；

e. 概括说明人员经费预算和人员月预算的主要差异所造成的影响。

- 第二部分——每个项目承包方需填写合同报告阶段每项活动的财务说明。

审计证明：审计范围必须涵盖所有此前尚未提供审计证明的支出项。

- 第三部分——财务报告总结。

包括一份总体性财务支出报告（直接支出+间接支出），包括每个项目承包方在此报告阶段内的支出类别。

3）定期资金分配报告

汇报欧盟拨款的分配情况，通常与阶段活动报告同时提交。

（2）项目成果报告

指项目产生的能证实的结果，这些成果将提交欧洲委员会审阅。通常，每份工作计划在其生命阶段都将产生 1 个或多个研究成果。

研究成果通常采取书面报告的形式，但也可以采取另一种形式，例如，原型的完成等。在这种情况下，仍然应同时提交一份书面记录，包括任何有用的资料，如关于原型的照片、会议报告等。

作为项目报告，项目成果报告以纸质和电子版形式向委员会提交，每一份项目成果报告均有标准的标题页。

项目成果需在规定日期之前提交，最晚不能超过报告时段截止之后的 45 天。如果出现延迟提交的情况，需在中期活动报告（如果需要写中期活动报告的话）或定期活动报告中的“本阶段工作计划进展情况”部分加以说明。需说明的内容包括：计划提交时间、实际提交时间（如果项目成果尚未提交的话）。

委员会对项目成果的正式批准是定期评审的一部分（见下一部分）。

（3）定期检查

定期检查由委员会负责组织，通常在一个报告阶段末进行，对此前开展的工作予以评估。

定期检查可以由委员会自行开展，也可以由委员会指定外来专家进行。如有外来专家参与检查，须提前将其姓名告知联合体，联合体有权拒绝任何可能导致商业泄密问题的外来专家。

定期检查可以只检查项目方提交的书面材料（包括报告和成果），也可以另外采用“听证和/或检查程序”的形式，项目方可派代表参与。如果要开检查会议，关于检查/听证程序的详细情况都将在对联合体方便的时间内与之沟通，以便其做好准备。

定期检查主要评估以下内容：

a. 本阶段内完成项目计划的程度；

b. 本阶段内完成项目成果的程度；

c. 承包方使用资源的必要性；

d. 项目管理方面的情况；

e. 实现项目目标的可能性；

f. 对下一阶段的计划与准备工作；

g. 利用和推广知识的计划。

定期检查的结果将以书面形式告知项目协调方。如果定期检查的结果表明项目已经偏离原来目标，或由于其他原因无法完成计划目标，检查结果将涉及委员会的资助是否继续，委员会或要求修改目标，或建议暂缓或终止该项目。

（4）最终报告

项目结束时，联合体需提交最后一个阶段的定期报告。此外，还需提交关于整个项目的最终报告。

1）可发表的最终活动报告

可发表的最终活动报告与最终定期报告在项目结束45天后同时提交。最终活动报告与扩展的每个定期活动报告中的概述相似，只不过包括的内容是整个项目的活动和结果。最终活动报告的质量需达到委员会能直接出版的要求。虽然并不排斥技术性语言，但必须被普通大众所理解。

最终活动报告包括以下部分。

• 标题页。

• 项目执行情况，总结性介绍项目目标、项目承包方、已开展的工作和最终结果，详细介绍达到目标的程度。简要介绍项目所采取的方法和途径，并将其与项目所取得的成果联系起来。解释项目对其所属产业或所属研究学科领域产生的影响。如可能，应附有图表或照片，展示项目工作、项目标示以及该项目的网站。

• 推广与应用，这部分应包括利用和推广项目所产生的知识的最终计划及其可发表的结果。

2）利用和推广项目所产生的知识的最终报告

3）最终管理报告

协调方也应在项目结束45天之内提交一份最终管理报告，其中需包括经委员会修正后的、包括整个项目执行期间所有承包方的支出。

4）最终资金分配报告

协调方在收到委员会最后一笔资金后60天内，需提交一份最终报告，汇报每个承包方的最终和累计获得的资金情况。

2.6.2 欧洲灰色文献系统

（1）灰色文献与科技报告

灰色文献（Grey Literature）首次出现在1976年，《图书馆与情报学文摘》（Library and Information Science Abstracts）将其列为关键词。1978年12月，在欧共体（即现在的欧盟）的主导与英国图书馆外借部（BLLD）的协助下，灰色文献学术研讨会在英国约克郡召开。会议主题是改善灰色文献收集与利用的环境。这次会议讨论的内容包括建立专门从事灰色文献研究与收集的机构，建立灰色文献数据库，完善灰色文献书目控制，编制灰色文献检索刊物等。这次研讨会促进了欧洲的图书馆与文献中心之间的合作。[①] 灰色文献这

① 周萍，刘海航. 欧盟科技报告管理体系初探[J]. 世界科技研究与发展，2007（4）：94-100，89

个术语被此次会议正式认可和接受，并开始在欧洲的主要图书馆与文献中心应用。

尽管后来有关专家为准确定义“灰色文献”做出了许多努力，但约克会议的定义仍然占主导地位。约克会议将“灰色文献”定义为未经正常出版渠道发行的非传统文献。1997 年在卢森堡召开的第 3 次灰色文献国际会议，对灰色文献进行了定义，但并未改变约克定义的实质。数年后的今天，准确定义灰色文献仍然较难，通常将其定义为：不经常规商业渠道交流、不易找到、并非总是容易获得的文献资料。这种资料读者数有限，在专家间交流，如果印刷的话，数量很少。管理者与科学家编写的报告、方案、调查、鉴定、年度报告和备忘录等都是灰色文献。由于科技报告是科研项目研究过程中产生的描述项目工作进展和结果的文件，因此，科技报告属于灰色文献的一种。

（2）欧洲灰色文献信息系统

1980 年 2 月，根据法国提议，英国图书馆文献提供中心、法国原子能委员会所属的核研究中心及德国的能源、物理、数学情报中心共同协商，决定从 1981 年 1 月到 1982 年 12 月，由欧洲经济共同体（European Economic Community，EEC）资助，建立欧洲灰色文献信息系统（System for Information on GreyLiterature in European，SIGLE）。SIGLE 是欧洲灰色文献开发协会（European Association for Grey Literature Exploitation，EAGLE）的一个合作项目，由 SIGLE 管理，涵盖纯自然科学和应用自然科学、技术、经济、社会和人文科学等多个领域。欧洲灰色文献开发协会由欧盟资助，通过 SIGLE 提供灰色文献的跨学科服务。EAGLE 的成员均为负责收集灰色文献的国家中心。这些中心必须保证所有在 SIGLE 数据库中列出的文献的可获得性。目前，EAGLE 有 17 个成员。

（3）欧洲灰色文献系统数据库及检索

1）欧洲灰色文献系统数据库

SIGLE 是一个多学科数据库，涵盖自然科学、工艺学、经济学、社会科学与人文科学等学科领域，其中人文科学占 40%，生物医学占 12%，物理学占 9%，电子学占 6%，地球科学和工程学各占 5%，数学、能量与能源及化学各占 4%，农业、环境科学与材料各占 3%，其他占 2%。从 1976 年到 2001 年 11 月止，SIGLE 总共有 74 423 万条文献记录，目前每年增加约 4.5 万条，每月更新。SIGLE 数据库中的信息由英国、德国、法国、荷兰、意大利、俄罗斯、欧共体委员会、西班牙、比利时等国家与组织提供。英国提供的文献占整个数据库的50.4%，居第1位；欧洲委员会居第7位，占1.3%。这些国家或组织都有一个国家中心，负责该国家或地区灰色文献的收集，也负责保证所提供的SIGLE数据库中的每一条记录的有效性，即根据记录中提供的地址或索取号找到其详细资料或原文。SIGLE涉及的文献类型有科技报告、学位论文、会议论文、预印本、官方出版物、讨论、政策、标准、书目等，其中科技报告占62.7%，学位论文占31.7%，两者所占的比重最大。SIGLE数据库的收录范围非常广泛，收录所有学科的非传统文献，提供关于欧洲研究方法与结果的很有价值的信息。与MEDLINE、BIOSIS等专业数据库收录灰色文献相比，SIGLE由于多国参与而使收录的灰色文献非常广泛，并且可获得性相当高。

2）SIGLE数据库的检索

SIGLE数据库有主题检索、报告号或发布机构检索、作者检索、文献类型检索等检索方式。主题检索可以以多个字段进行，如标题、关键词或文摘。所有的SIGLE记录都可以用3个以上的主题分类号来检索（SIGLE是用一个用数字表示的主题分类图表对文献进行分类的），所以很容易将检索限制在相关的主题领域。报告号是一个独特的科技报告标志符，它往往由组织机构名的首字母缩略语和流水号组成，两部分之间用2个连字符连接，如DESY-99-002。用机构的首字母缩略语进行扩展检索时，可以浏览到该机构产生的所有报告。除了报告号中的缩略语，机构的全称与参与机构也可以从团体来源字段中检索到。进行机构检索时需先浏览索引数据库，以确保使用正确的拼写、缩略语等。SIGLE数据库中的作者姓名通常用几种方式列出来，如有的姓名由姓与名的首字母组成，有的由完整的姓与名组成。因此，如用作者姓名检索，先浏览一下数据库的作者索引，确定正确的拼写，提高文献的查准率。特定文献类型的检索可以在文献类型（DT）字段进行。通过浏览文献类型索引，可以找到欧洲灰色文献系统数据库中不同文献类型的所有文献。

SIGLE的每一条记录都包括书目信息、主题类目与关键词、有效性等描述。书目细节包括英文标题和（或）原语种标题、研究组织或教育机构、文献出版日期、文献类型、页数、报告数和文献的语种。主题描述中至少包括1个主题分类号。许多记录包含关键词及英文摘要，以帮助主题检索。SIGLE

数据库的一个重要特征是，每条 SIGLE 记录都有一个有效性注释，从记录中指示的来源处可得到该记录的详细资料。记录中的来源包括文献的提供者与索取号。各种联系方式（如传真、邮寄、E-mail 等）可从文件递送中心查询。[①]

① 刘海航，黄碧云，张畅．欧洲灰色文献系统 [J]．图书馆杂志，2003（3）：22-23

3 我国科技报告制度现状分析

我国对科技报告的研究始于20世纪90年代初，王维亮在其著作《美国政府四大科技报告实用指南》一书中，系统介绍了美国政府四大科技报告及相关文献的产生、发展、来源、分类、收藏和服务等内容，为我国科技界特别是科技情报界全面了解美国科技报告提供了很好的素材，并带来了很大的便利。

进入21世纪，国内有关科技报告的报道逐渐增多，对构建我国科技报告制度具有极大的参考与借鉴价值。其研究方向主要集中于以下几个方面。

（1）对科技报告及其发展状况的介绍

朱东辉等介绍了科技报告的概念、特点、发展历程及科技报告的作用和价值，认为科技报告体现了科研投资方的投资权益，是一种良好的技术积累和技术交流工具；霍振礼、李艳研究了美国政府科技报告的资料性和档案性及对我国科技档案工作的启示；张爱霞等对美国政府科技报告、美国能源部科技报告的组织、管理、收藏、服务等情况进行了详细分析；庄官保介绍了美国AD报告的发展过程、法规制度建设、提交范围和交流使用办法。

（2）对科技报告资源属性及其相关工作的研究

周杰研究了科技报告资源的形成机制，从5个纬度诠释了科技报告资源的价值构成，包括科研人员、科研机构、科技管理部门、政府投资人和社会公众；曾建勋提出了网络信息环境下构建编写模版、统计分析工具和用户授权体系等几种技术标准应用环境的必要性及其操作执行方式；张爱霞等对科技报告编写规则的框架结构、主要内容、文档模板定义（DTD）等进行了分析描述；胡红亮等从科技报告知识产权的定位入手，详细探讨了有关科技报告知识产权的法律概念，提出了解决科技报告知识产权的思路和措施。

（3）对我国科技报告体系建设的思考

贺德方等对我国科技报告制度的总体建设框架进行了设计，从制度建设、社会意识、保密审查等多方面提出了系统的实施策略；邹大挺等在分析中国科技报告建设现状、特点的基础上，研究了中国科技报告体系的发展策略、管理体系、法规制度体系和标准体系；胡红亮等通过分析美国科技报告体系在 4 个不同历史时期的演变过程，对网络环境下我国科技报告的体系建设方案进行了探讨；张东、赵新力研究了建立我国科技报告体系的紧迫性和关键因素，并提出了设想和对策建议。

此外，部分学者还对我国国防科技报告建设相关问题进行了研究。例如，宫宏光等分析了将国防科技报告纳入装备科研管理程序的必要性，探讨了将国防科技报告纳入装备科研管理程序的具体途径和措施；郭子云从正反两个方面阐述了开展航天国防科技报告工作的意义；王琳等对如何加速发展船舶科技报告事业提出了有价值的见解和建议。

实践层面，早在 1964 年，我国就提出了建立科技报告的设想。著名科学家钱学森同志曾明确地提出“要建立中国的 AD 报告”（是指要建立中国的国防科技报告），由此，我国开始了科技报告体系建设的探索工作。

1984 年，我国国防科技报告体系建设工作启动，核、航天、航空、船舶、兵器、电子等相关部门参加。经过 30 多年的发展，中国国防科技报告已经逐步形成了一套较为完善的法规制度和统一管理的工作体系，迄今共收集 10 余万份科技报告，初步建立起较为完善的国防科技报告管理体系。

1992 年，原国家科委信息司开展了中国科技报告管理体系的建设工作，成立了“中国科技报告管理办公室”（设在原国家科委信息司），组织起草了《中国科技报告管理办法（草案）》，组织制定并经原国家技术监督局批准颁布了国家标准《中国科学技术报告编号》、《科学技术报告的编写规则》，但终因缺乏政策环境和经费支持，未能继续下去。

1999 年，原交通部以“实施交通科技报告信息资源系统的研究开发”项目开始开展了交通部科技报告管理工作。为了规范并提高科技报告的撰写质量，原交通部科技教育司组织制定了《交通科技报告编写规则》（JT/T 483—2002），并在同年 10 月印发了《关于实施交通行业标准的通知》，通知要求，“凡归口交通部科技教育司管理的科技项目，在申请项目结题、验收、评审和鉴定时，所提交的科技报告必须按该标准的格式和要求撰写。”

2002年，中国科学技术信息研究所在科技部科技基础条件平台重点项目的支持下，开展了《中国科技报告体系建立与示范工程》项目的研究开发，对国内外科技报告建设现状进行了调研，提出了中国科技报告体系建设的政策建议。

总体来说，我国科技报告制度仍处于起步阶段，在国家科技报告制度建设过程中遇到困难和问题是不可避免的，特别是基层科研人员对科技报告工作的认识与认同有限，特别需要依托强有力的政策和技术支持，理顺工作思路和流程，构建切实有效的科技报告工作方案，鼓励和激励各方参与国家科技报告制度建设。下面以国防科技报告制度、政府资助科研项目报告制度和国家科技计划科技报告试点工作为例阐述我国科技报告制度的发展现状。

3.1 我国国防科技报告制度

经过30多年的不懈努力，中国国防科技报告已经成为我国重要的科技文献信息资源，为我国国防科技乃至整个国民经济发展起到了积极的推动作用。下面从中国国防科技报告法规制度、管理体系、报告收集、交流使用4个方面介绍我国科技报告建设现状。

3.1.1 中国国防科技报告法规制度

为了有效地推进中国国防科技报告体系的建设工作，相关部门1984年印发了关于建立国防科技报告体系的暂行规定，1988年颁布了国防科技报告编写规则相关标准。为了对国防科技报告实施制度化、规范化管理，1995年正式颁布了中国国防科学技术报告的管理规定以及密级、期限变更的相关文件。以上几个文件的颁布和实施，标志着国防科学技术报告开始进入了规范化、制度化的发展阶段。1998年，在已有工作的基础上，根据形势变化，进一步规范了相关管理工作。

其中，国防科学技术报告的相关管理规定是建立中国国防科技报告体系的依据，强调了国防科技报告在科研管理和科研工作中的地位和作用；明确了国防科技报告的组织管理体系和经费来源；规定了撰写和提交科技报告应遵循的技术标准和规范，对中国国防科技报告管理的原则、管理机构与职责、工作程序、保密、交流和使用等进行了全面的规定。

有关国防科学技术报告密级及期限变更的管理办法规定了国防科技报告的密级、期限变更办法，明确了国防科技报告密级管理的责任机构以及管理程序。国防科学技术报告的编写规则规定了国防科技报告的编写体例、主要内容、参考文献、用字以及法定计量单位等。

另外，国防工业下属的各行业部门和单位在国防科学技术报告法规制度和技术标准的基础上，相继制定了本部门、本单位的科技报告管理规定和实施细则。

3.1.2 中国国防科技报告的组织管理体系

（1）组织管理机构

国防科技报告由三级机构管理，见图 3–1。国防科技报告管理办公室，承办科技报告的日常管理工作。国防科技报告管理办公室是国防科技报告的一级管理机构，统管政策、计划与管理工作，并负责科技报告的集中收藏与发行使用工作。

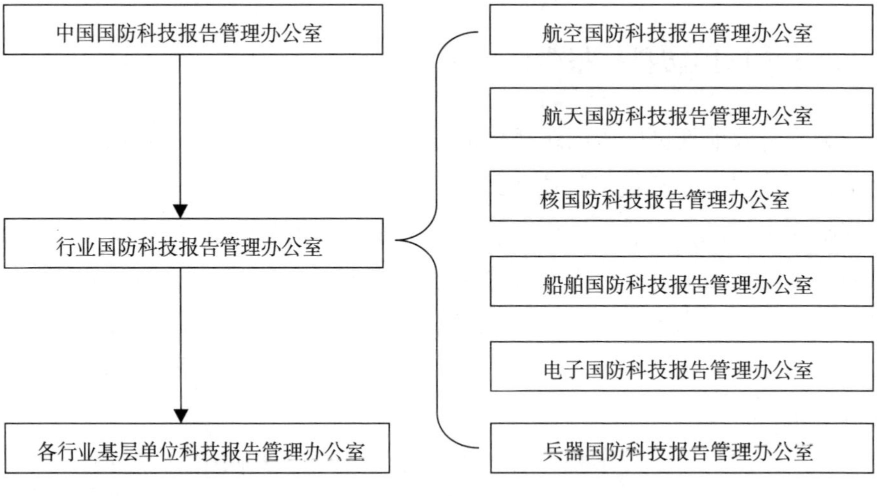

图 3–1 国防科技报告工作的三级管理机构

各行业（包括核、航天、航空、船舶、兵器、电子等）设立了行业科技报告管理办公室，负责贯彻落实国防科技报告工作的方针、政策、法规，各行业国防科技报告的收集、审查、组织管理、建库及协调与指导工作。经过10多年来的实践，证明这一工作体系对于科技报告管理工作是行之有效的。

相关基层单位（有条件的基层单位）科研管理机构中设立了专门机构或设置专人负责本单位的国防科技报告工作，负责贯彻落实国防科技报告的方针、政策、法规，做好本单位科技报告的收集、质量评审、密级确定和上报工作，确保本单位科技报告工作的正常开展。

（2）管理程序和要求

科技报告工作是一项综合性技术基础工作，集科研管理和文献管理为一体。科技报告产生于科研活动的各个科研阶段，每个科研项目承担者在其项目完成或阶段完成时，按照有关规定都必须向科研项目下达部门或单位（科研项目资助者）撰写和提交合格的科技报告。具体可以分为撰写、评审、上报和开发利用4个环节的工作。具体的落实措施和工作流程见图3–2。

根据国防科技报告有关规定的要求，申请科研项目的部门或单位，应在立项报告的成果形式栏中写入撰写和提交科技报告的数量、类型、时限等内容。科研管理部门在下达科研任务或签订合同书（协议书）时，必须在任务书或合同书（协议书）的成果形式栏目中明确列出该项目在完成或阶段完成时应提交科技报告的数量、类型、时限等。承担科研项目的主要完成人必须按合同书或任务书的要求，并按照编写规则撰写和提交印刷版和电子版科技报告及科技报告审定表。科研项目承担单位对科技报告进行审查，并上报科技报告管理办公室。科技报告收藏中心负责进行集中统一收藏、加工处理、建数据库和提供使用。

（3）奖励制度

按照有关方面的规定要求，科技人员完成国防科技报告的工作实绩应作为技术职称和职务考核晋升的依据之一，对在国防科技报告撰写和管理工作中有突出贡献的先进个人和单位应当适时给予表彰和奖励。各部门据此也采取了不同的激励措施。

各行业科技报告管理办公室定期对国防科技报告的撰写和管理工作进行评优，对优秀国防科技报告给予“优秀科技报告”的称号，并视同在核心刊物上发表的论文；对开展科技报告工作中做出突出贡献的个人和单位分别授予科技报告工作“优秀工作者”和“先进单位”的称号，并酌情给予物质奖励。

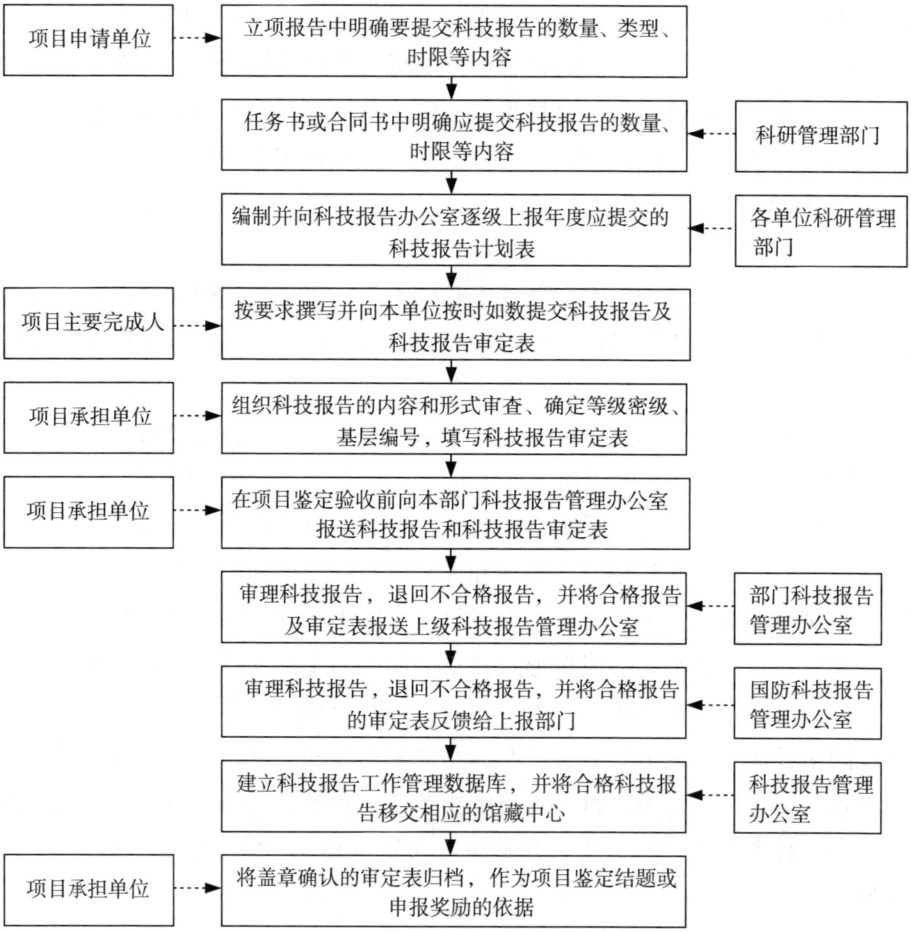

图 3-2　国防科技报告工作管理流程示意图

（4）质量控制

国防科技报告的质量好坏直接影响到它的价值和交流使用。如果收集到的科技报告没有技术含量或没有统一的撰写格式，那么这些科技报告难以组织交流，而且也不会有使用价值。因此，需要对科技报告的质量进行控制，具体要求包括：

1）国防科技报告必须由科研项目完成者撰写

科技报告必须由该科研项目的主要参与和完成者撰写，因为只有他们最了解该科研项目主要技术内容。科技报告质量好坏将直接影响到科技报告的价值和交流使用效果。技术内容是衡量科技报告质量的主要因素。科研项目的类型和性质不同，涉及的学科、研究方法、结果表达方式等有很大差异，很难对科技报告的具体内容构成或撰写做出统一规定。但科技报告的主要构成应包括：方案论证、理论分析、设计依据、性能参数、数学计算、工艺路线、关键设备、重要配方、关键技术、实验方法、结果及分析评估，以及必要的表格、图片等内容。总之，科技报告应能科学、客观、完整地反映科研过程、内容和结果，要有一定的技术水平和保存利用价值。

2）国防科技报告必须经过本单位技术负责人的技术审定

科研项目参与和完成者撰写的科技报告，必须经本单位的技术主管进行技术内容审定，对理论阐述、公式运用、实验数据、关键技术等，以及报告所反映的技术深度、真实程度等进行详细审查，并提出相关补充或修改意见。技术审定不合格的科技报告将返回撰写者进行修改，直到合格为止。审定合格的科技报告，技术主管应签署意见，并签字确认。

3）科技报告管理机构必须对国防科技报告进行形式审查

各级科技报告管理办公室或管理人员必须对科研人员提交的国防科技报告进行形式质量审定，确保提交的科技报告的格式和内容符合相关要求。在审理上报的科技报告质量时，必须审查上交科技报告单位的技术主管是否签署意见，并签字确认。如没有，则应作为技术质量审查不合格退回上报单位，重新组织本单位的技术主管进行技术审查，直到符合要求为止。

（5）经费管理

根据规定要求，撰写并提交科技报告的经费应当统一纳入相应的科研项目经费，国防科技报告管理经费列入相关计划，专款专用，各基层单位的科技报告管理经费应分别列入各自的科研管理经费渠道。这可为开展科技报告工作提供基础经费保障。

3.1.3 中国国防科技报告的收集管理方式

中国国防科技报告的收集工作是指根据有关规定，对正在进行中的科研项目，在其不同的科研阶段，按照规定的工作程序，把符合相关规定要求、合格的科技报告，按时、保质、保量地征集。

（1）收集范围和类型

所有科研项目，在其完成时都应当按有关规定撰写和提交科技报告。所提交科技报告的类型和范围需根据科研计划项目的类型、性质等确定，各类科研项目提交科技报告的范围一般可以在任务书或合同书中列出，除此之外，在项目研究过程中产生的各种学术、学位、专题等论文也属于国防科技报告的提交范围。

总之，在承担的各类科研项目中产生的调研报告、考察报告、论证报告、研制报告、工艺技术报告、研究报告、实验报告、各类分析报告、研究论文等都属于科技报告的提交范围。

当然不是每一个上述类型的科研项目，在其验收时都要提交上述种类的报告，具体每个科研项目要撰写和提交多少科技报告、哪种类型的报告，还要根据科研项目的性质、种类、大小和周期长短等因素来决定。一个 1 年就可完成的预先研究项目，可能只要撰写和提交 1 份研究报告即可。但是一个研制周期较长的研制类型项目，可能需要各个科研阶段或年度撰写和提交很多篇、多种类型的科技报告。

（2）收藏模式

中国国防科技报告实施集中与分布相结合的收藏模式，科技报告的收藏、积累和保存分为 3 个层次。

1）科研单位收藏本单位产生的科技报告

科研单位收藏、积累和保存本单位科研项目中所产生的科技报告，并提供本单位使用。有些单位将科技报告进行单独保存，而有的单位则将科技报告纳入科技档案体系。

2）各部门（行业）收藏和保存本部门及所属单位产生的科技报告

各部门（行业）收藏、积累和保存本部门及其所属科研单位所承担的科研项目所产生的科技报告,并提供本部门及其所属科研单位使用。各部门（行业）都将科技报告进行单独保存。

3）国防科技报告采取集中收藏

按照有关规定，各部门（行业）所积累和保存的科技报告最终要报送到上级科技报告管理办公室，由上级科技报告管理办公室移交科技报告集中收藏中心，实施集中统一管理并向各有关部门和单位提供使用。

3.1.4 中国国防科技报告的交流使用办法

（1）交流使用原则

科技报告必须在确保其中涉及的国家安全、技术秘密不被泄露，科技报告完成者的知识产权不被侵害的同时，组织进行广泛而有效的交流和使用。国防科技报告总的交流使用原则为：公开科技报告，其交流和使用仅限国内公开使用；涉限科技报告的交流和使用，必须按照有关安全使用办法，严格限制在规定的范围内进行交流和使用；涉密科技报告的交流和使用，必须严格执行《中华人民共和国保守国家秘密法》和有关保密规定。

（2）交流利用模式

与收藏体系相对应，国防科技报告也实施集中与分布相结合的服务模式，交流利用体系也分为 3 个层次。基层科研单位负责本单位收藏的科技报告在本单位进行交流使用，各部门负责本部门收藏的科技报告在本部门及其所属科研单位范围内进行交流和使用，集中收藏中心负责向承担科研项目的部门和单位进行科技报告的交流和使用。

3.2 我国政府资助科研项目报告制度

近年来，我国政府实施了国家重大科技专项、863 计划、973 计划、国家科技支撑计划等一系列国家科技项目。这些项目主要涉及基础研究、应用基础研究领域，以及关系到国计民生的重大问题，政府财政投入是这些科技项目经费的最重要来源。按照产权理论中“谁投资、谁拥有”的原则，这些科研活动所产生的科研信息和项目成果等信息资源属于社会公共产品。政府科技管理部门有责任通过合理的制度设计和政策安排保障这些科技项目产生的基础性科技战略资源的持续积累、全面保存和合理共享，并惠及全体国民。

政府资助科研项目实施过程中形成的各类过程性、管理性、结论性的信息资源是项目重要的产出之一，是科研软实力的重要表现。其中，报告是项目信息沟通的一种主要形式，也是重要的项目信息产出之一。报告往往由下级部门按照有关规定和要求呈交上一级部门，上一级部门根据报告内容及其他信息对报告内容、项目进展、绩效等进行评审。报告的类型多种多样，包括立项报告、验收报告、重大事项报告、统计报告等有助于项目管理的报告，财务审计类报告以及科技报告等。

目前的报告制度侧重要求提交管理类报告以及财务类报告，对技术类报告的积累要求甚少。以科技部为代表的多个科技计划管理部门近年来也加强了项目资源的管理，尝试进行科技资源汇交、成果信息共享等工作，但在资源积累、整合、共享等方面还有很大发展空间。以下选取科技部（863 计划、973 计划、支撑计划）、国家自然科学基金委（简称“自科基金委”）、全国哲学社会科学规划办公室（简称“社科办”）三部门为研究对象，对三部门有关科研项目报告制度及报告的产生、收集、管理和共享利用情况等进行调研分析。

3.2.1 我国现有项目报告制度现状

（1）项目报告制度状况分析

随着国家科研项目管理改革的发展，为保障项目的顺利实施及各类信息、数据、报告的产出和有效管理，科技部、国家自然科学基金委员会、全国哲学社科规划办先后出台了一系列的管理制度和规范，详见表 3–1。

表 3–1 政府资助科研项目部分管理规范调查

相关制度	制定部门	相关管理要求	基本报告类型
国家科技计划管理暂行规定	科技部	第二十一条 国家科技计划管理应建立管理公开制度……向公众告知国家科技计划的有关信息……建立计划的数据库和档案系统等…… 第二十二条 国家科技计划必须建立报告制度，明确规定报告的内容、要求和报告期……	进度报告，统计调查报告，调整报告，重要事件报告，财务报告，验收报告
国家科技计划项目管理暂行办法	科技部	第三十五条 各类国家科技计划必须建立相互兼容的数据库，实现信息、数据资源共享…… 第四十条 项目承担者申请验收时应提供以下验收文件、资料……科技成果鉴定报告；项目研发工作总结报告；项目研发技术报告；项目所获成果、专利一览表；研制样机、样品的图片及数据；有关产品测试报告或检测报告及用户使用报告……	可行性报告，年度执行情况报告，中期报告，研发工作总结报告……

（续表）

相关制度	制定部门	相关管理要求	基本报告类型
国家高技术研究发展计划（863 计划）管理办法	科技部	第五十一条　建立规范、健全的项目科学数据和科技报告档案，建立项目科技资源的汇交和共享机制。课题承担单位按照国家科技计划信息管理、科学数据共享和成果登记等有关规定，按时报送课题有关数据和成果信息。	年度执行情况报告，中期报告，自验收报告……
国家重点基础研究发展计划管理办法	科技部	第十五条　973 计划实行公示制度。对立项计划、中期评估和结题验收结果等进行公示，接受社会监督。 第四十三条　项目（课题）承担单位应建立规范、健全的项目科学数据和科技报告档案，按照科技部有关科学数据共享和科技计划项目信息管理的规定和要求，按时上报项目和课题有关数据。	重大事项报告，年度总结报告，中期评估报告，结题验收总结报告……
国家科技支撑计划管理办法	科技部	第九条　项目组织单位……按要求准备项目验收的有关文件资料，进行成果登记并对项目所形成的成果资料（包括技术报告、论文、数据、评价报告等）进行汇交和归档…… 第五十一条　建立规范、健全的项目科学数据和科技报告档案，建立项目科技资源的汇交和共享机制。项目组织单位和课题承担单位按照国家有关科学数据共享的规定，按时上报项目（课题）有关数据和成果。建立健全支撑计划项目数据和成果库，实现信息公开、资源共享。	可行性研究报告，年度执行情况报告……
国家自然科学基金条例	自科基金委	第二十三条　项目负责人应当……做好基金资助项目实施情况的原始记录…… 第二十七条　……基金管理机构应当将结题报告、研究成果报告和基金资助项目申请摘要予以公布，并收集公众评论意见。	年度进展报告，结题报告，研究成果报告……

（续表）

相关制度	制定部门	相关管理要求	基本报告类型
国家社会科学基金管理办法	社科办	第三十八条　项目负责人必须按……做好国家社科基金项目实施情况的原始记录…… 第四十四条　全国社科规划办、省区市社科规划办……应当充分利用报刊、广播电视、互联网等媒体，积极宣传推介国家社科基金项目优秀成果及项目研究中涌现出的优秀人才，并建立稳定的宣传推介载体和渠道…… 第四十六条　设立国家哲学社会科学成果文库，对哲学社会科学研究优秀成果进行表彰奖励并资助出版……	年度进展报告，最终研究成果……

科技部出台的面向科技项目整体管理并涉及数据、报告管理的文件有《国家科技计划管理暂行规定》、《国家科技计划项目管理暂行办法》、《关于加强国家科技计划知识产权管理工作的规定》、《关于加强国家科技计划成果管理的暂行规定》等。此外，还有针对各专项计划项目管理的文件。自科基金委出台的相关文件主要有《国家自然科学基金条例》、《国家自然科学基金委员会信息公开管理办法》及针对不同类型项目的管理文件等。全国哲学社科规划办出台的项目管理文件有《国家社会科学基金管理办法》等。这些制度提出了管理项目信息、数据、报告等资源的基本要求，例如实行公示制度、建立计划数据库、健全项目科学数据和科技报告档案等，明确了项目立项、实施、验收等阶段需要提交的基本报告类型，并对项目立项管理部门、项目承担单位的信息管理职责进行了原则规定。这些制度从项目管理角度出发，重点在于规范科技项目管理，不涉及项目信息管理的具体职责、方法、流程和要求等。

（2）项目报告产生积累情况

从上述制度调查情况来看，政府资助科研项目计划在实施过程中要求提交的报告类型多样，涉及科研项目组织管理的各个方面。从时间上看，既有定期的年度进展报告、中期评估报告，又有不定期的重大事项报告。从内容上看，既有简单的状态报告，又有较为详细的结题验收报告、财务执行情况报告等。从功能上看，这些报告涉及项目的范围管理、进度管理、采购管理、成本管理、风险管理、成果管理等各个方面。但这些报告主要从项目管理角度，面向管理人员提供过程监控等方面的信息，是一种管理报告。涉及项目的技术方法、研究过程、结果等详细信息的有关技术状态的报告较少，即可以面向科研人员和公众交流共享的科技报告较少。

实践中，科技管理部门和项目承担单位积累的项目资料主要涉及项目任务书、统计信息、执行情况信息及最终的总结报告等管理类资料。项目实施过程中形成的大量的实验记录、数据报告、各阶段各类型研究报告等过程资料一般由项目组管理，项目研究人员手中会积累保存很多原始资料。总之，各层面都积累有一定量的报告资源，但这些报告在格式和内容的可用性方面仍有待进一步规范。

（3）项目报告管理共享情况

科研项目资源只有通过共享利用才能发挥最大的价值。为增加政府资助科研项目工作的透明度，促进科技资源整合和共享，发挥科技资源对科技进步的支撑作用，三大部门都通过多种渠道积累和发布信息，包括项目立项基本信息、项目成果信息等，详见表 3–2。

表 3–2　三部门报告等相关资源共享情况

部门	共享渠道	共享内容
科技部	科技部网站；中国科技资源共享网；国家科技成果网	部分立项项目信息；成果元数据信息；部分项目数据元数据信息
自科基金委	科学基金共享服务网	项目立项信息；成果元数据信息
社科办	基金会网站； 成果文库、成果要报、成果选介汇编	项目立项信息；研究成果摘要；部分成果报告

科技部基本实现了对立项报告、进展报告、验收报告的统一提交和管理，但这些数据主要是用于内部业务管理。通过网站公布部分项目信息，例如 973 计划在研项目的项目编号、名称、首席科学家信息，部分领域项目的摘要、子课题等基本信息。此外，还开展了科技计划资源汇交工作，对部分领域科技计划项目形成的资源进行了收集，收集范围包括科学数据、论文、专利、标准、大型仪器设备信息等，初步形成了汇交机制。但总体看，目前的汇交内容主要侧重元数据信息，未涉及调研报告、技术报告等过程资料，涉及少量的论文、专著等公开发布资源的全文信息，这类信息的后继开放共享还会

涉及很多问题。自科基金委通过“科学基金共享服务网”发布项目立项信息和成果信息。项目立项信息包括资助项目批准号、项目名称、项目类别、申请领域、申请代码、项目负责人、依托单位、资助年限等，检索后还可包含资助经费、内容摘要和关键词等基本信息供参考。成果信息主要包括期刊论文、会议论文、专著、奖励的基本元数据信息。该网站陆续公布2008—2011年结题项目的基本信息和相关成果信息，并从2013年逐步实现年度结题项目成果信息的发布。社科办建成了项目数据库，并通过网站提供项目立项基本信息的查询服务，包括项目批准号、项目类别、学科分类、项目名称、立项时间、项目负责人等。此外，主要通过成果文库、成果要报、成果选介汇编介绍、推广项目研究成果摘要信息，促进学术信息资源的共享和利用。总体看，目前的报告共享主要局限于部分元数据信息，有关资源的综合集成开发利用尚未展开。

3.2.2 现有报告和科技报告的关系分析

目前，我国在申报、开题、中期、年度和验收等科技计划管理过程中要求提交年度执行情况报告、验收报告、审计报告、决算报告及课题实施过程中形成的论文、专利等成果信息表等。这些报告与科技报告的要求还有一定差距。其中，审计报告、决算报告等不属于科技报告。年度执行情况报告、验收报告的内容多偏重于组织实施、管理经验及成果信息及其应用转化情况等，主要面向管理者服务，而不是面向科研人员服务的科技报告。这类报告需要按照科技报告编写规则进行格式规范，增加或突出技术工作的组织实施过程、方法和结果等信息，并删除财务情况等不必要的信息，才能成为科技报告。验收报告与科技报告的基本模式对比示例见表3–3。

表3–3 验收报告与科技报告的基本模式对比示例

	课题验收报告	科技报告
封面	计划名称、课题名称、承担单位、负责人、完成日期	提供密级、报告编号、题名、责任者、完成日期等信息
辑要页	—	包括封面信息和项目编号、摘要、关键词等信息

（续表）

	课题验收报告	科技报告
目次	—	一般到第二级或第三级
图表清单	—	可按照大流水或章节编号
引言部分	课题规定的任务、考核目标及主要指标；课题实施选择的技术路线和关键技术的科学性、先进性等	简述研究背景、范围、意义、目标、思路等
主体部分	课题任务执行情况综述	完整描述研究对象、基本理论、研究假设、研究方法、实（试）验方法、参数选择、工艺、关键装置、材料原料等，实验数据、观察记录等主要数据，以及对结果的分析研究等
结论部分	课题成果的作用和影响；课题成果的应用、转化情况；课题成果的其他经济、社会效益分析与评述；存在的问题及相关建议等	描述研究发现，评价或描述研究发现的作用、影响、应用等
参考文献	—	有参考文献的应附上
附录	—	可附上某些重要的原始数据、图表、计算程序等

按照科技报告编写规则修改验收报告时，在格式方面，需要规范封面，增加辑要页，补充完善目次、图表清单、参考文献、附录等信息;在内容方面，可以将项目（课题）研究背景和意义，以及项目（课题）规定的任务、目标、技术路线等内容改写为“引言部分”；对于任务执行情况综述部分，可以根据原文中的技术点进行拆分，逐个详细论述相应的技术方案、方法、过程、数据、结果等信息，此外，还可以根据本部分的内容，抽取核心或关键技术点生成专题技术报告；对于项目（课题）成果及其作用和影响、应用转化情况以及存在的主要问题、经验和建议可以合并形成“结论部分”。

3.2.3 项目报告制度存在的不足

从全国范围来看，除国防科技报告外，我国民口的科技报告管理才刚刚开始，一方面政府层面对呈缴科技报告没有强制要求，科技报告工作未纳入科研管理程序，国家科技计划项目管理在科技报告的提交、管理、交流等方面没有明确要求；另一方面社会上缺乏对科技报告重要性的认识，科技报告的撰写、呈缴和交流利用没有成为科研人员的自觉行为。迄今为止，国家科技计划项目形成的大量科技成果没有形成科技报告，仍处于分散、搁置，甚至流失的状态。具体而言，表现在如下几个方面。

（1）制度机制方面的问题

政府资助部门出台的有关制度要求资助部门、项目承担单位分工负责科技计划信息、项目过程资料的积累和共享，为项目资源的形成和积累建设奠定了一定的基础。但由于缺少监督考核机制、明晰的责任划分及有效的协同工作机制等，项目管理和项目资源管理脱节，相关管理人员主要关注项目目标的实现、项目实施流程的规范，疏于对技术资料进行积累和管理，这些制度的落实执行并不到位。此外，对于管理什么资源、怎么呈交、共享和利用这些资源等也缺少相互衔接、系统连贯、具体专用及可操作的实施细则，加大了项目资源积累、管理和共享的难度。总之，政府资助科研项目资源基本处于“无统一的管理机构”、“无统一的管理法规”和“无统一的管理规范”状态。

（2）资源积累方面的问题

资源生成、呈交、共享制度和工作机制的缺失，加大了信息积累和共享的难度。项目资源积累方面的问题主要表现在资源积累不完整。资助部门和承担单位会重复保存管理文件和项目验收文档等盖章、签字的有凭证作用的资料，缺少对技术报告资源的生成、积累和共享要求。大量过程资料分散保存在个人手中，或项目组或部门内，基本处于无序状态，没有实现完整积累，管理分散，无法很好地实现有效共享和重复利用。

（3）资源共享方面的问题

没有充分的积累就谈不上整合共享。项目资源共享存在的主要问题主要表现在：项目基本信息整合程度不够，没有统一的项目库，没有和关联信息进行集成，项目过程信息、结果信息公开共享程度不够等问题。各部门、各系统的数据尚未对接和共享，信息共享在深度和广度上尚未达到理想状态，远远不能满足科技人员的需要。

3.3 国家科技计划科技报告试点工作进展

3.3.1 科技报告试点工作开展背景

2012年7月，中共中央、国务院印发《关于深化科技体制改革加快国家创新体系建设的意见》，明确提出加快建立统一的科技报告制度，我国的科技报告制度建设就此拉开帷幕。然而，国家科技报告制度建设涉及面广、实施难度大、建设周期长。美国从其军方开始科技报告工作到其国家层面科技报告工作正式展开，花了30年时间，而其国家层面科技报告形成战略资源花了20年时间；我国国防科技报告体系从开始建设到国家层面科技报告制度建设兴起也约为30年。鉴于我国科技报告制度建设涉及跨行业、跨部门、跨地区等不同层次部门和单位，是一项复杂的系统工程，需要对中国科技报告体系进行顶层设计，充分调研与论证，先期制订切合实际且科学可行的建设方案。

为此，科技部发展计划司和中国科学技术信息研究所全面分析了我国科技计划管理过程与和科技报告推行目标间的差异与差距，先后撰写“国外科技报告体系建设情况”和“国内科技报告建设情况分析”等材料，联合部内各司局和中心确定实施方案的切入点。先后召开十多次方案论证和咨询会议，分析各方面的困惑和忧虑，特别调查了经受过国外科技报告制度洗礼的千人计划归国科技人员的经验和感受，引起多方共鸣和响应。经半年前期研究、论证筹划，就国家科技报告制度体系的建设框架达成共识，拟定了先期试点、分步实施的建设方式，制订了国家科技报告制度建设方案，确定科技报告制度体系建设主要从政策法规、标准规范、组织管理以及资源共享等4个方面，构建由国家、部门/地方及基层科研单位形成的三级组织管理体系，在现有科技信息机构基础上设立各级科技报告管理中心，按照“谁立项、谁收缴”的管理原则，逐步推进各部门（地方）构建科技报告管理体系，并确定基层科研单位的科技报告工作法人责任。

但同时，亟须通过一定范围的实践探索来验证和完善科技报告工作的内容安排。2012年12月27日，科技部第32次部务会审议并原则通过建立科技报告制度的总体目标、重点任务和时间进度安排，决定在973计划、863计划、科技支撑计划、重大科技专项、国际合作专项非涉密项目、大型仪器专项，以及科技奖励工作中全面开展科技报告试点工作。2013年4月，科技部发展计划司印发《关于在国家科技计划中开展科技报告试点工作的通知》，正式启动科技报告试点工作。同时在 2014 年 3 月，由 16 名熟悉科技报告工作的高层技术专家和管理专家组成的国家科技报告制度咨询专家组正式成立，负责咨询国家科技报告制度建设的顶层设计、重点决策咨询和推进效果评估，为科技报告体系建设的科学开展提供智力支持。

3.3.2 科技报告试点工作总体要求

科技部决定 2013 年在国家科技计划中开展科技报告试点工作，973 计划、863 计划、科技支撑计划、重大专项、国际科技合作专项、大型仪器专项等国家科技计划（专项）及国家科技奖励工作要先期建立科技报告制度，这些计划和专项自 2006 年以来立项的全部非涉密计划项目（课题）需要呈交科技报告。力争通过 1 年左右时间的国家科技计划试点工作，初步形成拥有一定规模和数量科技报告的共享服务系统，基本建立国家科技计划中科技报告的呈交、收藏、管理、共享渠道，科技报告在科技界和社会公众中的影响显著提升。

科技部明确各计划科技报告试点工作由计划主管单位具体负责，各计划需要修改年度报告、中期评估报告、验收报告模板；由科技部信息中心对申报中心之相应模块进行更新；中国科学技术信息研究所负责制订科技报告编写标准和提供相关培训服务，建设国家科技报告服务系统。

1）对新老项目采取分类管理的原则，稳妥做好科技报告收缴工作。对于已验收项目（课题），组织承担单位主要基于已有电子文档开展科技报告抢救工作，重点做好验收报告的收集呈交，按科技报告体例格式改写形成科技报告。

2）对于新立项项目的过程管理和在研项目验收，要根据工作需要对本计划管理办法中的年度报告、中期评估报告、验收报告模板进行修改，将科技报告收集纳入计划项目管理流程。重点做好以下几类报告的收集和呈交工作：

• 项目（课题）立项摘要，内容来源于项目（课题）任务书中500字左右研究内容摘要。

• 项目（课题）年度进展报告及中期评估报告。项目（课题）年度进展报告及中期报告内容中关于研究进展、技术细节部分内容，按科技报告的体例格式撰写形成科技报告。

• 项目（课题）结题验收报告。项目（课题）验收报告中关于技术总结内容，按科技报告的体例格式撰写形成科技报告。

• 其他报告。除以上4类报告外，积极鼓励承担单位呈交各类实验报告、分析测试报告、工程试验报告、调研报告等蕴含科研活动细节及基础科研数据的报告。

3）各科技报告通过国家科技计划项目申报中心“科技报告在线报送”栏目报送（http://program.most.gov.cn）。

4）重大专项和科技奖励的科技报告类型及收缴方式由重大专项办和科技奖励办研究确定。

按照科技报告制度建设总体方案，预计到“十二五”末，我国将建立统一的科技报告呈交、收藏、管理、共享体系，形成科学、合理、规范、高效的科技报告管理模式和运行机制；到2020年，在全国范围内基本形成包括国防在内、覆盖中央和地方财政投入统一的科技报告体系。

3.3.3 科技报告试点工作主要进展

（1）科技报告改写回溯工作

科技报告撰写模板是正确撰写和审核科技报告的重要依据。为此，科技部发展计划司从973计划、863计划、科技支撑计划、重大专项等计划领域选取10个已验收项目（课题），由中国科学技术信息研究所组织项目（课题）负责人开展科技报告案例撰写分析工作，就科技报告案例征求科研工作者和科研管理者意见，确定科技报告撰写模板，并通过修改现有年度报告、中期报告、验收报告的模板，增加科技报告内容部分，将科技报告融入其中，嵌入现有科技计划管理过程。在此基础上结合科技报告抢救工作的开展，通过组织50位专家对已有科研项目的验收材料进行改编，形成科技报告。截至2014年2月底，累计收到863计划、973计划、支撑计划和重大专项、国际合作及大型仪器专项的回溯科技报告2.1万份，并完成回溯科技报告改写编辑工作。

（2）科技报告组织管理工作

一是明确科技报告工作中不同责任主体及其职责范围，切实强化科技报告工作的可操作性。在任务书签订阶段，科技计划管理部门负责根据项目的研究性质和资助强度，在任务书中明确承担单位须呈交的科技报告类型、时间节点和最低数量，并作为项目验收的必备条件；在科技报告撰写阶段，项目负责人需按照任务书要求和相关标准规范组织撰写科技报告，标注使用级别或提出密级建议；在科技报告审核阶段，承担单位需按统一标准对科技报告进行编号，进行形式、内容和密级审查；在科技报告呈交阶段，国家科技报告管理中心对通过形式审查的科技报告进行加工和保存，并根据科技报告密级进行分类管理。公开科技报告通过国家科技报告服务系统对外提供服务，为社会公众了解科研投入产出情况、监督科技项目实施提供渠道。

二是针对科技计划项目实施阶段的不同实行分类管理。针对已验收项目，开展科技报告回溯工作，在提交原有报告基础上，进行科技报告规范改写。针对在研项目，要求在2014年全面执行新的科技报告撰写模版，在提交年度报告、中期报告和验收报告同时一并提交科技报告。针对新立项目，各计划归口管理司局在计划任务书中明确规定承担单位呈交科技报告的数量、类型及时限，将科技报告任务完成情况作为中期检查和结题验收的重要依据。通过回溯积累经验，发现问题，不断完善。

（3）科技报告呈交与服务工作

在国家科技计划项目申报中心开发科技报告呈交平台，实现科技报告网络呈交功能，为科技报告撰写呈交提供保证。科技部信息中心在科技部一站式申报服务平台中开发完成了“科技报告在线报送”专栏，各计划通过统一平台渠道呈交科技报告，固化科技报告撰写、呈交和审核等具体流程，极大提高了工作效率，减轻了科技人员的工作成本。在此基础上设计了国家科技报告服务系统（征求意见版），于2013年11月1日上线投入试运行，并于2014年1月1日进行系统功能升级，截至2014年8月收录科技报告15 700份。国家科技报告服务系统严格遵循“分类管理、受控使用”的原则向社会开放共享，对实名注册专业人员、科技计划管理人员、普通公众提供多层级的科技报告资源服务方式，并建立报告下载登记和追踪制度，打击恶意盗版和侵权行为，向作者反馈科技报告的浏览和引用等使用情况，达到尊重作者劳动成果和提升作者影响力的双重目标。

（4）科技报告宣传培训工作

中国科学技术信息研究所在20年研究基础上编写了以科技报告基础知识、撰写规范、呈交流程等为核心内容的科技报告系列培训教材，包括《科技报告工作手册》、《科技报告体系研究文集》、《国内外科技报告样例集》、《科技报告撰写全文样例》等，面向国家科技计划管理人员、基层单位科研管理人员、项目承担人员开展科技报告培训交流活动。截至2013年年底，累计举办19场较大规模的科技报告培训活动，参与人员6 000余人次，并在科技日报、光明日报，以及相关网络媒体上对科技报告工作进行广泛宣传。

3.3.4 科技报告试点初见成效的关键因素

科技报告试点工作作为国家科技报告制度建设的先行步骤，在实施过程中遇到困难和问题是不可避免的，特别是在起步阶段，基层科研人员对科技报告工作的认识与认同有限。为确保科技报告试点工作的取得实效，特别需要依托强有力的政策和技术支持，理顺工作思路和流程，构建切实有效的科技报告工作方案，鼓励和激励各方参与国家科技报告制度建设。以下4个方面是科技报告试点工作初见成效的关键因素。

（1）领导重视和各方有效组织成为科技报告试点工作稳步推进的重要条件

近年来，随着国家、地方和社会对科技创新活动投入的不断加大，建立国家层面，特别是民口科技报告体系已经引起各方面的高度重视。首先是党和国家领导人高度重视。温家宝、刘延东同志曾多次强调构建我国科技报告制度体系的重要性和紧迫性，要求进一步增强科技资源长期保存工作的历史使命感和责任感。其次是中央改革发展文件多次要求。如2012年7月的《关于深化科技体制改革加快国家创新体系建设的意见》、2013年《中共中央关于全面深化改革若干重大问题的决定》、2014年3月《关于改进加强中央财政科研项目和资金管理的若干意见》（国发〔2014〕11号）、2014年李克强总理的政府工作报告中明确说明需要加快建立国家科技报告制度。再次是科技部连续3年将其列入重点工作。近年来，科技部党组1号文件相继对科技报告工作进行部署，明确把推进科技报告体系建设作为钉钉子工程予以实施落实。

科技报告工作成为科技部一把手工程，科技部主管领导亲自指导和督查，在国家科技报告服务系统改版上线前每次亲自检查督导工作。科技部发展计划司将其作为科技计划管理的基本制度加以认识，科技部业务主管司局将其作为科技项目重要产出和考核指标加以落实。科技部信息中心开发科技报告呈交系统，中国科学技术信息研究所建设国家科技报告服务系统，各方都在协同推进科技计划管理与科技信息的无缝链接。

（2）政策法规的切实保障成为科技报告试点工作顺利进行的法理依据

科技报告制度建设需要相关政策法规提供保障。科技部于 2013 年 10 月印发《国家科技计划科技报告管理办法》，在规范和指导国家科技计划科技报告工作流程的同时，还拟订了“关于加快建立国家科技报告制度的指导意见”，将作为国家推进各部门（地方）全面实施科技报告制度建设的指导文件，全面指导各部门、各地方尽快开展科技报告工作。为了统一科技报告工作的技术规范，中国科学技术信息研究所组织进行了《科技报告编写规则》、《科技报告编号规则》、《科技报告保密等级代码与标识》、《科技报告元数据集》等国家标准的制修订工作，2014 年 5 月经国标委批准颁布执行。所有这些，成为科技报告试点工作顺利进行乃至整个科技报告工作发展的法理依据和技术规范。

（3）自动化系统和服务平台的开发建设成为科技报告试点工作高效运行的技术支持

在科技报告撰写、呈交和审核等具体工作中，自动化系统和平台可以固化流程，提高效率。为此，科技部信息中心在科技部一站式申报服务平台中开发完成“科技报告在线报送”专栏，为各计划提供统一平台渠道呈交科技报告。中国科学技术信息研究所建设国家科技报告服务系统，按“公开、受限、涉密”3 个层次对科技报告进行分类管理，提供共享使用，有效规范科技报告工作的流程，保证科技报告试点工作顺利推进。

（4）宣传培训工作成为科技报告试点工作提升社会影响力和显示度的核心举措

科技报告工作的实施需要广泛的社会支持，特别是科技界的认同。由于科研人员、科技计划项目管理部门不熟悉科技报告工作流程，对科技报告缺乏充分认识，固守原有科研行为和科技计划管理模式。所以，迫切需要面向科技计划管理人员进行重点宣讲科技报告的管理功效和作用，针对承担国家科技计划课题的科研人员和承担单位科技计划管理人员进行撰写和呈交技能培训。大规模的科技报告宣传培训工作，有效增强了科研人员科技报告的撰写素养和呈交意识，科技报告在社会上的影响力和显示度明显提升。

4 科技报告资源形成机制研究

4.1 科技报告产生过程

4.1.1 科技报告的产生主体

科技报告的产生涉及科技报告体系建设的执行主体和调控管理主体。其中，科技报告的执行主体包括研究机构、大学、企业等科技项目和科研活动的承担实体，是科技报告形成的基础层次，还包括科技报告的收藏和服务部门,是科技报告体系建设的运行层次。调控管理主体以各级科技管理部门为主，行使政府职能，按科技活动和科研管理的规律对科技报告的形成和资源配置进行组织、分配、调控、评估等，以优化科技报告的资源管理。

具体来看，科技人员是科技报告形成的核心主体。科技报告必须与科研活动紧密结合，由科研人员负责撰写，在科研项目实施过程中，应根据科研步骤和进展，针对不同项目阶段的研究主题和工作任务，分别撰写不同类型的科技报告，才能保证科技报告的技术性和内容质量。科技文献的产生主要源于科技人员在科研活动中的社会性动机，以满足自身对归属、尊重、认知、自我实现的需要。科技人员撰写和发表期刊论文等公开文献，除了出于兴趣等内在动机外,还存在较强的外在动机,例如为了公开交流、学术声誉和地位、绩效考评、申请职称、参与项目等。科技报告要求内容翔实，全面描述科研过程和细节，一般篇幅较长，这会影响科研人员撰写科技报告的内在动机。由于目前社会缺少对科技报告的承认机制，撰写科技报告与学术声誉、申请项目、评定职称的关系不大，外在动机也明显缺乏。因此，必须从强制和有效激励 2 个方面，引导、鼓励科技人员撰写甚至多写和多交科技报告。

项目承担单位是科技报告形成的责任主体，负责根据项目任务合同书的要求，制定本单位的科技报告编写工作年度计划，组织科技报告的撰写、督促和检查工作，对产生的科技报告进行格式审查、内容审查和保密审查，并负责将非涉密科技报告全文提交给科技报告收藏部门。

科技报告管理中心，是科技报告形成的管理主体，负责制订科技报告编写规则、编号规则等标准，对收到的科技报告进行格式审查和总体质量评价，对收藏的科技报告进行长期保存和管理，开展科技报告信息化加工，构建不同层级的科技报告体系，并推动科技报告的交流、共享和使用。[①]

科技管理部门是科技报告形成的组织调控主体，一方面，要制定科技报告管理办法，在项目任务合同书中明确规定科技报告呈交的类型、格式、数量和期限，并将科技报告完成情况作为项目验收、成果鉴定和奖励申报的必要条件，强制科技报告的撰写和呈交。另一方面，要建立有效的科技报告承认机制、评价机制和激励机制，将科技报告撰写数量、质量水平等，作为对科研单位和科研人员进行科技产出统计和绩效考核的依据之一，与成果奖励、职称考核、岗位晋级等紧密挂钩。

4.1.2 科技报告形成的生命周期

科技报告从形成到最终的处置过程应该是一个连续统一体。参考美国谢伦博格的“双重价值论”，科技报告首先对形成机构具有原始价值，其次对其他机构和个人利用者具有从属价值。在整个生命运动过程中，两种价值形态不断进行变化，即第一价值逐渐减弱，第二价值逐渐增强，最终实现第一价值向第二价值的转化。科技报告和一般的文件存在着差异，最为明显的是科技报告的主要目的是交流和利用，即前面所提到的第二价值要远远强于第一价值，科技报告对形成机构而言，其原始价值是微弱的。换句话说，科技报告的“现行文件”阶段是短暂的，其价值体现是不明显的。所以，按照美国学者詹姆斯罗兹的理论，科技报告的生命周期可以划分为“强制产生→审核鉴定→内部保存→选择呈交→统一保存→选择公开→信息化加工→交流服务→失效或销毁”这样的一个系统运动过程。该过程可以看成是一个连续统一体，科技报告的价值、服务对象、服务主体、保存场所和管理方式随着所处阶段的不同而不同，这个过程的顺利运转需要健全科技报告制度，涉及政策环境、机构设置、标准规范、管理激励机制等内容。据此，科技报告的生

① 周杰. 科技报告资源的构成及产生机理研究 [J]. 情报学报，2013，32（5）：466–471

命周期可划分为科技报告的产生与呈交、采集与加工、传播与使用 3 个阶段，具体见图 4–1。

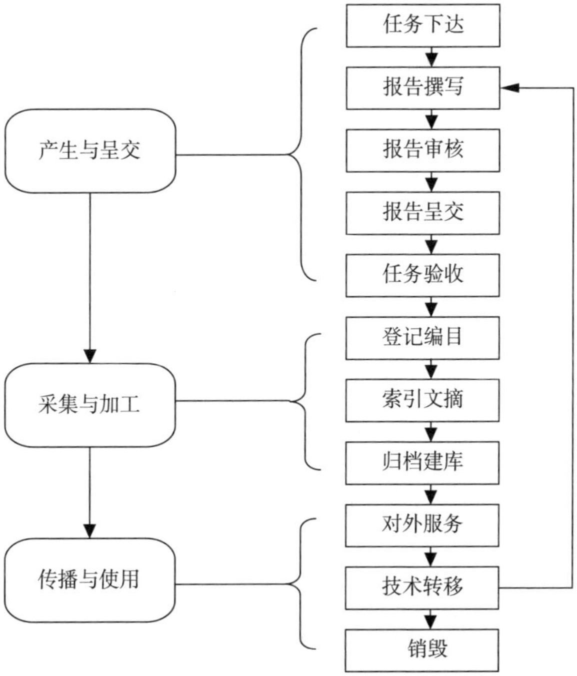

图 4–1　科技报告的生命周期

科技报告的产生与呈交是科技报告生命周期中最重要的阶段，涉及科技报告任务的合同下达、按照标准格式撰写、本单位审核、科技报告呈交、验收等过程，[①] 见图 4–2，该阶段的具体内容如下：

1）下达科技报告任务。计划项目的申请单位，应当在立项报告的成果形式栏中写入提交科技报告的内容。计划管理部门下达任务合同书时应明确规定提交科技报告的类型、数量和时限等。

2）撰写科技报告。计划项目负责人或主要成员按照任务合同书的要求，按规定撰写科技报告，对技术秘密等信息进行标记，设定密级或受限范围，填写科技报告审定表，并提交给本单位的科研管理部门或科技报告联络人。

3）审核科技报告。项目承担单位对本单位产生的科技报告进行格式审

① 贺德方. 中国科技报告制度的建设方略 [J]. 情报学报，2013，32（5）：452–458

查、内容审查和保密审查，并负责将科技报告提交至计划管理部门。计划管理部门对科技报告进行格式审查，对审查合格的科技报告在审定表上盖章确认，并将审定表返还项目承担单位。

4）接收审查合格的科技报告。科技报告管理中心负责接收审查合格的科技报告，并严格按照使用范围限制开展利用工作，及时向公众开放共享公开或解密的科技报告。

5）审核科技报告完成情况。计划管理部门在计划项目验收时，根据任务合同书的要求，审核科技报告的完成情况。未按要求完成科技报告任务的项目，原则上不予通过验收。

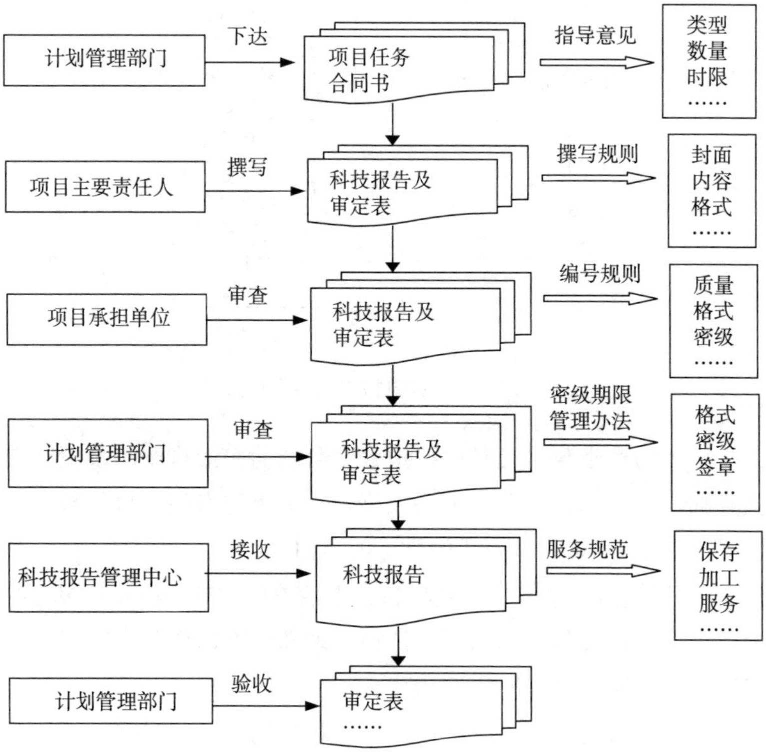

图 4-2　科技报告产生与呈交流程

在科技报告的采集与加工阶段，科技报告的收藏管理机构负责收集项目承担单位按规定呈交的科技报告，或收集各部门科技报告收藏机构定期汇交的科技报告，进入科技报告的信息化加工阶段，进行科技报告的登录、编目、索引和归档保存，建立科技报告目录数据库、文摘数据库和全文数据库，形成各种类型的科技报告资源。

在科技报告的传播与使用阶段，制定科技报告的共享使用办法，建立科技报告共享服务平台，将科技报告分级分类，使其进入流通，开展科技报告的服务与交流。科技工程人员查阅科技报告，使科技报告的价值转移到新的科研活动中。

4.2 科技报告质量控制机制

科技报告的质量控制机制主要从质量内涵、维度、影响因素和质量规范等方面进行构建，借助信息质量理论和质量管理理论，研究科技报告质量审查的理论方法，制定科技报告格式审查、内容审查和密级审查的标准、规范和评价方法，明确科技报告质量审查的责任主体和审查流程。同时，构建科技报告质量评价体系，利用科技报告质量的多维特征，筛选和选择构建科技报告质量评价指标体系，设计科技报告质量评估的维度，包括范围（目的、学科）、格式、独创性、权威性、准确性、可靠性、客观性等。

在此基础上，开发科技报告质量审核和监控系统，构建科技报告质量管理元数据库和质量评价指标数据库，实现审核任务分配、数据审核修改、质量在线评价、评价指标设置、指标权重设置、质量模糊评价与综合评价计算、评价结果排序、相似性检测、成果和引文等关联检测等系统功能。

4.2.1 科技报告质量

科技报告质量可以从两种角度来理解：一是科技报告满足项目需求、达到项目满意的程度；二是从科技报告作为一种信息产品角度来理解，从信息产品的客观属性方面来考察科技报告的质量，如信息的及时性、完整性、真实性、可获取性等。从质量控制流程角度来看，科技报告的质量可以概括为3个层次，分别是文献层面的质量，专业层面的质量及效益层面的质量。同时，不同层次的质量又是具有多维性的。

由于科技报告质量是信息质量的下位概念，因此，对科技报告质量的评价可以参考信息质量的评价标准。信息质量评价常利用信息质量的多维特征通过对其众多质量维度的识别、筛选和选择来进行的，通常采用一组或一些描述信息质量某一质量特征的评价指标集中反映相应信息质量维度状况。目前，常用的、具有代表性的信息质量评价指标比较集中在真实性、易理解性、可达性、实用性、连贯性、通用性、完整性、交互性、安全性等方面。由于信息质量的多维性、用户理解多元化，使得较为困难并无必要提出一个适用于所有研究领域的信息质量评价指标体系。

与信息质量一样，科技报告质量也没有特定的标准，不同的项目特征及不同的报告类型会有不同的质量要求。科技报告质量具有多层次及多维性，需要从不同的层次及不同的维度展开。

4.2.2 科技报告质量控制框架

4.2.2.1 科技报告质量控制要素

（1）质量控制目的

科技报告质量控制的目的在于全面完整地评价科技报告的质量，建立事前控制的质量指标体系以及事后评价的方法来全面衡量科技报告的质量，建立全面的科技报告质量评价体系，更有效地管理科技报告的质量。

（2）质量控制内容

科技报告质量控制需要从科研立项、研发实施、转移转化 3 个阶段出发，分为 3 个层面：文献层面、专业层面及效益层面。文献层面主要评价科技报告的格式、技术标准及文本规范的执行情况；专业层面主要评价科技报告专业层次的质量，包括创新性、准确性及客观性等多个维度；效益层面主要评价科技报告的经济效益及社会效益。

（3）质量控制主体

科技报告质量控制主体需要从文献层面、专业层面及效益层面分阶段来划分。文献层面评价阶段科技报告的主体主要是基层管理部门的管理人员，需要对科技报告的格式、标准及规范执行情况进行评价。专业层面科技报告评价的主体为学科及某一研究领域的专家，因而对同行评议的专家的选择具有较高的标准，需要专家在这一领域具有权威性，具有相当的专业知识储备及对学科前沿、交叉学科及已有的研究相当了解，因此专家的选择及专家评议的管理及评价也至关重要。同行评议的专家需要根据科技报告质量评估要求提出的科技报告质量评价体系及指标，对科技报告的质量进行客观公正的评价，反馈合理有效的专业评议意见。效益层面的科技报告质量评价的主体是科技报告管理中心，需要收集科技报告的各种使用情况及效益指标进行评价。

（4）质量控制方法

针对不同的科技报告类型及学科采用不同的评价方法。同时，也应该针对科技报告质量评价的不同阶段及层次采用不同的评价方法。

4.2.2.2　科技报告质量控制流程

科技报告质量控制流程主要分为 3 个阶段：文献层面评价阶段、专业层面评价阶段及效益层面评价阶段，见图 4–3。

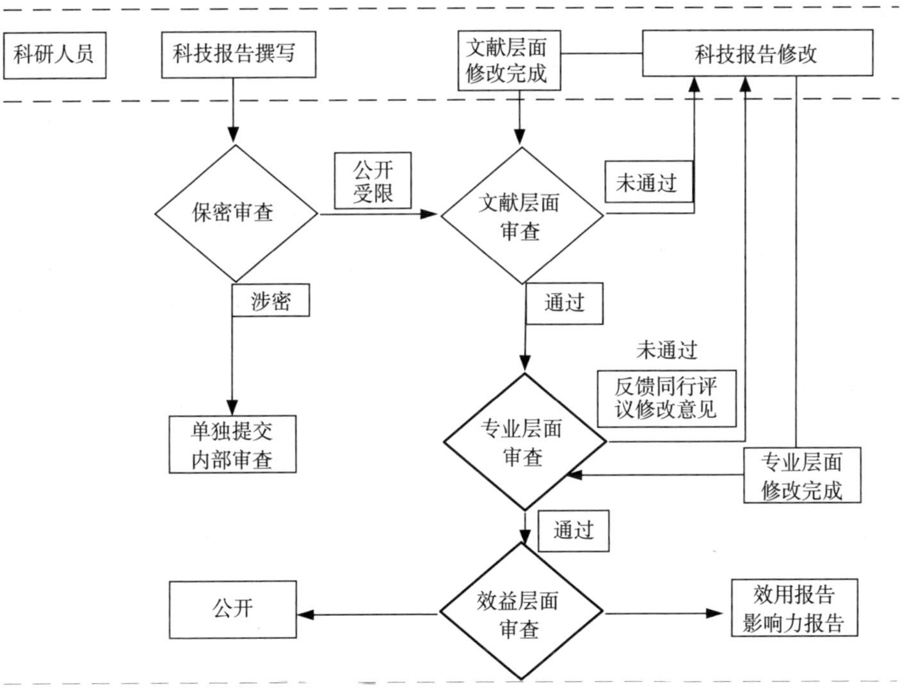

图 4–3　科技报告质量控制流程

科研人员撰写科技报告，并对技术秘密等信息进行标记，设定密级或受限范围，填写科技报告审定表，并提交给本单位的科研管理部门或科技报告联络人员。

从科研人员上交科技报告到本单位的科研管理部门开始，就已经进入到文献层面评价阶段，主要评价科技报告的撰写是否符合国家制定的科技报告标准、格式是否规范、是否有错别字、语法错误及表述不清等问题。如果科技报告有相关问题，应返回科研人员修改。对合格的科技报告在审定表上盖章确认。本单位的科研管理部门负责将非涉密科技报告全文呈交至科技报告管理中心。

从提交到科技报告管理中心开始，就进入了专业层面评价阶段，专业层面评价阶段主要评价科技报告的专业层面内容，例如科技报告是否具有创新性；数据来源、调研及引用的文献来源是否准确、真实、有效；实验或者实施部分是否翔实，是否具有可重复性等。专业层面的评价需要采用同行评议或者读者评价的方法来进行审查，由于相关专业层面的指标测度具有主观性，并且需要同行具有极高的专业水平，对学科前沿及已有研究非常了解，因而同行评议的专家的选择尤为重要，科技报告计划管理部门需要根据科技报告的类型和学科选择该学科或研究方向上高水平的若干位专家作为同行评议的专家，同时需要对专家的水平和评审素质进行管理，尽量保证同行评议的公平性。科技报告管理中心将科技报告提交到选择的同行评议专家处，专家评审在特定的时间内反馈评审意见，需要由特定的机制保证评审专家能够对科技报告反馈意见。科技报告管理中心需要将专家的评审意见反馈到计划管理部门，由计划管理部门将评审意见反馈给科技报告的撰写者，科研人员根据评审意见进行修改后重新将科技报告提交至科技报告管理中心，由科技报告管理中心审查后接收，到此便完成了专业层面的审查。

科技报告管理中心验收科技报告后，进行加工整理，严格按照使用范围限制开展利用工作，将可公开的科技报告进行开放共享，对科技报告产生的经济效益和社会效益进行考查，包括科技报告的投入产出比、科技报告的采用率与引用率等，从效益层面对科技报告的质量进行评价。

根据科技报告的工作流程，每个流程中都要对科技报告的质量进行保证。由子项目（课题）、项目（课题）承担单位、项目组织单位、计划管理部门、科技报告管理中心组成的网络化科技报告呈交管理系统；计划管理部门下达科研任务，在系统的项目合同书中明确限定应提交的科技报告类型、数量和时限等，提醒和督促各级项目承担单位和承担人，按时按规定类型撰写相应的科技报告，并逐级审查向项目组织单位、计划管理部门提交的科技报告。

科技报告管理中心在收到科技报告后，要审核其格式，进行科技报告验收，要向承担单位反馈或出具科技报告收录证书，并对照任务书对项目（课题）完成科技报告的情况进行统计分析，反馈给计划管理部门进行项目（课题）监督管理和项目（课题）验收考核。

除了相关部门，相关人员对科技报告的质量负有相应的责任。科技报告撰写人员一般是负责项目研究的科研人员，科技报告撰写人员首先应该了解科技报告的相关国家标准，并按照国家标准的要求撰写科技报告，切实保证科技报告的质量。

科技报告评审人员需要对科技报告进行鉴定评审验收，评审人员要严把科技报告成果鉴定的学术质量关，确定基础研究成果的原创性、学术性及应用研究成果的实践意义和咨询价值等。

4.2.3 科技报告质量审查制度

科技报告涉及科研项目的全过程，要求内容翔实，能够如实、完整地描述和反映科研的过程和结果，科研工作者依据科技报告中的描述能重复实验过程或重现科研结果。同时，部分科技报告的内容涉及国家秘密，或单位的知识产权和商业秘密，需要严格设定保密等级和使用范围，实行分级分类、受控受限的管理和使用。因此，科技报告有必要建立严格的审查制度，对科技报告进行质量控制。

科技报告应实行多级审查制度，涉及多方审查主体。第一，科技报告是由项目（课题）负责人组织科研人员按照标准格式撰写，项目（课题）负责人应对科技报告内容进行把关和审核，对科技报告保密等级和使用级别提出建议。第二，在承担政府资助项目过程中撰写和呈交科技报告是法人行为，项目（课题）承担单位应在科技报告呈交之前对科技报告进行全面审查，包括格式审查、内容审查和密级审查。第三，项目管理部门在收到科技报告后，应审核科技报告内容是否覆盖项目（课题）任务内容，是否完整和详细，并对涉密项目（课题）科技报告的密级划分和保密期限进行审核。第四，科技报告管理中心应按照科技报告撰写标准对收到的科技报告进行形式审查，确认科技报告的格式是否正确，对于不合格的科技报告，应退回呈交单位修改。

第五，在科技报告开放共享和交流利用过程中，科技报告将接受社会公众的监督，检验科技报告内容的真实性和完整性，同时检验科技报告呈交单位的科研实力和信誉。

科技报告审查可分为格式审查、内容审查和密级审查。科技报告的格式审查主要依据《科技报告编写规则》的有关要求，审核科技报告前置部分、主体部分、结论部分 3 个部分组成的总体结构是否完备和合理，封面、题名页、辑要页、前言、摘要、目次、插图和附表清单、符号和缩略语说明、附录、索引、封底等格式要素是否必备和齐全，报告正文部分的引言、主体、结论、建议、参考文献等写作是否规范，报告的卷册编号、章节编号、图表及公式编号、页码等编排格式是否符合标准的规定。

科技报告的内容审查主要是从专业角度,对科技报告内容是否详细、系统、完整、可读以及信息传递能力、对象适用性等进行分析评判。比如，对于试验报告，要审查这类报告是否包含试验条件、试验设备、试验数据及相应的结果分析等关键内容，内容是否有参考利用价值等。对研究分析类报告要审查是否详细描述分析研究的方法、过程、结果、结论等。科技报告的内容评审需要由具有相关专业知识或背景的专家或机构完成。

科技报告的密级审查要依据《中华人民共和国保守国家秘密法》、《科学技术保密规定》以及现有科技计划项目保密规定等相关政策法规，审查科技报告的内容是否涉及国家安全和国家秘密，如果涉及，应将其作为保密报告，并进一步审核密级划分是否科学合理，是否与所承担项目的密级设置和研究内容的保密性质相符，保密等级标识是否清晰和规范。对于非保密科技报告，需要审查其内容是否涉及项目承担单位的专利等知识产权信息以及技术秘密、商业秘密等敏感或私有信息，如果涉及，可将其设定为受限的科技报告，并对受限科技报告内容是否进行标记和适当处理、受限级别、受限范围和受限期限的设置是否合理等进行审查。在科技报告的密级认定和审查过程中，既要充分尊重和保护项目承担单位的知识产权和商业秘密，保障其合法权益，又要防止出于单位利益对科技报告的过度保护和限制，保障公众对核心技术资源的知情权和合理利用权。所有呈交的科技报告都要依据《科技报告保密等级代码与标识》国家标准对科技报告的保密等级代码标识进行审核，保证标识的正确性和规范性。

4.2.4 科技报告质量控制内容

科技报告的质量影响因素可以从文献层面、专业层面及效益层面 3 个层面来分析。

4.2.4.1 文献层面质量

文献层面质量是最基本的质量标准，是指科技报告的标准、格式等基础层面的质量。这一层面的质量影响因素具有文献的基本特征，需要遵从一定的格式标准，符合相应的科技报告质量规范，这是科技报告的基本要求。

（1）编写格式

科技报告的格式质量是要求科技报告的格式要符合国家标准 GB/T 7713.3—2014《科技报告编写规则》，标准规定科技报告包括前置部分、主体部分和结论部分 3 个部分。前置部分包括封面、封二、题名页、序或前言、摘要、关键词、目次页、插图和附表清单及符号、标志、缩略词、首字母缩写、单位、术语、名词等注释表等；主体部分包括引言、正文、结论、致谢及参考文献；结尾部分包括附录、索引、辑要页、发行列表和封底等。同时，标准对科技报告这些构成要素的编写、编排格式进行了详细规定，在科技报告的质量审核和评价过程中应以此为依据，检查各部分的必备要素是否完备，各数据项的填写是否准确、完整、一致。主要包括：

• 封面：科技报告必须具备封面，封面要素完整、准确，并使用全称。

• 名称：报告名称应简明、明确，准确反映报告最主要的内容，不能使用“科技报告”等笼统的名称。

• 编号：报告编号正确，机构代码准确，顺序号不得缺失。

• 密级：保密等级标识正确，延期公开科技报告的延期期限不得缺失。

• 摘要：摘要应就研究工作的目的、方法、结果、结论等进行概括性介绍，特别是要把报告的新理论、新方法、新结果等最有价值的信息表述出来。

• 来源：计划名称、主管部门、项目（课题）名称、承担单位等信息填写完整、准确。

• 目次：科技报告应有目次，目次包括章节编号、标题和页码，采用阿拉伯数字编号。

• 图表清单：科技报告中插图和附表较多时，应分别编制插图清单和附表清单。清单应列出图表序号、图表标题和页码。

（2）内容规范

内容规范是指除了科技报告的标准及格式以外，科技报告的内容还要符合一定的规范，如没有错别字、表述清晰、没有歧义、语法正确等。

第一，需要注意降低科技报告可读性的影响因素。例如，科技报告的字面不应出现错别字和不规范的用字；语句需通顺；词语及句意的表述要清晰明确，不应含混不清，易产生歧义的语句应当反复推敲，避免产生歧义；代词的指代要明确，不应有指代不明，让人无法理解的情况出现。

第二，关注语法及句法问题。例如，词性、时态、语态及形容词、冠词、代词、名词、动词、连词的使用；主句与从句；从句的时态、成分分析等；比喻、否定等修辞手法及语法的正确使用。

第三，明确文献来源的正确性。科技报告的正文及图表中引用的文献、网页及数据来源要正确，不应当出现无效引用以及文献来源不合法等情形。

4.2.4.2 专业层面质量

专业层面质量是从科技报告的专业内容角度来评价科技报告的质量，主要是从专业的角度，对科技报告内容论述是否系统、完整、可读等进行审核和评判，主要可从 2 个方面控制。

（1）根据科技报告的内容结构审核评价

科技报告的引言部分、正文部分、结论部分是否齐全，内容是否恰当。引言主要介绍有关研究背景、目的、范围、意义、相关领域的前人工作情况、研究设想、方法、实验设计、预期结果等。国内外现状、研究内容、研究目标、技术指标、研究思路、技术路线、技术方案等内容也可以作为研究概述、总论等单独成章论述。主体部分应针对主要研究内容中各个技术点，完整描述项目研究工作的基本理论、研究假设、研究方法、试验 / 实验方法、研究过程等，应对使用到的关键装置、仪表仪器、原材料等进行描述和说明。结论部分可以归纳有关研究成果、研究发现、创新点，以及问题、经验和建议等内容，可以评价研究成果的作用、影响、应用前景等。如果不能得出结论，应进行必要的讨论。

（2）根据科技报告的类型审核评价

技术进展报告是根据科技管理部门要求而撰写的，作为项目跟踪、管理的主要依据，总体需要按规定的格式和内容编写。引言部分应描述合同规定的阶段或年度研究任务的目标、内容、方法等要点；主体部分应描述阶段研究的过程、技术内容、必要的数据图表、进展或阶段成果；结论部分应描述阶段研究工作完成情况、经验和教训、计划调整情况等及下一年度或阶段的工作计划和建议。

研究 / 分析类报告的引言部分应描述研究综述、目的意义、脉络结构、理论基础等；主体部分应论述研究理论、方法、假设，提出研究方法、假设、公式和程序，进行理论设计，对研究过程和结果进行分析、计算、验证等；结论部分应描述研究结论、理论价值、新颖性、应用前景等。

实验和试验报告的引言部分可包括试验 / 实验的背景、国内外试验 / 实验综述、试验 / 实验方法和理论、测量方法、数据采集方法等。主体部分应描述试验 / 实验材料和设备，可包括试验 / 实验所用材料的成分、构成、性能等，材料或试剂的数量、来源和制备等内容；试验 / 实验过程和数据处理，可包括试验 / 实验的设计和大纲、测试细则、各种物理化学条件、程序或步骤、试验 / 实验操作过程、科学计算等;结论部分主要描述论述试验 / 实验结果等。

工程报告、生产报告、运行类报告等科技报告的引言部分主要描述介绍相关背景、意义、工程或运行的概况。主体部分主要描述任务及工具、设备的具体型号、预算，工程或运行完成的标准和指标，重大技术问题，重大设计，对工程和运行有较大影响的事件等，对工程或运行的测试和评估。结论部分主要描述结果、水平、效能、经验、教训、工程移交和遗留问题等。

4.2.4.3 效益层面质量

效益层面质量作为事后评价的质量，它的影响因素与科技报告的学术水平相关，一般来说，学术价值较高的科技报告产生的效益更大，一篇科技报告的效益层面的价值主要分为经济效益与社会效益 2 个方面。经济效益又包括两个方面：一是科技报告本身所产生的经济效益，主要考察报告的投入与其经济产出的关系；二是科技报告的成果转化所产生的价值，科技报告成果转化产生的经济效益也应当计入科技报告的经济效益中。科技报告除了能够促进生产力，还能产生社会效益，例如引起社会生产力的变革等。

（1）经济效益

经济效益是指人们在经济活动中的劳动消耗或资金的占有同所取得的成

果之间的比较，即投入与产出的关系。而科技报告的经济效益是指在科技报告的撰写、呈交、管理和消费的过程中所消耗的全部劳动和物化劳动与科技报告带来的实际成果和利益之间的比较。

科技报告的经济效益有以下几个特征：

1）间接性。科技报告的经济活动直接作用于科研生产、经营和其他社会活动，却要经过用户消化、吸收，间接地在用户所从事的领域中发挥作用，从而产生经济效益。例如用户通过研究前人的科技报告成果，经过消化吸收后，开发出相关的产品。

2）滞后性。科技报告的作用不是立竿见影的，往往需要一段时间，甚至是相当长的时间之后，其效益才会显现出来，科技报告的经济效益既有短时间的显性效益，又有潜藏的隐性效益。所以，对科技报告的评价既要开展即时评价又要进行最终评价。

3）模糊性。科技报告的经济效益，受多种因素的综合影响，不仅与科技报告本身的质量、科研人员的素质有关，也与宏观环境及国家政策等因素有很大关系，所以科技报告的经济效益很难从社会经济活动中分离出来，具有很大的模糊性，需要对其进行综合评价。

首先，科技报告的成本包括研究成本与管理成本。其中研究成本包括项目研究人力成本，固定资产、器材、设备、实验材料等购置成本，书籍、文献、资料购置成本，调研报告及其调研成本等。科技报告的管理成本包括科技报告在各级呈交过程中对科技报告管理所产生的成本、行政成本，以及科技报告保存成本等。所有科技报告的各项成本组成科技报告的总成本。

科技报告的经济收益包括两个部分：一是科技报告自身所产生的经济收益；二是科技报告成果转化所产生的经济收益。科技报告自身所产生的经济收益是指科技报告公开可获取后，科技报告管理机构授权用户使用科技报告所产生的经济效益，类似文献数据库可以对使用科技报告的个人或企业用户进行收费使用。另外，科技报告的成果可以转化为相关的书籍、文献、专利及商用软件等，这些成果也可以带来经济效益。例如，有些书籍能够产生销售利润，文献在文献数据库中公开获取后可以获取使用的利润，企业购买专利可以带来专利的销售利润，商用软件同样也可以产生商业价值等，这些经济收益总合为科技报告的总收入。

从科技报告的成本和收入可以评价科技报告的经济效益，其带来的经济效益越高，也可以间接地说明科技报告的质量越高。

（2）社会效益

全国科学技术名词审定委员会将社会效益定义为：社会效益是指一项工程对就业、增加收入、提高生活水平等社会福利方面所做各种贡献的总称。而科技报告的社会效益是指科技报告对社会有良好的影响，能够推动科技进步，为国家创造更多的财富。有些科技报告单从经济角度看收益很小，甚至得不偿失，但它对人类社会发展和进步、精神文明建设等其起着至关重要的作用，这类科技报告或许应该得到国家和社会的大力支持。

科技报告的社会效益具有 2 个基本特征：滞后性与非显性。滞后性是指科技报告的社会效益需要一段时间后才能显示出来；非显性是指科技报告的社会效益并不能直接显示出来，其效益有时是通过被研究者消化吸收后产生新的科学技术。

4.2.5　科技报告质量评价方法

（1）层次分析法

层次分析法是一种用来确定某一目标的各影响因素权值的综合分析方法。它是对评价对象进行指标优劣排序、评价和选择，从而为评价主体提供定量形式的评价依据。优点是简明、应用广泛，适用于结构较为复杂、评价准则较多且不易量化的问题。缺点是人的主观判断、选择及偏好对于结果的影响较大，方法的可移植性差，评价结果滞后。对科技报告质量评价而言，首先是建立指标体系，把总体目标分解成不同层次。其次，按隶属关系把上层作为基本准则，对它所支配的下层准则按照相对重要程度进行两两判断，从而得出评价结果。

（2）模糊综合评价法

由于在科技报告的质量指标体系中，存在着许多难以精确描述的指标，同时某些指标的赋值和基准值难以确定，不同指标的权重难以统一，为此可采用模糊综合评价法来对科技报告进行评价。科技报告模糊综合评价法就是在层次分析法的基础上，融合模糊数学的思想来对科技报告进行评价的方法。

（3）缺陷扣分法

缺陷扣分法是通过把握科技报告的结构缺陷（分为严重缺陷、重缺陷、轻缺陷3类）严重程度进行判断的方法。优点是操作简便，对缺陷的反应灵敏，缺陷值易于量化，且方便地对科技报告质量进行分等定级。缺点是存在重缺陷与轻缺陷扣分值跳跃太大、不方便使用等问题，其评价结果比较粗糙，对缺陷的认定过于绝对，结论经常显得偏激。

（4）第三方评价法

科技报告评价在采用专家评审、同行评议的同时，也有采用第三方评估的模式。第三方是指除去科技报告作者及使用者的第三方。第三方评价法是由第三方根据特定的信息需求，建立符合特定信息需求的信息质量评价指标体系，按照一定的评价程序或步骤，得出信息质量评价结论。优点是定性评价为主，评价结果更加客观、公正、合理和科学；缺点是评价主观性强，方法单一性等。

（5）用户评价法

用户评价法是由有关专业评价机构向用户提供相关的评价指标体系和方法，由用户从中选择符合要求评价指标和评价方法。优点是用户的评价在科技报告的评估中起到一定的作用，这比第三方的评估更加全面、及时。根据用户需求选择和评价科技报告，满足用户多样化、个性化需求；缺点是大多的用户并非专业的专家，没有对专业科技报告进行评估的资质，不能很准确地对科技报告做出评估，增加了用户的负担，且不同用户因其信息素质不同导致评价的不一致，容易产生偏差。

（6）同行评议法

通常是指由给定科学领域的若干专家组成的评判委员会来评价科技报告的过程。优点是专家代替了科学外行，拥有了对学术问题的决策权；缺点是调查成本高、周期长、操作复杂。

（7）直接评价法和间接评价法

直接评价法是指从科技报告本身选取评价指标，即从科技报告的创新性、科学性、写作水平等方面来评价其质量的方法。由于评价指标来源于科技报告的内部，也可称为内部因素评价法。直接评价法是对每篇科技报告本身进行评价，主要通过书面审阅、学术讨论和公开答辩来进行。科技报告的质量在直接评价方面智者见智，仁者见仁，评价的目的虽一致，但所取指标不尽相同。在真正的评价实践中，评价者又多是根据自身的科技知识、认识、能力，依据自己的标准或别人提供的评价框架进行综合、定性的判断。

间接评价法是指从科技报告来源的级别，或科技报告被引用情况来判断其质量优劣的评价方法。由于评价指标不是直接来自科技报告本身，而是与科技报告质量相关的评价指标，故此方法又可称为外部因素评价法。间接评价法中，从科技报告来源的级别看，有基金项目来源级别、作者职称级别等；从科技报告被引用情况看，主要是看其被引频次。

4.2.6　科技报告质量评价指标

科技报告的质量评价体系由 3 个层面组成，其指标也由 3 个层面来构成。

（1）文献层面指标

文献层面的指标实际上是建立在语法层面上，主要针对科技报告的语法质量进行控制和评价。指科技报告的写作水平，考查科技报告是否观点明确、简明通顺、层次清楚、结构严谨、文字流畅、逻辑性强、有无语病、有无不规范汉字、有无标点符号使用不当之处。

1）规范性。规范性是指科技报告的撰写格式能够符合规定的标准和规范，科技报告格式必须符合科技报告撰写规则的要求。

2）语法正确性。语法正确性是指科技报告中的表述必须符合语法规范，不应出现病句，从而降低报告的可读性。一般说来，语法错误包括词性混淆、虚词当实词用、成分残缺、结构杂糅、搭配不当、歧义、成分冗余等。

（2）专业层面指标

1）数据质量。数据质量可以从数据的准确性、及时性、完整性、真实性、有效性等几个方面进行评价。

2）创新性。创新性可从科技报告选题的先进性、方法及应用的先进性、结论的先进性、国内外同类研究分析、解决问题技术方法的科学性等角度评价。

3）文字水平。包括文字的准确性和客观性。

4）完整性。科技报告的完整性是指全面描述了研究任务、研究内容、研究过程和研究结果，提出的数据需要有全面而准确的文档。

（3）效益层面指标

主要衡量成果是否具有广泛的实用价值，是否可以被广泛应用。科技报告的利用情况可以通过文献引用科技报告数量进行统计，公开的科技报告的浏览量及下载量也可以作为科技报告的质量指标。这一指标需要将密级不同的科技报告分开进行统计。还要注意统计科技报告所带来的经济效益和社会效益。

4.3 科技报告承认和激励机制

科技报告的撰写和呈交是科技报告体系建立的重要的一环，它一般由承担科研项目的负责人和主要参与者完成。撰写和提交合格的能反映科研过程和结果的科技报告需要花费很多的精力。与此同时，我国大部分部门在进行科技产出统计、成果奖励、职称考核时并未将科技报告包含在内，缺乏对科技报告的承认机制。提交科技报告与否、质量如何等对科研人员和项目承担单位的声誉和竞争力没有任何影响，严重影响科研人员撰写和提交科技报告的积极性和责任感。

因此，要加强探讨建立科技报告撰写、呈交的承认和激励机制，加快科技报告体系建设。具体可采取如下措施。

（1）将科技报告的完成情况作为项目结题验收的考核指标

将科技报告纳入科研管理和计划项目管理程序，在操作层面，计划管理部门要将科技报告任务纳入任务合同书，明确规定呈交科技报告的类型、数量和时限，将科技报告作为项目成果产出和考核指标。在项目验收时，计划管理部门应审核科技报告的完成情况，未按任务合同书规定提交科技报告，应作为未完成项目考核指标处理。

另外，可以考虑通过项目经费调控科技报告的完成情况。目前，我国政府资助项目的经费拨付一般采用分阶段或分年度滚动安排的方式。

项目组织实施部门根据财政的预算批复，与项目牵头单位、课题承担单位签订项目（课题）预算书，作为预算执行、监督检查和财务验收的依据。为了实现项目经费对科技报告任务的调控，可以考虑将最后一年的项目经费在拨付时预留 5% ~ 10%，待项目提交合格的科技报告后再予以拨付。

（2）将科技报告纳入科研考评体系

将撰写、呈交科技报告作为科技人员的重要科研产出，将科技报告工作质量作为评价科研机构工作绩效和科研人员能力水平的重要指标，如对公开共享服务的科技报告，将对用户检索、浏览和下载科技报告的频次进行统计分析，上报相关科技管理部门，作为评价报告提交单位科研工作质量的重要依据，在技术职务晋升、申请科技奖励工作中逐步引入科技报告的佐证机制。

对科研人员进行绩效考评时，适当增加科技报告份额，改变单一的重视论文发表的现象，将科技报告等同于核心期刊论文进行考评。这样能保证科研人员有充足时间撰写报告，增加技术内容，保证科技报告撰写的质量，也部分减轻科研人员“论文发表任务”的负担。

（3）提供科技报告撰写和管理专项经费

科技报告是国家的战略资源，在撰写、呈交、管理和服务的生命周期中，需要国家提供撰写、管理和利用专项经费，部分补偿科研人员撰写科技报告的成本，促进科技报告流通，最终形成科技报告的品牌效应。只有获得国家财政的稳定资助，才能形成科技报告撰写、保存和服务的长效机制，促进公众对科技信息资源的开放存取和广泛共享。

（4）对优秀科技报告撰写者和机构进行表彰和奖励

借鉴国防科技报告撰写和呈交的经验，需要营造良性的鼓励科技人员的积极竞争行为，促进科技报告的撰写和提交工作。在行业部门、机构内部对科技报告进行定期评优工作，对优秀科技报告的撰写者、在科技报告的收集和管理工作中表现突出的管理人员以及科技报告呈交和管理较好的单位予以表扬和奖励。

（5）鼓励对科技报告的引用行为

在科学研究中，引用公开的科技报告是对相关科研人员和单位科研劳动和水平的认可，能为相关科研人员和单位带来学术声誉，激发其撰写和呈交科技报告的动力。因此，需要科研人员和项目（课题）负责人主动将研究报告等代表性科研产出记录提交到机构图书档案等文献集中收藏和利用部门，至少供机构内部人员容易获取，进而方便同行获取。还需要机构内部制定加强科技文献利用的制度规定，图书档案文献部门服务人员主动收集和提供服务。

（6）将撰写和提交合格的科技报告作为再次申请项目的依据

政府资助科研项目使用的是纳税人的钱，科研人员和单位承担科研项目时，理应撰写合格的科技报告，展示科研过程和结果，接受公众的监督。因此，将撰写和提交合格的科技报告与否，作为科研人员和项目承担单位再次申请项目的参考依据。考核项目承担单位对科技报告的撰写、提交、管理和服务的状况，作为该单位考核和科研能力评价的参考依据。

科技报告的撰写和呈交，是国家科技报告体系建立的重要环节。提高科技人员撰写科技报告的积极性和责任感十分必要，需要各方面条件的支持。除了对科技报告撰写者给予物质和精神方面的激励外，宏观上，应颁布科技报告管理和利用的法律法规，加强和改善组织管理，建立畅通的沟通渠道，提高科技报告撰写和呈交的效率和质量，有效积累国家科研项目的完整资料。

4.4 科技报告资源组成结构①

从本质上来说，科技报告是公共信息资源的一种，应该在法律允许的范围内予以公开，以便政府、科研部门、企业和科研人员交流和利用。在交流、利用的过程中，主体双方一方是公共部门，通常是科技报告的收藏管理机构，另一方是利用者，如提供科技报告的科研单位本身及科研工作者、其他科研单位及科研工作者、业务合同承包方、受资助人、对科技报告进行加工的机构或个人等。科技报告交流利用的客体也不应该是全部的科技报告，欧盟规定“第三方持有知识产权的部分文档”和“含有商业秘密的文档”不属于公开再利用的范围；美国、法国在科技报告的利用过程中，对不同的用户，公开的密级范围不同。

科技报告是重要的科技信息资源之一，具有科技资源所必备的稀缺性、社会性、多样性、创新性等属性。科技报告的稀缺性主要体现在于，它的产生耗费国家大量财政资金，凝结广大科技人员的智慧，体现国家科技发展的最新成果，具有巨大的价值和不可替代性。科技报告的社会性体现在于，它是众多科技人员的科研实践产物，是公共财政投入的产出，理应发挥公共产品的社会价值，为全社会和全体公众利用和受益。科技报告的多样性体现在于，它涵盖的学科范围和专业类别是多样的，可覆盖自然科学到社会管理的各个领域，其涉及科研内容多样，可以包括科学考察、科学试验、理论研究、技术开发、产品工艺设计、工程建设、设备运行等各个方面；它发挥的价值也是多样的，可以用于科研参考、科技管理、经济建设、社会发展等方方面面。科技报告的创新性显而易见，政府科技投入往往具有先导性、前沿性和战略性，

① 周杰. 科技报告资源的构成及产生机理研究 [J]. 情报学报，2013，32（5）：466–471

涉及关键技术、共性技术和重大装备，在此过程中形成的科技报告及其创新性毋庸置疑。总之，科技报告具有鲜明、突出的科技资源属性，是一个国家具有自主知识产权的基础性战略信息资源。

据此，科技报告资源主要由资源标识体系、资源层级体系和资源类型体系组成。

4.4.1 资源标识体系

由于科技报告来源广泛、用途多样，且需要与科研管理紧密衔接、分级保存、共享数据，因此相比其他信息资源，对其进行明确标识显得更为重要，需要建立统一的标识体系，制定通用的唯一标识符。科技报告标识系统的作用主要包括三个方面：一是对数量庞大、来源多样的科技报告进行唯一标识，由于科技报告分级、分散保存，不同的保存体系中科技报告会出现交叉重复保存、多份副本保存等现象，从而需要建立统一的标识系统对科技报告进行唯一性标识，方便对分散的科技报告的统一管理和集成整合；二是与科研项目的标识体系进行链接，通过建立科技报告标识系统与项目立项编号之间的对应关系，实现科技报告信息与项目信息的对接，方便科研统计、项目验收、成果管理、奖励评优等科技管理工作，同时也有利于科技报告信息与项目信息的集成管理和综合应用；三是实现对分布的科技报告资源和数据进行准确识别、定位和调度，通过对分布的科技报告资源进行统一标识，可以实现各级科技报告保存和管理系统的无缝链接和数据共享，通过系统接口实现跨系统的资源检索、识别、定位和调度，提高科技报告资源建设的开放性和协调性，方便用户的查询和使用。

科技报告编号具有标识性、简明性、规则化、格式化的特点，可以作为科技报告的标识符使用。科技报告一般实行国家、部门 / 地方和基层三级管理，因此科技报告编号也需实行分级分别编码，一份科技报告在从基层单位逐级呈交到国家科技报告管理中心的过程中，会在不同阶段、不同部门分别进行编号，最终被赋予基层科技报告号、部门科技报告号和国家科技报告号 3 个编号。基层科技报告号可由科技报告的创建机构代码、项目编号和顺序号组成，部门科技报告号可由部门代码、年代表示和顺序号组成，国家科技报告号则由规定的国家报告代码、年代表示和顺序号组成。当然，也可以综合考虑 3 种科技报告编号的规则和特点，制定科技报告编号的统一规则，为科技报告赋予唯一编号，满足不同层级、不同部门科技报告管理的需求。

科技报告资源统一标识体系的建设包括标准、维护机构、中央数据库等要素。标准是开展科技报告统一编号的指导性文件，科技报告编号规则的国家标准规定了各级科技报告编号的技术框架和总体要求，各部门、各基层单位可依据此标准制定本部门或本单位的科技报告编号细则或规定，确保部门科技报告编号和基层单位科技编号的连续性和长期有效性。科技报告编号的维护机构应由国家或部门授权，对编号实施实时分配和动态维护，建立有效的管理机制，一般国家科技报告编号由国家科技报告管理中心负责分配和管理，部门科技报告编号则由各部门分别分配和管理。在科技报告管理信息系统和公共服务系统中，三类科技报告号将全部予以保留和标注，实现不同科技报告编号相互对应和交叉检索，同时可实现科技报告编号与项目编号、项目承担单位、完成年代等信息的关联。

4.4.2 资源层级体系

科技报告作为政府科技投入的成果产出，具有效用的不可分割性、使用的非竞争性等政府公共产品属性。因此，科技报告资源必须以国家制度配置为主，通过政策法规、行政管理、指令性计划等手段实现资源的公共配置。但科技报告在资源配置上与其他类型科技文献明显不同，对科技报告的保存、管理和使用有明确的层级性要求。

首先，政府科技投入的立项具有层级性，既有基础研究计划（973 计划）、高技术研究发展计划（863 计划）、国家科技重大专项、自科基金、社科基金等国家级科技项目，又有部门和地方政府科技投入的省部级科技项目，不同层级的科技项目在研究的前沿性、尖端性、深度和广度方面有很大差别，会直接影响科技报告的产出数量和内容水平。

其次，科技报告具有严格的保密等级设置。科技报告内容翔实，具体描述科研过程和成果细节，大部分涉及国家秘密或单位的知识产权、技术秘密，需要科学合理的设定保密级别或受限范围，分类分级管理。美国每年产生的 60 多万份科技报告中，大部分涉密涉限，不公开发行。美国不但对科技报告全文进行保密或受限级别的设定，对科技报告文摘、辑要页也会根据内容的保密或受限程度单独设定级别，全文、文摘、辑要页的保密或受限级别可以不同，从而限定不同的使用范围和服务对象。根据目前我国科技文献信息的保密制度和相关保密法规，可将科技报告分为公开、内部、保密三级管理。公开级科技报告的确定应本着“能公开的要尽量向社会公众开放”的原则进行,在使用、服务和交流范围上不应受到限制。内部级科技报告内容一般不涉及国家秘密但涉及机构技术诀窍、专利、敏感信息等，需要进行知识产权保护，在一定时期内只限于在一定范围内使用，需要对限制使用的范围和期限做出明确的规定。保密科技报告涉及国家秘密，可分为秘密、机密和绝密三级，其等级确定需严格按照国家保密法和相关规定执行。科技报告的保密等级或受限范围一般由编写者或项目负责人确定，所在单位审查批准，科技管理部门审核。

再次，科技报告的收藏具有层级性。由于科技项目立项渠道多，大部分科技报告涉密涉限，因此科技报告需要分层分级收藏和管理，不同层级收藏的科技报告在数量、类型、使用范围等方面会有明显不同。在基层科研单位，科技报告是重要的技术资产，是本单位核心竞争力的重要载体，应将科技报告纳入科研档案管理或机构知识库，服务于本单位的科研积累和后续研究。而在科技项目立项部门和主管部门，由于各类科技项目管理相对独立，需要按照“依托现有信息机构”、“谁立项，谁管理”等原则，根据项目管理特点和需求，分别收集、逐级呈交，形成相对独立、专业化、安全的行业和地方科技报告资源保存机制和管理体系，服务科技计划管理，方便科技报告在本部门的利用。最后，通过科技报告的汇总，形成国家级科技报告资源体系，集中收藏各部门产生的可公开的科技报告，并建立全国统一的科技报告索引数据库或联合目录数据库，服务社会公众。总之，科技报告资源建设需要采用集中和分布相结合的体系结构，构建由国家级科技报告资源体系、多个部门或地方级科技报告资源体系组成的分级收藏与保存体系。

最后，科技报告的交流与服务需要分级分类，受控受限使用。对于公开级科技报告，应在国家层面集中收藏，并进行信息化加工，数字化保存，建立公共数据库和统一检索平台，向全社会开放共享，为公众提供查询和全文获取服务。对于内部级科技报告，原则上由各部门收藏，建立受限科技报告目录数据库，提供查询和索引服务。对于科技报告全文，严格执行受限时间和受限范围的规定，延迟公开，在未公开前实行授权使用。例如，美国能源部对受限科技报告进行单独保存，有独立库房，并严格限制可接触的工作人员数量。对外则不发布受限科技报告的任何信息，其文摘进入能源数据库，只授权给很小一部分能源部项目官员和合同用户。对于涉密科技报告，应由各部门或基层单位严格保管，纳入国家保密信息管理体系，通过专门的渠道进行服务。另外，对于保密科技报告和内部科技报告，要及时解密解限。

4.4.3 资源类型体系

科技报告可以是研究过程和方法的描述、科研进展的总结、研制或试验结果的分析、科学技术考察过程、某项科学技术问题的现状和发展论述、科研成果记录等，类型多种多样，一个项目可产生多份科技报告。科技报告按内容可划分为专题技术报告、技术进展报告、最终报告和组织管理报告四大类型。其中，专题技术报告包括考察报告、研究报告、设计报告、分析报告、实验（试验）报告、工程报告、生产报告等多种类型，蕴含大量科研活动细节及基础科研数据，对科研人员参考价值最大；技术进展报告是技术节点报告和时间节点报告，包括阶段报告、进展报告、中期报告、年度报告等，也包含大量技术内容；最终报告产生于项目验收阶段，主要包括最终总结报告、最终技术报告、成果验收报告等；组织管理报告包括项目工作报告、项目组织情况报告等，主要服务于科技管理部门。据不完全统计，美国能源部每个项目平均产生 8 篇 DE 报告。美国政府科技报告以技术类报告为主，其中专题技术类报告约占 50%，最终技术报告约占 34%，技术进展报告占 14%，组织管理报告仅占 2%。由此可见，美国政府科技报告中技术类报告占到 98%。

不同性质的科研项目在不同的研究阶段会形成不同的科技报告。我国科技项目目前已基本形成了项目（课题）总结报告、项目（课题）技术报告等验收报告以及年度报告、中期报告等管理报告，下一步需要根据项目性质的不同，更多地编写各种类型的专题技术报告。例如 973 计划、国家自科基金等基础研究领域项目，在不同的研究阶段，针对不同的研究内容和专题，可以编写产生大量的调研报告、观测报告、实验报告、研究报告、分析报告等专题技术报告。而 863 计划、支撑计划、重大专项等开发应用型项目，侧重于技术研发和装备制造，可以编写产生出设计报告、研制报告、工程报告、测试报告、生产报告等专题技术报告。

与其他类型文献相比，科技报告有着明确的保密等级标准、多级的保密审核机制和严格的适用范围限制，因而在不同的收藏部门和信息系统中会形成内容描述详略不同的科技报告资源。例如科技报告可以有详细版和简略版之分，对于内部级的科技报告，详细版可保存在本单位，用于技术积累和后续研发，而简略版则呈交到上一级收藏部门，用于交流共享。对于保密科技报告，详细版可纳入本单位的保密资料管理体系，而经过降密处理的简略版则呈交到上一级保密科技报告系统中。同时，科技报告的全文资源和文摘资源也需要分别管理，设置不同的保密等级和使用范围，对于保密或受限的科技报告全文，经过授权在有限范围内适用，而对应的文摘可以设定较低的密级或不受限，在较大范围使用甚至完全公开，提供检索查询服务。另外，随着信息技术的发展，科技报告资源建设将以数字化、网络化为主，除了形成科技报告全文数据库、文摘数据库等数字资源外，还会形成大量的科技报告元数据、科技报告利用数据等数据资源，用于科技报告和科研主题的检索、分析和挖掘。

4.5 科技报告资源配置模型

4.5.1 基本原则

科技报告资源配置受到科技报告意识、用户撰写和使用科技报告的能力、信息技术和网络基础设施、科技报告积累数量、科技报告配置制度等因素的影响。在配置过程中需要遵循以下原则。

（1）整体性原则

科技报告配置的最终目的是使不同经费来源项目产生的报告可集中在一个平台上，统一向社会公众提供公开和共享服务，这就要求打破部门、地区的界限，遵循国家科技报告制度，将分散的科技报告资源收集、整合在一起，实现地区、部门原有科技报告相关系统的无缝对接及各子系统间的互联互通。

（2）需求导向原则

科技报告配置要始终围绕用户需求，有先后、有缓急、有侧重、有倾斜地解决大多数用户的需求，根据用户需求的变化不断调整科技报告资源配置，始终保持与用户需求一致。

（3）利益均衡原则

科技报告配置涉及多元主体利益——国家、公众、项目承担者等，在配置系统构建过程中要尽可能地使用多种方法调动各主体的积极性，协调好各种利益关系。

（4）协同原则

国家科技计划项目涉及多个主管单位和层级，要充分发挥这些部门、单位或地方的配置主体作用，通过建立有效的协同配置机制，使多元利益主体相互合作，使全国范围的科技报告资源可以打破学科、领域、部门的界限整合在一起。

4.5.2 配置手段

科技报告资源配置涉及配置方式、利益主体（科研管理者、科研者、普通公众）、科技报告类型、时间和空间。为了满足不同利益主体的需要，不同类型、不同经费来源的科研活动产生的科技报告按照一定的配置方式，在时间和空间上的配置特征和要素就构成了科技报告资源配置的内容。科技报告资源配置的实质应是科技报告撰写与使用配置。

科技报告资源在时间和空间上的配置状况、特征和需求从一个层面反映了科技报告动态配置行为，利益主体和配置方式从另一个层面反映了科技报告动态配置行为。这两个层面是交叉重合的关系。科技报告的公益性、传承科技知识和成果的潜在价值性要求科技报告的流向和流量与利益主体的需求相一致，这就要求科技报告资源的配置，即撰写与使用要更多围绕利益主体需求，动态地调整配置方式，进而使不同类型、内容、数量和来源的科技报告在不同地区、不同部门、不同用户间分配、流动和重组，最终达到为利益主体提供便捷、满意的科技报告服务和科技报告被合理充分利用的目的。

（1）科技报告时间动态配置

美国学者列维坦认为，在考察信息资源利用情况和使用价值时，首先要考虑的是信息资源的衰变。科技报告作为一种信息资源，同样具有时效性、价值针对性和衰变性。科技报告的价值会随着时间的流逝而变化，科技的发展，知识积累的增多，科技报告中数据、结论或知识产权信息可能已经成为过时或常识性的信息。具有实效性的科技报告才可以为利益主体带来有意义的借鉴参考，进而产生巨大的社会效益和经济效益。因此，科技报告共享服务机构要对收集上来的报告及时加工、公开，并及时对涉密科技报告进行解密和降密。科技报告与其他信息资源的衰变规律又不一样，其过时规律非常复杂。科技报告中记录的科研过程和研究方法对类似科研的借鉴意义是持续的，过时规律不明显，科学数据对后续研究的参考、继承意义却是逐年递减的，这一特性在应用研究中尤其明显。在对科技报告时间动态配置的过程中，延期公开的科技报告在时间轴上的配置策略是重点和难点。

（2）科技报告空间动态配置

科技报告空间坐标轴上的配置是指科技报告在不同部门、行业、地区之间的分布，实质是对科技报告的公开范围进行配置。科技报告的公开范围可分为公开、延期公开、秘密、机密和绝密 5 个级别。保密的科技报告应按照国家保密法相关规定进行配置。对于公开和延期公开的科技报告,需遵循“谁出资，谁管理”的原则，采取归口管理。有条件的部门和地方可设置科技报告管理中心，负责收集和管理延期公开的科技报告全文和涉密的科技报告辑要页。立项少的部门和地区通过国家科技报告中心进行科技报告的收集工作，立项部门和地区负责监督科技报告的提交和完成情况。进而减少不同部门、行业、地区间的科研资源、科研信息和实力分布不均的现象。

（3）科技报告类型配置

不同用户需要不同类型、内容的科技报告，科技报告类型、内容配置更多地体现在是对科技报告产生的要求上。科技报告的产生应融入科研管理流程，在签订任务书时应明确每部分研究内容可以产生的科技报告类型和数量。一个科研活动会产生多份不同类型的报告，原则上立项、中期检查和最终验收阶段各会产生 1 份报告，即最少会产生 3 份不同类型的报告，对于专题技术报告数量不做限制。

科技报告的撰写应秉承“尽可能向公众公开”的原则，翔实地记录科学研究的过程、方法及数据。对于涉密项目中可以公开的部分，尽可能产生可以公开的报告，暂时不能公开的部分，要慎重定密。科技报告资源的类型、内容配置的重点是如何保证科技报告质量和合理设置公开期限。

4.5.3 模型构建

科技报告配置是一项国家行为，需要在科技报告配置相关政策和顶层设计的约束和指导下，各相关机构协同工作，利用多种信息资源配置方法，开展科技报告配置工作，满足信息用户需求。

科技报告资源配置要更多地强调规划协调、统一标准、协同运作、服务共享。资源配置层工作的结果展现在服务配置层上，用户通过服务配置层提供的服务获取各类科技报告，同时再将用户需求反馈到配置层。总之，科技报告的配置体系要采取“集中收集→整理→评价→共享→反馈”的流程，构建“集中呈交，分散共享”的模式，使科技报告资源效用最大。

4.5.3.1 资源配置

科技报告资源的配置是科技报告配置模型能否实现合理化、理想化配置的关键。科技报告资源的配置应纳入政府信息公开战略中，通过国家的顶层设计，建立集中—分布式的资源配置结构，以公开为原则，不公开为例外，尽可能多地公开科技报告。科技报告资源的配置应从宏观和微观 2 个角度开展。

（1）宏观配置

从宏观上看，科技报告集中—分布式配置是指依托现有机构，建立三级科技报告管理体系。国家层面设立国家级的科技报告管理中心，负责公开的科技报告全文及延期公开的科技报告辑要页的收集、加工、管理和公开；科研经费投入多、有条件的部门 / 地区设立二级科技报告管理中心，负责本地区或部门延期公开的科技报告全文的收集和服务，未设置二级管理机构的部门或地区可以直接提交到国家科技报告管理中心；承担单位设立科技报告管理中心，负责本单位保密科技报告的收集和服务。由此从上到下，对科技报告产生、收集、传播、分配、使用、公开、保护等统一管理，调整不同类型的科技报告在不同级别的科技报告管理中心的数量，减少重复工作量，以确保最小的投入，可以积累和公开尽可能多的高质量科技报告，使科技报告资源配置成为一项整体性、全局性工作。二级、三级科技报告管理中心也可以在国家科技报告相关制度的指导下，因地制宜地制定各自的科技报告传播、分配和使用政策，运用财政、税收、产业政策等工具，构建科技报告配置模型，实现国家、部门、地区优化科技报告配置的目标，满足不同用户科技报告需求的目的。[①]

（2）微观配置

从微观上看，科技报告集中—分布式配置是指各部门和地方应用统一的

① 胡红亮，王维亮，于洁．网络时代的科技报告体系建设探讨 [J]．科技管理研究，2007（8）

标准、配置目标和管理办法建立科技报告服务系统，再对各部门系统进行时间、空间和功能结构的重组，通过网络连接实现跨系统的科技报告全面整合，打破原来封闭、独立运行的状态，使各部门和地方的科技报告资源系统互联互通、无缝对接，成为国家科技报告共享服务平台的子系统；[①] 同时对分散分布的科技报告资源应用统一的分类方法和加工机制，通过对各个部门的科技报告资源统一管理，最终建成一个结构有序、学科领域完整的一站式、面向用户服务、集成的科技报告服务平台。

依据科技报告合理化配置的目标、内容和原则及以上论述，科技报告资源配置的理论模型应见图 4–4。

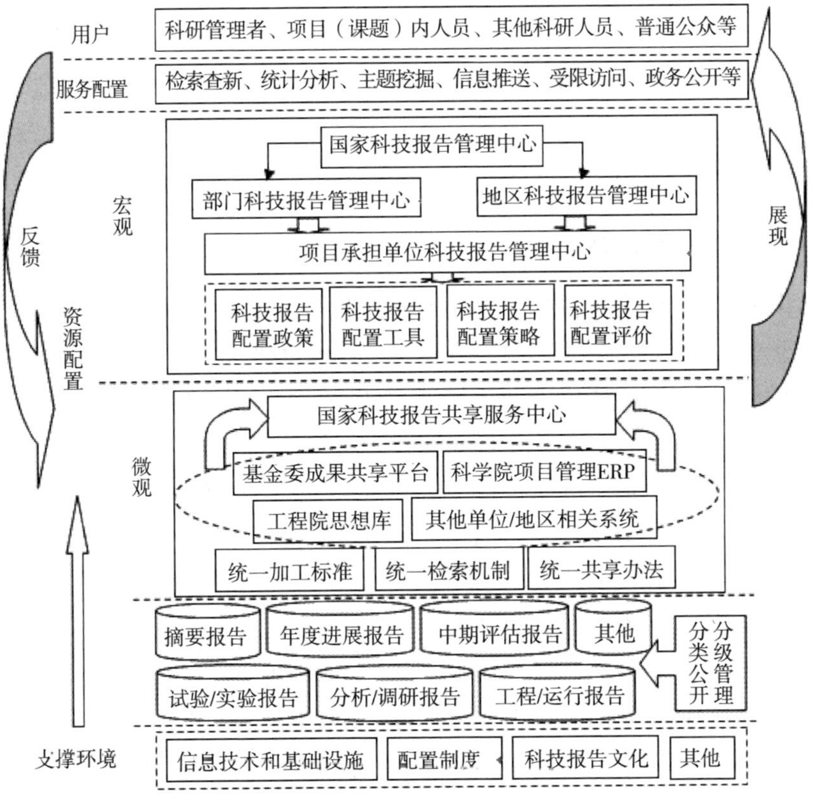

图 4–4 科技报告配置模型

① 霍振礼，李艳．美国政府四大科技报告的资料性和档案性及其对我国科技档案工作的启示 [J]．陕西档案，2002（3）

4.5.3.2 服务配置

为了满足科研管理者和科研人员及普通公众的不同需求，需要对科技报告的服务进行配置。国家科技报告系统，可以提供科技报告检索查新、全文授权、受限查询、统计分析、主题挖掘、信息推送、政务公开等服务。[①]这些服务应分成不同层次分别提供给不同类型、不同权限的用户。通常来说，这些服务主要是面向科研管理者的。通过科技查新，科研管理者可以了解其他部门的立项情况及某一科研人员所承担的科研项目情况。统计分析可以帮助科研管理者了解某一项目科技报告的呈交情况，对科研过程进行实时监督。同时,科技查新也可以为科研人员和普通公众提供部分服务,如在查新基础上，可以提供研究的热点和公共财政支持的重要领域。科技报告服务是科技报告资源配置结果的展现，是满足信息用户需要的途径和手段。

科技报告服务与其他信息资源服务的不同之处在于，需要通过实名登记来规范和追踪科技报告的使用，避免服务过程中有可能产生的知识产权、创新性思想等的滥用现象。

4.5.3.3 配置模型的优化

用户需求的满足是科技报告配置的出发点和归宿。科技报告的用户包括科研管理者、项目（课题）内科研人员、其他科研人员及普通公众等，不同类型的用户具有不一样的需求，信息用户对科技报告需求的不同决定了科技报告配置的动态性，科技报告的配置要与信息用户的需求相对应，始终能在合适的时间，将适合的科技报告传递给需要的信息用户，以便使科技报告的内在价值得到充分利用和挖掘。因而，科技报告配置合理化只是暂时的合理化。

科技报告配置的过程中，要对用户的习惯、需求等做详细的调研和分析，才能合理配置资源，满足用户需求。在科技报告制度建设的前期调研和专家咨询中发现，不同的用户对科技报告的需求不尽相同。科研人员侧重于报告内容的真实完整、数据可靠、检索下载方便、涉密和知识产权内容能合理规避等；科研管理人员的需求倾向于对其他部门立项情况的了解、统计分

① 贺德方，胡红亮，周杰. 中国科技报告体系的建设模式研究 [J]. 情报学报，2009（6）

析；普通公众更希望了解国家税收的科技投入产出等情况。在科技报告服务中，收集用户信息、了解用户使用习惯，分析不同类型科技报告用户的需求和满意度，进而不断优化科技报告的配置。

4.6 科技报告资源整合方式

4.6.1 科技报告资源整合目的

可以预见，随着我国科技报告工作的快速推进，科技报告将与其他文献资源一样，数量呈现急剧增长趋势。在海量数据背景下，检索冗余、信息孤岛、语义异构等现象不可避免，如何快速地进行文献定位以提高获取效率也将成为影响科技报告资源整合的重要问题。除此之外，科技报告资源整合还需应对以下问题。

（1）报告来源的问题

不同国家有着不同的科技管理体系，OECD（经济合作与发展组织）将世界各国科技管理组织结构划分为集中型、二元型和分散型 3 种。我国属于集中型体系，在国家层面设置有国家级科技管理部门，但在实际运行中科技管理职能却分散在包括教育部、自然科学基金委等在内的多个政府部门。① 不同部门在项目（课题）立项、过程管理、结题验收等环节存在差异，考核指标要求不一。即使制定了科技报告编写规范标准，不同来源的科技报告也很可能出现著录项五花八门、填写内容参差不齐的现象。这既增加科技报告编目加工的难度，又不利于最终的共享服务。

（2）篇幅差异大的问题

与期刊论文等受篇幅限制不同，科技报告短则数页，长则成百上千页。表面上看，既然都是全文下载，这对科技报告获取效率不会产生多大的影响，但实质上不然。以文本检索中最常用的 TF*IDF 算法为例，如果采用同一算法来处理几页和上千页的科技报告，在主题词权重计算上就会出现很大偏差。对篇幅很长的科技报告，如果仍采用传统的标题、关键词检索，也不利于用

① 胡红亮，王维亮，于洁．网络时代的科技报告体系建设探讨 [J]．科技管理研究，2007（8）

户对信息或知识的获取。

（3）涵盖内容广的问题

期刊论文等公开文献对刊载内容有严格要求，强调必须是在理论性、实验性或观测性上有新的科学创新见解，或是已知原理应用于实际中取得新进展、新发现等，因此只能以阐述作者的科学见解和研究结果为目的。科技报告涵盖内容更为广泛，这不仅体现在其覆盖自然科学到社会管理的多个领域，而且涉及科研内容多样，包括科学考察、理论研究、技术开发、工艺设计、工程建设、设备运行等多个方面。特别是同一个科研项目还包括各种类型的科技报告，这既可能给文献检索带来额外的冗余，又不利于用户对特定项目（课题）的特定类型科技报告的获取。

（4）分级分类管理的问题

与其他公开文献类型不同，科技报告存在涉限、涉密等现象。一方面，分级分类管理有利于保护项目承认单位或个人的合法权益，使其能没有顾虑地跟他人共享研究成果和技术知识；另一方面，这也给科技报告的共享使用增添了复杂度。例如，在实现科技项目信息的查新查重时，就容易产生涉限涉密信息是否考虑在内的新问题。

4.6.2 科技报告整合需求分析

科技报告完整而真实地记载了科研活动过程及科研成果的技术内容，既能反映科研项目完成的质量和创新程度，又能反映项目承担人的科研实力和水平。换句话说，科技报告不仅能为科研人员提供知识保障，还能为科研管理部门提供信息支撑，并保证社会公众对科研投入产出的知情权。从这个角度出发，可以将科技报告的用户群体简单划分为科研人员、科技管理人员和社会公众 3 类。这一点与其他科技文献类型存在一定的区别。以科技期刊为例，虽然在科学学研究中也经常用于衡量科技产出或科技实力，但很少被科研管理人员在科研项目管理过程中使用，期刊论文也不属于政府信息公开范畴。下面从 3 类用户群体的视角出发，分析科技报告的使用需求。

对科研人员而言，借鉴参考科技报告中包含的技术信息，来提高后续研究的技术起点和缩短研究周期是其使用科技报告的主要目的。由于科技报告对研究方法、试验过程、中间结果等有着翔实记载，使得其技术含量很高。

研究表明，科研人员阅读一份科技报告可产生 1280 美元的效益，科技报告文献的产出投入比高达 26 ∶ 1。[①] 因此，努力降低科技报告全文获取成本，便捷获取所需信息或知识是科研人员对科技报告的主要使用需求。

对科技管理人员来说，对科技报告的使用目的体现在 3 个方面：在立项阶段，利用科技报告数据进行查新查重，以有效避免不同科研管理体系中重复立项，减少财政资金的浪费；在项目实施过程中，将科技报告作为中期检查的依据来加强过程管理；在项目结题验收阶段，通过科技报告对科技成果的真实性和创新性进行判定，把握科研项目考核指标的完成情况。从这些方面上讲，实现科技报告的查新查重，使其能对科研项目进展进行跟踪、对创新成果进行评价是科技管理人员的使用需求。

对社会公众，科技报告的价值体现在两方面：其一，科技报告是了解科技经费投入、科研成果产出的有效渠道，可以扩大公众知情权和监督权；其二，科技报告作为公共财政投入的产出，理应发挥公共产品的社会价值，为社会公众利用并受益。因此，社会公众对科技报告的使用需求主要包括了解科研项目信息及其成果和便捷获取感兴趣的信息或知识。

归纳起来，科技报告的使用需求包括以下 3 个方面：① 方便用户获取其感兴趣的科技报告全文或相关技术内容；② 便于了解科技项目信息及其科研成果；③ 对特定科研项目进展与结果进行跟踪评价。

4.6.3 面向需求的资源整合模式

按照当前构想，我国建设统一的科技报告制度将构建由国家、部门 / 地方和基层科研单位组成的三级组织管理体系。其中，国家科技报告管理中心负责所有公开科技报告的集中收藏、加工和服务。由于将建立统一的服务平台，提供统一的用户界面和共同的检索方法，因此不存在平台整合的需要。结合前文分析的使用需求，笔者认为科技报告资源整合可以从以下几方面展开。

（1）导航系统

对不经常使用或初次使用系统平台的用户来说，导航系统能有效地发挥作用。对科技报告而言，科研人员可能更习惯使用检索系统来查找文献，但对科研管理人员或社会公众来说却未必，因为不同用户群体关注点存在差异。

① 宋清林．科技报告的重要性 [J]．核情报工作与研究，1996（1）

在科技报告导航系统设计过程中，需要重视以下两点：其一，丰富导航方式。许多图书馆的导航系统，都以期刊名称、学科名称或文献标题等作为引导途径。这些对科技报告系统平台来说远远不够，需要根据科研管理人员与社会公众的需求将多个字段结合起来进行指引，例如科技计划、科研项目名称、项目立项年份、科研项目经费等。其二，辅以统计分析工具。对科研管理人员或社会公众，更希望从科研立项和项目管理的角度了解科技投入与产出、科研绩效等内容。如果能在导航系统中实时展示科技评价指标的一些统计结果，无疑能更好地满足用户需求。

（2）元数据整合

科技报告产生渠道众多，涉及国家、部门和地方多个管理层次，涵盖科研人员、项目承担单位、科技管理部门、科技信息机构等不同责任主体。虽然科技报告有专门的撰写标准，能在一定程度上消除不同科技管理系统、学科领域和报告类型等对共享使用造成的影响，但不足以形成结构化的信息资源，不能解决不同渠道来源的、不同类型的科技报告元数据之间的互操作问题。因而，不能实现在同一平台上不同类型科技报告资源的指示与服务。

考虑到我国当前科研项目管理现状，有必要对科技报告资源进行元数据整合，其目的在于：首先，通过对来自不同科技计划、科研管理机构的科技报告进行全面、详细的规范描述，实现科技报告在信息系统中的存储、管理、定位、调用等功能。实质上就是利用元数据标准来实现来源不同的科技报告的互操作问题。其次，有助于应对科技报告分级分类管理的问题。通常情况下，科技报告摘要的密级要低于科技报告的密级；涉限科技报告的元数据不会泄露技术诀窍或侵犯知识产权。通过元数据的整合，能在尽可能全的基础上进行科技项目查重查新。

在整合过程中，需要建立专门的元数据数据库。在元数据集的设计中，元素项的设置侧重 3 个方面，分别用于描述科技报告文献特征、表征科技项目信息和管理保存科技报告。其中，描述与管理保存的元数据可以借鉴都柏林核心元数据标准（Dublin Core，DC），与科技项目相关的元数据则可以参考政府信息定位服务（Government Information Locator Service，GILS）元数据标准。[①] 另外，还必须建立不同来源的科技报告的著录项与元素之间的映射

① 王建英，马立毅. DOE 报告研究和利用初探[J]. 科技情报开发与经济，2005（4）

关系，以保证后期数据库建设的顺利实施。同时，在元数据信息与科技报告全文之间通过科技报告编号建立起一一对应的链接关系，在权限许可的前提下方便用户对报告全文的获取。

（3）关联整合

期刊论文等文献之间存在多种关联关系，例如引用关系、相似文献等。利用关联关系提高文献获取效率已经应用得较为广泛，CNKI 等门户网站上都能提供参考文献、二级参考文献、共引文献、同被引文献等多种关联文献。[①]科技报告之间同样如此，因此可以考虑通过关联关系来整合资源以提高其利用率。需要指出的是，并不是科技期刊中适用的方法都能很好地应用到科技报告中来。例如,由于部分类型的科技报告（如试验报告）可能没有参考文献，而科技报告又没有编辑审校环节，如果利用引用关系来建立科技报告之间的关联，就可能出现数据清洗工作量大、精确度有限等问题。

在只考虑利用科技报告外部特征进行关联整合的前提下，以下几种方式值得重视：① 基于项目（课题）名称的关联整合。以项目（课题）为单位建立关联关系，将有利于了解特定项目（课题）从立项、组织、研发到结题的全生命过程。以中国科学技术信息研究所收藏的美国阿波罗计划科技报告为例，其系列报告多达 11 卷，涵盖生产、制造、组织、专题研究等各方面内容，这对从事相关研究的科研人员来说无疑具有重要的参考价值。② 基于项目（课题）承担人的关联整合。这既有利于科研人员对特定对象的研究成果进行跟踪，又有利于科研管理人员在项目（课题）立项时进行查重、评审等。

（4）知识整合

元数据整合能在检索方式、字段等进行统一、规范处理，但无法解决数据超载和语义异构等问题，因此还需要对科技报告资源进行知识整合。在具体方式上，可以从以下几方面展开：

1）基于领域本体的著录标引。Ontology 具有良好的概念层次结构和对逻辑推理的支持，在信息检索特别是知识检索中得到了广泛的应用。利用领域本体，对科技报告内容进行分析、识别和著录，揭示其内容特征，实现信息化整序，达成领域内关于知识和概念及概念之间关系的共识，为知识组织、管理以及检索、查询等提供模型和方法。

---

① 王琳，陈京丽. 关于加速船舶科技报告发展的探讨[J]. 情报理论与实践，1997(6)

2）主题聚类。随着信息技术发展，近年来跨学科、学科融合的研究项目（课题）日益增多。该现象反映在信息资源管理上，就是基于分类法的组织模式对很多研究项目来说颗粒度过大，不利于检索效率的提高。在抽取科技报告内容主题的基础上，结合项目承担单位名称等进行聚类，建立知识/主体地图来方便用户获取其感兴趣的研究内容。

3）知识单元链接。知识单元是指文献中相对独立、表征知识点的一个元素，是知识管理、知识计量与知识评价的最小单元。知识单元之间的关联关系是利用语义网发现新知识的重要途径。[①] 利用叙词表、术语或领域本体等提取科技报告的知识单元。在此基础上建立知识仓库并形成知识网络。知识单元链接能有效解决科技报告篇幅不一的问题，不仅方便用户获取知识，还将为知识挖掘、非相关文献知识发现等工作提供便利。

① 王维亮．美国政府四大科技报告实用指南 [M]．北京：科学技术文献出版社，1995

5 科技报告制度框架研究

5.1 科技报告制度的目标分析

科技报告制度是以法定的形式将科技报告工作纳入科研管理程序中，强化科技报告相关部门和人员的职责的同时，保证科技报告的产生和收集，规范科技报告的管理和交流，促使科技报告价值得以充分展现。因此，科技报告制度是创新驱动发展的必然要求，是科技管理体制改革的重要步骤。

科技报告制度最终以科技政策的形式来表现。科技报告政策是为了将科技报告工作纳入科研管理程序中，有效积累、开放共享科技资源，以法定形式规定科技报告相关部门和人员应实现的目标、遵循的行动原则、实行的工作方式、采取的一般步骤和具体措施。科技报告政策是一系列科技报告相关法令、措施、办法、方法、条例等的总称，是国家利益的观念化、主体化、实践化的体现。

科技报告制度的宗旨可以从以下几个方面来把握。

（1）科技报告制度是科技计划项目管理的基本制度之一

科技报告工作融入现有的科研管理过程，有利于完善科技项目的组织管理流程，推动科技项目公平竞争。科技报告为科技计划项目管理提供了有效的管理凭证和监控手段，为国家财政在科技领域的投入提供新的总结形式和成果展示方式，对科技计划项目实施过程之中形成提交的各阶段、各类型科技报告进行管理，可以更好地在项目设立、申报和评审阶段开展项目创新性判断，规范科技计划项目的过程管理；在项目的中期检查、结题验收阶段作为项目评价和成果奖励的重要依据，用于监督检查科研进展和结果，实现对科技成果真实性和创新性检验，使政府公共支出的绩效考评建立在更加有效的依据之上，也为社会公众和科技界提供了对科技计划项目成果了解、利用的渠道和方式，形成对科技计划项目的公示效果，增加科技计划项目资助评审的公开性和公正性，有利于激发全社会对我国科技投入模式的理解和支持。建立科技报告体系，形成科技计划项目的凭据管理平台，有利于完善科技计划项目管理体制，加强项目实施记录与检验手段管理，提供科技计划运行的基础性管理措施。

（2）科技报告制度是规范科研活动及优化科研过程环境的有效措施

提升科技报告的撰写能力，可以培育容忍科研失败的氛围，优化科研秩序和科研生态环境。科技报告作为唯一编号的特种文献通过颁发呈缴证书，赋予一定的版权标识，可以作为科研人员主持或参与科研项目的重要凭据，作为科研人员展现科研成果、体现科研创新能力的重要载体，有利于激励和约束科研人员的科研行为，科技报告提交的数量、质量和时间等，不仅反映了其完成项目的质量、项目创新性，也充分反映出创新水平和学术作风，体现科研单位或人员的科研实力和科学态度，有利于在科技界倡导诚信务实的科学精神，有利于深化科研诚信管理，完善科技评价机制。

任何科研成果都是前人研究成果的延续创新和继承发展。科技报告完整而真实地反映了科研活动不同阶段的技术内容和经验教训，是系统地记录和保存科研项目的科研过程和结果的重要手段。[①] 在科研活动中，对科研过程、结果、方法、试验等进行随时记载和分析，形成科技报告，有利于记录科研人员的科研劳动，提升科研人员的归纳总结能力，也有利于对科研人员的考核和对科研工作的分析判断，既记录成功的经验，又记载失败的教训，有利于培育容忍科研失败的氛围，增强实事求是的科学精神，优化科研秩序和科研生态环境。

（3）科技报告制度是科技知识资源积累的基本手段

促进政府科技投入产生的科技报告可持续积累，使其成为政府科技投入产出的重要表现形式。2012 年我国科技投入达万亿元人民币，全国科技界在创新体系中实施的大量科研项目，取得了大量的成果。但是，由于没有相关的科技报告撰写和呈交要求，使得大量成果都存留在科技人员脑海里，或分散在各部门、各单位，个别还随时间而流失，不能积聚整合成为科技知识资源。

科技报告制度不同于科技档案制度、科学数据制度，其外延更宽泛，涉及

---

① 贺德方，胡红亮，周杰. 中国科技报告体系的建设模式研究 [J]. 情报学报，2009，28（6）：803-808

政府科研活动的整个过程的技术细节。然而，长期以来科技投入所产生的这种信息资源处于“各自为政”的局面，使数量巨大的资源无法集成积淀，更难以发挥效用。因此，作为政府投资产出，其积累应当体现国家意志，具有强制性，需要通过制定科技报告管理条例，促成科技报告体系的建立，对国家财政投入产生的科技成果进行国家保存和集成管理，实现国家科技自主创新战略性资源的有序积累和保存，展现国家科技实力。一方面，在分级分类管理前提下，追求科研成果有序化管理和充分共享，可以避免科研项目成果分散于个人或项目承担单位手中而造成的国家科研成果资产流失；另一方面，可以避免由于缺乏有效的互通互联途径及统一的技术标准而造成的信息割据，无法适应当前资源共享、科技创新的迫切要求，造成资源的重复投资和浪费。

（4）科技报告制度是政府科技资源公开共享的基本策略

科技报告公开共享成为政府科研成果的展示内容，是政府信息公开的延续和深化。科技报告管理条例应确立政府投资形成科技报告的社会公益性特征，将为国家财政在科技领域的投入创建新的总结形式和成果展示方式，也为政府公共支出的绩效考评提供有效的依据，还可以成为科技管理部门实施政务公开的重要信息内容。

科技报告全面、完整和翔实地记载科研活动中的任何过程和结果，其技术含量高、描述详尽、实效性强，是一种传承科学知识和科技成果的重要文献。科技报告能为科研人员提供有效的信息保障，使他们能够了解和借鉴别人的技术成果，使自己的工作有更高的技术起点，避免重复研究，把有限的人力和物力放在攻克新的技术难点上。通过以科技报告管理条例的立法形式，建立起有效的科技报告收集、积累、保存和利用机制，创建国家科技报告基础文献平台，促进科技报告在不同范围内的充分共享利用。为全社会的科技创新活动提供有效、高质、公平的服务，使从事科技活动的人员共同受益，有利于促进全社会科技资源高效配置和综合集成，实现跨部门、跨行业和跨区域的科技资源共享，提高全社会科技资源的利用效率。同时，对科技报告的公开或涉限交流，在一定程度上形成对科研项目尤其是重大科研项目的公示效果，增加科研工作的透明性。这既有利于倡导诚信务实的科学精神，建立科研诚信制度，又为社会公众和科技界提供了对科技计划项目成果了解、利用的渠道，使全社会加强对国家科技投入模式的理解和支持。

5.2 科技报告制度的政策依据

科技报告作为公共财政支持科研活动的产出成果，具有公共属性，其产生、管理、公开共享的过程中涉及科研资助方、项目承担方、普通公众、项目外科研工作者等多元利益主体，需要构建符合多方利益的政策体系。科技报告政策体系应当涉及政府采购、科技资产、知识产权和开放共享等多个方面的政策建设，这些政策互相配合构成一个完整的体系架构，使科技报告的作用得到充分发挥。[①]

5.2.1 政府采购制度

政府采购是指利用政府资金购买货物、工程、服务，其中服务包括政府的后勤，但在国际上更主要的是公共服务。政府购买公共服务（Purchase of Service Contracting，POSC）是政府为了实现某些特定目标，通过合同等方式向政府以外的组织购买公共服务。按照“应采尽采”的原则，“着力扩大政府采购实施范围和规模”的精神，具有明显公共属性的公共财政资助科研活动理应纳入政府购买公共服务的范畴。政府科研采购是指政府通过公开招投标、立项的方式，将国家或社会亟待解决的问题交给有资质的高校、科研院所和企业，进而获得科研成果，满足公共需要。将公共财政资助科研活动纳入政府采购中，首先可以明确政府和科研项目承担方的法律责任，为科技报告积累和共享提供法理依据，从法律的层面上说明科技报告的产生和提交是出资人的权利、投资者的义务；其次可以通过政府的财政投入支持、调节和引导科研活动，有效弥补技术创新体系的结构性缺失；最后可以明确科研项目承担方的义务，促进科研项目申报、立项的公开、公平，并逐渐改善轻研究重项目申报的状态。

政府采购制度是利用明文的形式对采购过程、程序、成果产出等进行规划和管理。从国外的科技报告实践看，科研采购已经纳入政府采购制度中，并制定了明确的政府科研采购法规条例，对科技报告的产生和呈缴进行了明

① 侯人华. 科技报告政策体系及服务方式研究[J]. 情报学报，2013，32（5）: 472-477

确规定和强制要求。如美国的《联邦采办条例》、《联邦采办条例——国防部补充条例》、《政府采购改革法》等法律明确规定：① 凡承包由联邦政府拨款资助的科研和生产项目者，都必须向联邦政府提交合格的科技报告；②《契约自由法》在政府科研采购中不适用，政府无须遵守民事合同所规定的普遍义务，即政府可在科技报告达不到合同要求时单方面变更或终止合同。

政府对科技报告的收集主要是通过呈交制度来实现。各国的科技报告呈交制度都是以法规、合同的形式体现的，科技报告的提交是一项强制性的要求。欧美各国都制定了相应的政策对需要提交的种类、数量、时间、提交方式和场所等做了相应的规定。美国的《技术卓越法》、《联邦采办法规》、《国家技术信息法案》都要求：凡利用联邦政府资源或接受联邦政府资助的科研和生产项目承包者，必须向联邦政府的相关部门按期和如数提交合格的科技报告；每个项目产生和提交的科技报告的数量、类型和时限都必须在合同上写明，以合同的形式确定下来；欧盟研究框架计划要求在合同中规定必须提交科技报告的种类、数量、期限和方式；法国的《行政管理资料入档法》、《国家档案法》、《公共档案交流条例》等明确要求科研项目中产生的科技报告必须提交；《研究资助的综合信息和申报指南》规定研究联合会资助的项目需要提交科技报告；日本《项目合同规程》明确规定了提交中期报告和终期报告的时间期限。

至于提交方式，欧盟规定项目承包方通过互联网向欧洲委员会提交电子报告，向欧洲委员会研究总司提交原始报告；德国要求将科技报告发布在网站上；美国规定提交电子和纸质版均可。同时，各国也制定了相应的科技报告提交流程，这个流程涉及多个机构，每个机构也都有不同的职责。总结起来，大致可以分为7个阶段，以合同形式确定需提交报告的类型、数量、内容、期限→报告撰写→对密级进行确定，对知识产权、专利信息进行标记→提交到科研管理部门→对密级、分发限制、格式进行审核→提交到本部门信息中心→按国家规定提交到统一机构。各个国家根据保存科技报告地点的不同，以上流程的结束环节可能不同。这个流程的重点是对机密报告的保护，美国规定，“机密”以下报告提交，绝密或密码资料可不上交。各国对于科技报告的提交都是通过法令的形式强制实施的。

5.2.2 政府科技资产管理制度

政府科技资产可以是实物型，也可以是非实物型。无形科技资产包括软件、科技成果、专有技术、著作版权、专利、资源性资产等。无形科技资产是一种强大的商业工具，是研发和市场之间的链接，是一个组织或国家价值和盈利的重要增长点和来源，如专利、专有技术、著作权等知识产权型无形资产已经成为一个组织募集发展资金、扩大利益回流、形成竞争优势中的重要角色。在经济和科技竞争日益激烈的今天，无形科技资产对社会经济进步的促进作用日益显著。科技报告可将无形科技资产记录下来，是一种新型的知识产权型无形资产，其要在长远发展中形成国家科技实力的象征并促进科技创新和成果转化，很大程度取决于健全的科技报告资产管理政策。

科技报告这种无形资产多数是以数字化形式存在的，需要进行长期保存。网络传输和使用，主要借助网络技术支撑的共享平台来实现，所以需要确立科技报告资产的安全管理制度，确保科技报告共享网络平台的安全性。科技报告管理条例应构建网络安全保障制度，应确立共享平台运行机构维护网络安全的强制性义务，规定设立共享平台的日常网络安全维护机制，建立相应的硬件、软件设施安全管理制度体系，规范科技报告共享平台的网络安全管理，构筑维护科技报告安全的制度屏障。

科技报告作为科技无形资产的载体将取决于健全的科技报告资产管理制度，需要对科技报告采集、审核、归档、整理加工、编号及相关责任机构做出明文规定。科技报告资产管理制度的建立，一方面需要建立科技报告资产登记制度，赋予科技报告唯一编号的产权标志符，作为项目的重要产出成果加以登记，把科技报告作为科研人员参与项目的重要凭据加以记录。提高全社会对科技报告内涵和价值的认识，形成将科技报告作为重要的无形科技资产进行管理的意识和氛围，促进高质量科技报告的产生；另一方面通过对科技报告的分级分类管理，形成一套切实可行的科技报告价值评估规范、质量评判标准、程序和方法，促进国家战略性科技资源的有序积累和深入挖掘，提高科技成果转化率和科研管理科学化水平。①

国际科技报告工作实践表明，各国均有科技报告管理的政策体系，且形

① 贺德方，胡红亮，周杰. 中国科技报告体系的建设模式研究[J]. 情报学报，2009，28（6）：803-808

成了一套切实可行的科技报告评估规范、标准、程序和方法。以美国为例,《信息资源管理条例》要求把由政府资助大学、科研单位、医院等非营利机构科学研究产生的数据管理纳入科技基金管理合同。《科技报告：元素、组织及设计》、《科技报告编号、格式和创建》、《NASA 科学技术信息记录、审批和传播要求》等标准规范对科技报告的撰写范围、内容、格式、提交时间、渠道、编号进行了统一要求。同时，各部门又分别建立专门的管理条例，如:《原子能法》、《能源部信息管理导则》、《能源部信息管理细则》、《NASA 科学技术信息》等详细规定了科技报告的负责机构、人员和流程,确保科技报告的处理、分发、保存和使用。

5.2.3 知识产权制度

知识经济时代，知识产权成为组织或国家发展壮大的关键资源和手段。知识产权政策是通过对知识产权制度的调整，来影响个体的行为决策，实现效率的改进或协调利益冲突，可以鼓励创新，实现对知识劳动成果的资产化、法律化、并形成科技、经济的有序竞争，促进国家或组织从技术创新中获取最大的利润。科技报告是有产权的、涉及多元主体利益的公共信息资源，能否有效协调各利益主体利益，形成有价值的国家科技战略资源，在于建立归属清晰、权责明确、保护严格、流转顺畅的科技报告知识产权制度法律环境。

从国际科技报告工作实践来看，科技报告中知识产权制度的侧重点是科技报告各利益主体权利义务配置，考虑知识产权持有人即项目承担方利益和公共利益的平衡。一方面通过法律、法规、司法解释、规章、条例等对科技报告中涉及的知识产权资源配置和创造行为做出制度安排。如：美国在《贝赫 - 多尔法》(Bayh–Dole Act)、《联邦技术转移法》、《联邦科技资源管理政策》、《版权法》等联邦法律中，明确规定凡利用联邦政府资源或接受联邦政府资助的科研项目产生科技报告的知识产权归联邦政府所有，并通过知识产权及知识产权执法政策进行保障。《美国的信息安全计划》通过对科技报告密级划分、使用范围细分、发布途径控制、使用授权等方式确保国家安全和项目承担单位利益的同时，促进科技报告的交流利用。欧盟《再利用指令》、《绿皮书》等都规定任何部门在科研和技术开发过程中产生的知识产权归本部门所有,《欧洲议会和委员会有关知识产权执法的第 2004/48/EC 号指令》规定了知识产权救济、惩罚等相关措施，增大了知识产权法的执行力度。另一方面，运用法律以外的形式对科技报告知识产权的创造、保护、管理、运用进行指导的配套措施。[①] 如：美国政府部门在与被资助者签订合同时，会要求获得知识产权，并利用信用和诚信体系对科技报告的撰写质量进行约束和监督，利用权限和信息技术对科技报告的公开范围进行控制。日本提出“知识产权立国”的国家战略，从知识产权的创造、保护、应用等方面充实科技报告的知识产权制度。

科技报告中的知识产权制度在保障项目承担方利益的同时，激励创新型知识和技术的传播，旨在强制科技报告的产生，促进科技报告交流使用。对于项目承担方而言，若不能对科技报告知识产权适当保护，会严重影响科技报告的质量和科技报告交流使用的效率。科技报告中知识产权制度，一方面可以规范科技报告产生、收集、传递、收藏、使用过程中各利益相关者的行为，避免多头管理，降低交易费用；另一方面也可合理保护知识产权和商业秘密，[②] 使科研人员可以放心地撰写和提交高质量报告，促进国家科技资源的有效积累。

5.2.4 科技报告开放共享制度

科技报告作为政府公共科技投入的产出形式，理应向纳税人公开，并接受公众监督，保障社会公众的知情权和监督权。同时为了满足科研人员参考学习他人研究过程，提高后续研究起点的需要，必须开放共享。科研活动产生的大量科技报告只有经过公开，才能真正成为社会化的科技报告资源。科技报告公开制度是对科技报告进行资源化管理、配置、共享、交流的前提。为了促进科技报告资源化过程和利用，必须构建与之配合的科技报告公开制度。

科技报告开放共享制度是指基于公共利益，对科技报告的公开条件、程序、方式、时间及公民、组织获得使用的规则或策略，旨在促使科技报告在社会或一定的科研团体（人员）之间交流使用。一方面推动各部门科研立项从分

---

① 霍振礼，李艳．美国政府四大科技报告的资料性和档案性及其对我国科技档案工作的启示 [J]．陕西档案，2002（3）

② 胡红亮，王维亮，于洁．网络时代的科技报告体系建设探讨 [J]．科技管理研究，2007（8）

散向集中，从自由封闭式向公开式转变，加快科技管理体制改革，规范财政支出，节约财政资金，避免重复立项，杜绝政府采购中的暗箱操作；[①]另一方面，为各类主体利用政府信息并实现利益增值提供更多可能，促进科技交流和创新，提高科技报告的使用效率和科研投入的衍生效益。对于科技报告共享服务系统的运行情况、科技报告的使用情况也应定期统计和评估，向社会公开，接受社会监督。[②]

公共财政投资产生的科技报告需要纳入“完全与开放”的共享机制，尽可能向公众公开共享。美国通过“总统管理议程”促进科技资源的开放和共享，《联邦信息资源管理政策》(《OMB A-130通告》)，将开放共享科学数据，促进数据共享扩展到联邦资助产生的科学数据和成果信息中。国家科学基金会（NSF）要求其资助的研究项目产生的数据和成果要向公众开放，在项目申请时，给予愿意开放共享的单位优先考虑权。[③]《联邦公共资助科研成果公共共享议案》，要求强制科技成果信息的开放共享，其中企业承担的公共财政支持的项目也有义务公开共享科技成果信息。美国联邦政府在《信息自由法》和相关条例的指导下，从各级政府、大学、科研单位、私营公司等各个渠道收集公共财政支持产生的数据和信息，并将其纳入“完全与开放”的数据共享制度中。[④]

科技报告内容可能会涉及国家安全、技术秘密、知识产权等，为了保障多方利益，对于不同密级的科技报告需要采取不同的开放共享机制和模式，公开科技报告通过共享服务平台面向公众提供公开服务，受限科技报告由各部门科技信息机构面向本部门人员及合同户、其他政府机构人员提供授权服务，保密科技报告通过保密信息管理系统提供服务。《美国法典》指定国家技术信息服务局（NTIS）为统一的科技报告传播、开放共享中心。《国防部信息安全计划》、《国防部信息安全计划》、《NASA科学技术信息的记录、审批

---

① 霍振礼，尹建．美国为什么不存在科技档案和科技档案工作的专门概念[J]．档案学通讯，2003（5）

② 王蓉，许旭．自然科技资源共享条例的立法思路与制度设计[J]．中国科技论坛，2008，02：22-26

③ 金炬，梁战平．美国科技信息基础设施建设的经验及启示——OSTI职能和www.science．gov网站的案例分析[J]．情报学报，2006（5）

④ 刘洁．完善科技报告管理体系[J]．科技管理研究，2004（1）

和传播要求》等规定了科技报告的保密等级认定原则、公开范围限制、使用方式和程序等。

科技报告收集制度是科技报告公开管理的基础，只有对广泛分布提交的科技报告进行统一收集和管理，才能保证科技报告资源的规模化形成和服务的顺利开展。从目前各国的实践情况看，均采取的是分散和集中相结合的收集方式。收集制度主要体现在收藏场所和收集方式上。在收藏场所上，美国规定 NTIS 为美国唯一的收集、保存美国政府科技报告的机构，同时除 PB 报告系统外，另外 3 家具有各自内部收藏场所；日本规定资助单位不同，提交的地点和方式不同；德国的《第三方资助管理条例》要求，受 BMBF 资助的任何项目都要向汉诺威情报图书馆提交科技报告。在收集方式上，美国 NTIS 科技报告的收集方式有 2 种，各单位的强制性提交和国际交换，同时，各大报告体系都制定了相应的搜集、存档计划或规定，如 NASA 的科学技术信息计划；美国 NTIS 要求从 1997 年开始所有的科技报告要以数字产品的形式保存。

各个国家对于不同密级的科技报告采用不同的管理方式和发布方式，如美国规定对国家所有和国家投资产生的，不会危及国家安全、影响政府政务、涉及个人隐私的全部数据和信息纳入“完全与开放”运行机制管理，即对于非保密科技报告通过公开信息服务体系进行发布，对于有可能危及国家安全、影响政务、涉及个人隐私的数据和信息纳入“保密性发布”运行机制管理，即保密的科技报告通过保密信息服务体系发布。[①] 同时，对于在数字环境下的科技报告发布，各国均要求在能够通过关联的元数据组合来发布和查询的前提下，还要保证科技报告的无障碍获取性，如美国航天航空管理局发布的《科技报告编制出版标准》。

总之，科技报告是政府公共科技财政投入的成果产出，具有效用的不可分割性、受益的非排他性、使用的非竞争性等公共产品属性，可以看作是政府通过科技财政投入所购买的公共科技产品和科技服务，需要实行强制编写和统一呈交制度。我国实施的《政府信息公开条例》、《科学技术进步法》为我国科技报告的强制形成和资源积累提供了法理基础，《政府信息公开条

① 张爱霞，沈玉兰. 美国政府科技报告体系建设现状分析 [J]. 情报学报，2007，26（4）：496-502

例》规定个政府部门在各自职责范围内应主动公开的政府信息具体内容，包括专项规划、重大建设项目、政府集中采购、财政预算、实施情况等。政府科技投入是国民经济建设和社会发展的重要形式，也可以理解为政府对关键和公共科学技术的集中采购，其投入的方向和领域、管理过程、结果和产出理应纳入政府信息公开的范围。而科技报告能够详细反映科研项目从立项、实施、结题验收到成果转化的全过程，成为政府科技信息公开的重要手段。

科技报告大部分来自政府资助的科研项目，需要制定一系列的政策法规，作为科技报告收集、保存和服务的制度保障。科技报告的制度保障体系一般都分为二级。在国家层面，应制定《科技报告管理条例》，明确规定科研人员撰写和呈交科技报告的法定义务以及政府信息部门收集和保存科技报告的责任，将科技报告完全纳入国家科研管理程序和科技计划项目管理程序，只有如此才能保证科技报告资源的有序形成和完整收藏。美国也是通过总统令《公开出版发行科技报告的命令》的方式，在国家层面成立了科技报告出版局（NTIS 前身），开启了科技报告的公开交流。《美国联邦采办法》甚至列明了科技报告提交和收藏单位的全称、地址等信息。

在部门层面，各部门、各地方可以出台科技报告管理实施细则，进一步确立科技报告资源建设的主体，落实责任，明确工作原则、任务目标、收集方式、收藏单位和交流利用方式。最重要的是应将科技报告纳入项目任务合同书，根据项目的性质和规模，明确规定撰写和呈交科技报告的类型、数量和时限，强制形成科技报告资源。虽然上述法律对科技资源和科技信息的公开与共享有所要求，但尚缺乏明确的科技报告呈缴规定。美国的做法是在联邦法律上对科技信息的提交和共享仅做宏观层面的规定，而在部门管理办法中则明确规定科技报告的提交范围、方法、程序等。[①] 我国可以借鉴这一做法，采取国家层面科技报告管理条例与部门科技报告管理细则相结合的政策法规结构，推动科技报告资源形成的制度化。

---

① 周杰. 科技报告资源的构成及产生机理研究 [J]. 情报学报，2013，32（5）：466–471

5.3 科技报告制度的形成模式

5.3.1 科技报告制度的形成基础

（1）科技报告制度形成的法律基础

无论是美国还是欧盟，在形成科技报告之前，都有一定的法律基础，为科技报告制度的形成提供规则、方向、框架等，并促进科技报告制度的形成。就美国而言，《信息自由法》使公众对政府公共信息的知情权合法化，极大地推进了政府信息公开的历程。其中，第552条明确规定了科技报告的使用、密级等。如此，大量的科技报告内容得以在《信息自由法》的指导下公开和获取，联邦机构不得以任何垄断形式控制，这就是美国科技报告体系快速发展的根本原因；《版权法》明确规定美国政府对联邦信息不享有知识产权，为科技报告制度的产权流转提供了规则；《公共部门信息准则》中的8条准则，明确规定了政府需要公开信息的范围和义务，规范了联邦政府提供公共部门信息的标准，为科技报告的利用和交流提供了物质基础，同时也为科技报告的撰写、保存等指明了方向，促进了科技报告制度的形成；《文书削减法案》中的4种传播限制为科技报告的大范围、免费的交流提供了法律的保障和支持。《OMB A-130通告》详细阐述了联邦政府信息的具体管理活动，对信息管理规划、纸质和电子信息收集、信息安全、信息技术管理等工作都进行了规定和说明。这些规定为科技报告管理制度的构建提供了基础。从欧盟看，《再利用指令》提出了公共信息再利用的制度框架，对于相关制度进行了初步的规定，如收费、知识产权等。指令使得各国加大了对科技报告的关注，促进了科技报告在各成员国之间交流，推动了科技报告的相关立法和制度的形成；《绿皮书》中提出了公共信息交流利用中的价格、竞争、版权和隐私问题，尽管没有深入探讨，但是为科技报告制度的形成提供了理论和实践的探讨方向和需要解决的关键问题。在这些已有法律的基础上，美国和欧盟各国制定了大量的科技报告法律法规，如美国的《国家技术信息法案》、《技术卓越法》、《美国联邦采办法规》、《OMB A-110通告》等，使得科技报告的产生、管理和安全都有法可依、有章可循，逐渐形成了由国家级、部门/行业级、基层单位3个层级、完善的科技报告法律法规体系，这些法律法规分散在科研管理、信息资源管理、信息安全等科技报告相关制度中。

（2）科技报告制度形成的意识环境

欧美对科技报告的关注和投资的增加，为科技报告制度的建立构建了积极的意识环境。如美国在第一次世界大战之后，意识到只有科技才能兴国，于是加大了对科研经费的投资，建立了庞大的科研机构和科研队伍，产生了大量的科研记录、文件、总结报告等，如国家航空咨询委员会 40 年间产生科技报告超过 1.6 万篇。并且早在 1895 年，美国就出版了《美国政府出版物月报》，使得政府各部门产生的科技报告经过统一编目可以公开使用；欧盟的“欧盟数字内容计划”大力改善数字内容的可获得性和可使用性，科技报告在其重点关注之列；从 1984 年开始启动的欧盟研发框架计划，是世界上最大的公共财政科研资助计划。欧盟投入巨额的科研经费来资助科研项目，产生了大量的科技报告。对于获资助的科研项目产生科技报告的撰写、类型、提交时间、提交地点、评估方式、管理方式等都以合同的方式进行规定。这些都使得政府、科研机构和研究人员开始重视科技报告的形成和交流使用，也大大促进了科技报告制度形成。

（3）科技报告制度形成的组织基础

欧美各国关注科技报告工作的重点，落实在科技报告的收集和管理工作上。以美国为例，1939 年设立专门机构从事原子能、航天方面的科技报告收集、整理和交流利用工作；1940 年成立国防技术情报中心，从事军事科技报告的收集、管理和服务的工作；1958 年成立科学技术情报局全面负责科技报告的管理工作；1977 年成立科学技术信息办公室，从事能源科技报告的收集、管理和服务工作。由此形成了美国的四大科技报告系统，并逐渐形成了完备的包含法律法规、组织机构体系和工作机制在内的科技报告制度。再看欧盟，1980 年欧洲经济共同体资助，建立了欧洲灰色文献信息系统（SIGLE），其成员均是一些重要的情报中心和文献中心，这些机构负责收集灰色文献。这一系统的启动和顺利实施，为科技报告制度的形成提供了组织和管理上的基础。

5.3.2 科技报告制度的形成模式

美国联邦政府的“完全与开放”政策使尽可能多地公共信息开放，也使得美国建立了世界上最为完善的科技报告制度。对公共信息具有保密传统的欧盟，经过这几年的发展，德、英、法等发达国家也逐渐形成了科技报告制度。欧美等国的实践表明，科技报告制度的形成是一个非常复杂和困难的过程，且没有一个固定的模式，但归纳起来大致可分为由点及面、从上至下、点面结合 3 种。

（1）由点及面的科技报告制度形成模式

由点及面模式，是指科技报告制度的形成是从个别部门 / 行业开始的，在初步建立时，中央出台相关法律使科技报告活动上升到国家层次，在全国实施的过程。美国联邦、部门 / 行业、基层 3 个层级的科技报告制度形成过程就是典型的由点及面模式。早在 1939 年，美国能源部、国防部、航空航天局和民用部门就开始了科技报告制度工作的尝试，各部门成立专门的机构开始开展科技报告的收集和服务工作。科技报告的巨大价值引起美国当局的关注，1945 年杜鲁门总统签署第 9568 号令，推动美国开始有组织地开展科技报告工作。到了 1977 年，美国已经在能源、航空、国防、民用领域建立了完善的四大科技报告体系，形成了美国部门 / 行业层次上的科技报告制度。四大科技报告体系积累了美国大量的科技知识资源，大力促进了科技创新和发展，1985 年开始，联邦政府遵循《信息自由法》、《公共部门信息准则》、《文书削减法案》、《OMB A-130 通告》对产权、公开范围、收费、保密等规定，[①] 逐渐形成了由《联邦信息资源管理政策》、《美国技术卓越法》、《美国联邦采办法规》和《科学技术报告：准备、描述和保存》等相关政策法律构成的联邦层次科技报告制度；[②] 在国家科技报告制度下，各部门和行业制定了各自的科技信息计划，构成了基层单位层次上的科技报告制度。

该模式的优点是通过个别部门或行业小范围的先期科技报告工作，探索可行的科技报告收集、公开共享模式，发掘科技报告工作的真正价值，同时可为后续的全面推广工作提供样本和案例。不足是各个单位分别行动，缺乏统一的标准，不利于科技报告的整合和有序组织。

---

① 霍振礼，尹建．美国为什么不存在科技档案和科技档案工作的专门概念 [J]．档案学通讯，2003（5）

② 金炬，梁战平．美国科技信息基础设施建设的经验及启示——OSTI 职能和 www. science. gov 网站的案例分析 [J]．情报学报，2006（5）

（2）自上而下的科技报告制度形成模式

自上而下模式，是指中央政府先期在国家层面立法，通过法律法规的形式对科技报告工作进行规范，引起民众的广泛关注，命令下级部门和行业遵照执行。典型例子是日本，第二次世界大战之后日本制定了“科学技术立国战略”，1957 年设立专门负责科学技术情报交流的机构，把图书情报作为信息交流、情报获取的重要手段。[①] 围绕“科学技术立国战略”和“知识财产立国战略”,日本相继出台一系列国家层次的促进和规范科技报告工作的法律，如《科学技术基本法》、《科学技术基本计划》、《大学等机构的技术转移促进法》、《研究交流促进法》、《知识产权战略大纲》、《知识产权基本法》、《国家研究开发评价实施办法大纲指南》等。同时,日本中央政府投入巨资搭建“研究成果应用综合数据库”、“支持研究开发的综合目录数据库”和“日本—环球数据库”，收集日本的研究人员及其相关研究资料等。此外，日本从组织、政策、资金 3 个方面，保障科技报告工作在全国的开展，形成科技报告制度，奠定了其科技大国的地位。

该模式的优点是通过法律的方式宣传科技报告的价值，使科技报告工作得到全面的关注和重视，明确科技报告工作的方向，强制科技报告的积累和公开共享。缺点是涉及面广，人财物投入较大，控制难度也较大，一旦出现未预知问题或先期设计错误，影响较大，修改立法和顶层设计难度更大。

（3）点面结合的科技报告制度形成模式

点面结合模式，是指中央出台只涉及科技报告重点工作环节的法律法规，其余部分，各个部门或行业可以因地制宜，制定具有自身科技管理特色的规则。中央的政策和部门／地方的规则互为补充，相辅相成构成健全的科技报告制度。欧盟就是该模式的典型代表，欧委会只对呈缴、产权、密级进行了规定，各国、部门、行业对科技报告工作的其他环节都有不同规定。1980 年欧洲经济共同体建立了欧洲灰色文献信息系统（SIGLE），负责收集包括科技报告在内的灰色文献，1984 年欧盟开始启动巨额科研经费的“欧盟研发框架计划”，在遵循《再利用指令》、《绿皮书》对公共信息收费、产权、隐

① 刘洁．完善科技报告管理体系 [J]．科技管理研究，2004（1）

私等规定的前提下，以合同的方式对于获资助的科研项目产生科技报告的撰写、提交、评估、管理进行统一要求。同时，各个国家、部门还形成了自己的科技报告制度，如德国联邦、高等院校和四大国家级科研机构、基层研究单位分别建立了各自的科技报告制度，对各自的科技报告体系进行管理。通过点面结合，欧盟、国家和行业、基层制度共同构成了欧盟国家的科技报告制度。

该模式的特点是兼顾广度和深度，在坚持大原则的前提下，各个部门或行业可以发挥自己的优势，构建出更适合实际特点的科技报告制度，保障科技报告工作的高效开展和顺利进行。

5.4 科技报告制度的建设内容

5.4.1 科技报告制度建设的内容框架

科技报告是国家重要的战略信息资源，是国家科技创新体系基础条件的重要组成部分。国家科技报告体系建设需要依托现有科技管理体系，借助于现代信息技术、网络技术，建设国家立项资助的科技项目所形成的科技报告的数字化、网络化和集成化收集、加工、管理和分析服务体系，使现有散落保存的科技报告从信息孤岛纳入国家科技文献信息资源保障体系当中，建立稳定的科技报告产生和收集渠道，以及集中检索、分布获取、分级保障的科技报告收藏和服务体系网络，为科技管理、科技决策、科技创新体系提供基础信息支撑和保障。①

国内外科技报告体系建设实践证明，建立国家科技报告制度是一项庞大、复杂、长期的系统工程，需要各部门联合推进。国家科技报告制度的基本框架应包括组织管理体系、政策法规体系、标准规范体系以及收藏服务体系，见图 5-1。

---

① 贺德方. 中国科技报告制度的建设方略 [J]. 情报学报，2013，32（5）：452-458

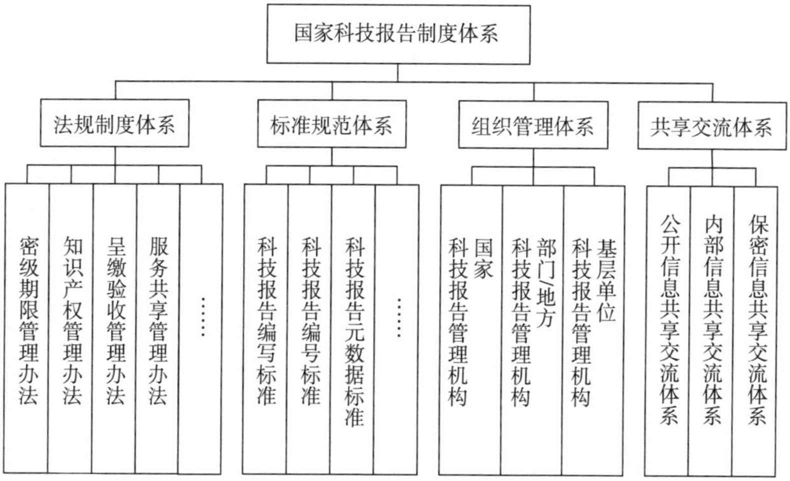

图 5-1 国家科技报告制度体系

国家科技报告制度建设，首先要构建完善的政策法规体系，通过制定相应的法律法规，将科技报告工作纳入科研管理程序，保证科技报告的产生和收集，规范科技报告的管理和交流。其次要建立合理的组织管理体系，通过建立由国家、部门 / 地方和基层科研单位组成的三级组织管理体系，按照“谁出资、谁管理”的原则，明确各相关部门职责，形成规范的科技报告生成、提交、审查和管理工作机制，推动科技报告工作的具体落实。再次要制订统一的标准规范体系，通过研究制订和宣贯科技报告编写、编号、密级管理、基本元数据等方面的标准，规范科技报告编写、审查、提交、验收以及加工、利用和服务的工作流程。最后要设计科学的共享交流体系，按照集中与分布相结合的原则对科技报告进行分级收藏，对“公开、受限、涉密”科技报告进行分类管理。对公开的科技报告，建立开放的共享服务体系和机制，向全社会提供服务；对受限或涉密的科技报告，纳入内部信息和保密信息管理体系当中，实行受限受控使用。

科技报告工作涉及信息管理部门、科研管理部门、项目承担单位和科研人员等多个主体，建设科技报告制度将科技报告工作融入科研管理的整个过程，使得源自科研活动的科技报告最终服务于科学研究和项目管理。科技报告工作的信息流程见图 5-2。

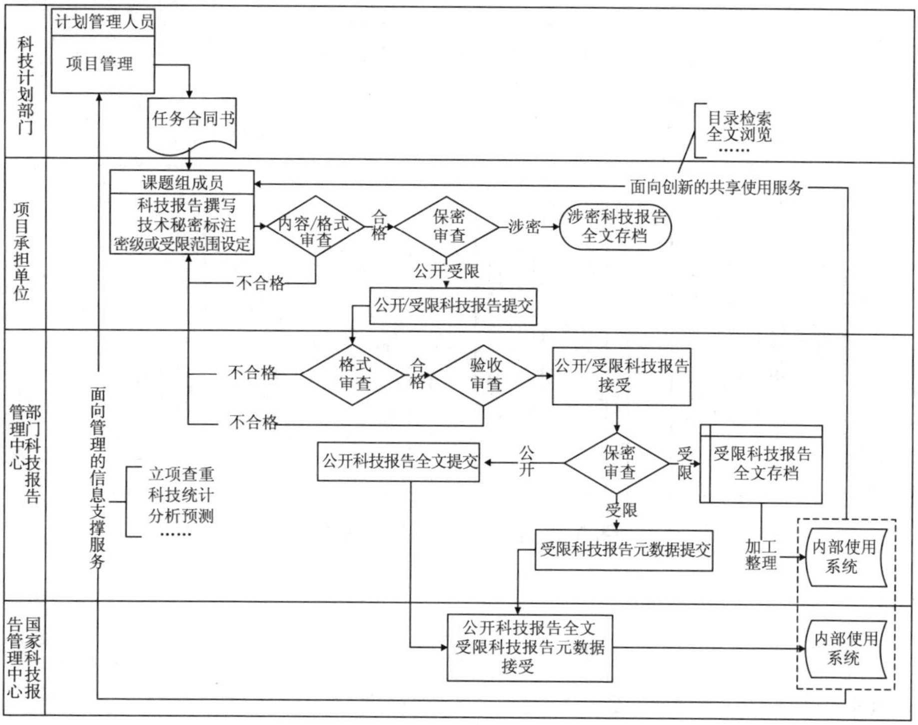

图 5–2　科技报告工作信息流程图

5.4.2　科技报告制度建设的关键要素

（1）将科技报告作为主要产出形式，激发科技人员撰写和呈交积极性

建立科技报告制度，需要在以往科研项目考核指标基础上，将科技报告作为科研项目或活动的主要产出形式加以管理，并以项目任务书形式要求科研人员在科研过程中随时记录撰写，强制呈交，并激励科研人员撰写高质量的科技报告，建立明确的科技报告激励和承认机制，建立国家科技报告认可制度。将科技报告认同为科研论文、学术专著、软件著作权、专利权等学术研究及技术开发成果，作为评价科研机构实力水平的重要指标，作为科技人员参与科研项目的凭据，以及工作绩效统计、岗位聘任与考核、职称评审、项目评审、专项贡献奖励评定等人才评价工作的重要依据。

（2）嵌入科研项目管理流程，构建集成、融合、无缝衔接的应用环境

要将科技报告作为科研项目或活动的主要产出形式，除了在科研项目任

务书中作为项目产出的重要考核指标对项目课题人员进行明确要求外，需要各级项目主管部门高度重视，在不增加科技人员的工作负担的前提下，找准现有科研管理流程的切入点，对现有科研管理流程进行调整和完善，将科技报告工作嵌入科研管理程序。并将标准化工作贯彻于相关管理平台和系统之中，落实于相关管理机制和过程之中，简化科技报告技术标准的执行和应用过程，统一用户权限，方便科研人员操作，构建与科技报告工作相集成、融合、无缝衔接的应用环境。

（3）建立良好的知识产权机制，平衡好撰写者与使用者之间的利益关系

科技报告中包含技术诀窍和技术秘密，涉及项目完成者的知识产权权益，直接影响科技报告技术内容的完整性。在科技报告开放共享过程中，保护科研机构和科研人员的知识产权权益，成为科技报告制度建设中需要解决的突出问题，也直接关系到科研人员撰写科技报告的质量和呈交科技报告的积极性。需要在国家、社会公众、科研机构和科研人员间建立知识产权平衡机制，深入分析和厘清科技报告知识产权权利的主体与客体、内容与归属、行使与限制等问题。建立严谨规范的科技报告密级划分和安全管理体系，对科技报告实行分级分类管理，由科技报告作者和项目承担单位标注科技报告的密级和使用范围，划分不同的公开时限和使用方式，由科技管理部门审核后在不同的使用范围和时限内共享，可以有效保护科研单位和人员的知识产权权益。同时，为了避免科技报告知识产权权利人对科技报告内容的过度保护，使社会公众能够充分享受国家科技投入产生的成果，应保证国家对科技报告的处置权利，确保保护国家利益和公众利益。

（4）加强科技报告质量监控评估，使之成为科研能力标志

科技报告的质量是决定科技报告功效发挥好坏的关键因素，开展科技报告的质量审核和评价是科技报告工作的重要管理环节。建立严格的科技报告质量审核和评价制度，需要研究科技报告质量概念、用户满意度指标和测度标准，制定科技报告格式审查、内容审查和密级审查的标准、规范和评价方法，明确科技报告质量审核的多级责任主体和具体职责，确定各级审查主体的审查规范、审查制度和组织机制。从文献层面、专业层面及效益层面建立科技报告质量评价模型，开发科技报告质量审核和过程监控体系，实现科技报告质量在线评价功能。同时，高质量的科技报告应成为项目承担者科研能力和创新实力的衡量指标之一。

（5）服务于不同需求的社会公众，提高科技项目的产出效益

科技报告的社会性特征赋予了科技报告服务公众、有序公开的历史使命。尤其是随着我国政治、经济和社会的发展，公众对国家科技投入的过程和效果越来越关注，有必要为社会公众提供了解、利用科技计划项目和成果的新渠道，以增强社会公众对我国科技投入模式的理解和支持。此外，在有效提升科技报告公益性服务水平的同时，有必要持续积累科技报告，在大规模数据挖掘的基础上深化科研创新与管理决策服务。政府资助科技项目主要针对我国科技发展的战略重点，着力解决关系国家未来发展的重大科学项目（课题）和关键技术问题，瞄准前沿技术、共性技术和核心技术，由此而产生的科技报告能够充分反映当前我国科学技术的最新发展。因此，采用数据挖掘和主题分析的方法，对科技报告技术内容及其相关产出成果进行分析，使用科技报告中所蕴含的领域数据和技术数据，建立技术预测模型，形成各学科领域和专项技术的研发主题和研发状况的关系图谱，有利于发现影响我国社会经济发展所需要的重大技术、核心技术和薄弱技术，识别技术发展的趋势、状态和路径，有利于识别和发现优秀的科研团队，为不同利益主体分析评价科技发展现状、选择优先资助领域、优化科技投入结构、科学设置计划项目指南提供决策依据。

6 科技报告知识产权研究

第二次世界大战后，随着科研活动的日趋广泛、深入，科技报告逐渐发展成为科学文献的一大种类。作为一种知识产品，科技报告从问世以来就有其特殊的知识产权问题。这个问题在国外早已解决，而我国由于历史的原因，从20世纪80年代开展科技报告管理工作直到最近几年，这个问题的重要性才被人们所认识。主要驱动因素是改革开放政策使我国社会迅速进入有中国特色社会主义市场经济体制，私有权得到社会承认，人们的知识产权保护意识得以提高。科技报告的产生单位，即科技报告的产权所有者，对科技报告传播和使用中的经济利益保护非常关心，唯恐管理不当，使单位的知识产权受到侵犯。因此，有关管理部门应当高度重视这个问题，及时制定相应的法规制度，保护科技报告产权人的利益，使我国的科技报告管理工作健康发展。

知识产权是一个大概念，指的是人们可以就其智力创造的成果依法享有的专有权利。凡是知识产品，具有实用性，能在使用中产生经济利益，则该知识产品的生产者就对其拥有产权。科技报告是有产权的公共信息资源，其产生、管理、公开共享的过程中涉及科研资助方、项目承担方、普通公众、项目外科研工作者等多元利益主体，知识产权问题为参与各方所关注。从图6–1我们可以清楚地看出，科技报告在我国现行法律保护的各类知识产权中的位置：① 知识产权—工业产权—技术类工业产权—非专利技术成果权，含已公开专利申请技术权和技术秘密信息权；② 知识产权—科技成果精神权利，含科学成果精神权利即发现权和技术成果精神权利，其中又包括发明权和其他科技成果权。“精神权利”系指著作权中的人身权利，对于属于技术秘密的企事业单位的科技成果，成果完成人在成果报告上有署名权，即成果完成人享有技术成果的精神权利。至此，我们可以确定科技报告的知识产权属于工业产权中的技术秘密权，同时它又兼有技术成果精神权利的属性。

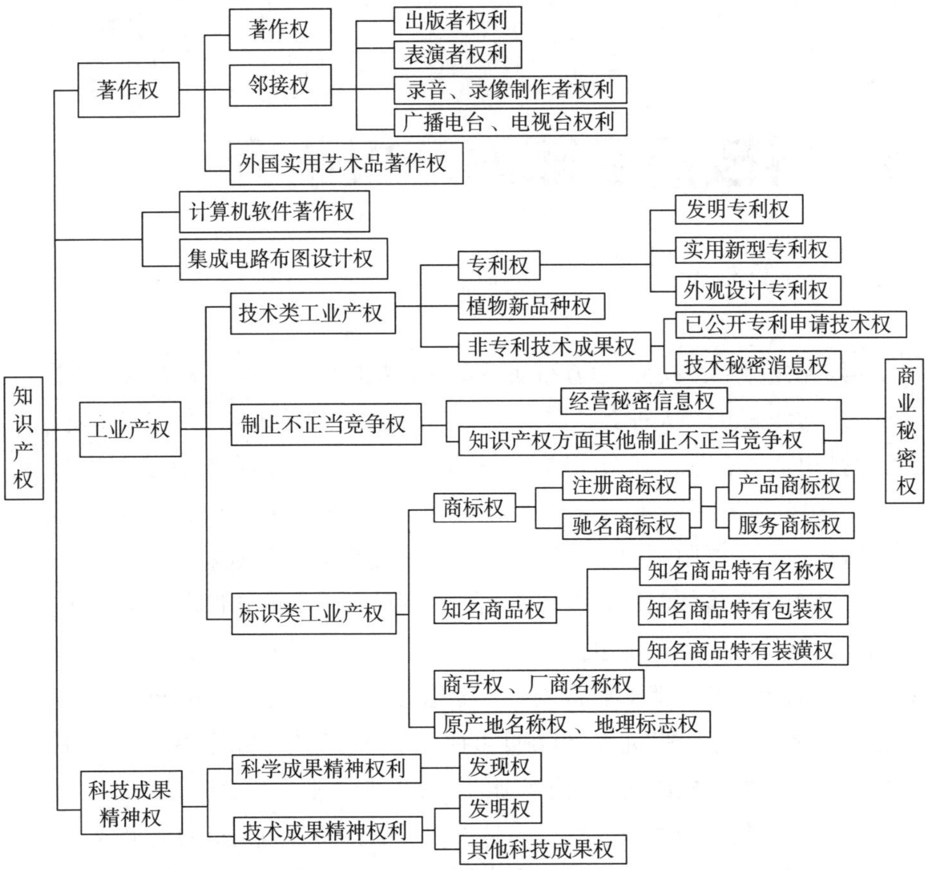

图 6–1　我国现行法律保护的各类知识产权

目前我国有关科技报告知识产权归属和保护政策尚不完善，使得科技报告在开发利用中存在知识产权风险。因此需要梳理和厘清科技报告的知识产权属性，分析科技报告使用中的知识产权风险，并提出相应对策，为科技报告的管理保存、出版发行和开发利用，提供法律基础。

6.1　科技报告知识产权的主体

科技报告知识产权的主体主要是科技报告中技术秘密权的主体。技术秘密权的主体，又称技术秘密的合法控制人，为开发并拥有该秘密的企业或事业单位，也包括那些通过合法手段获取了技术秘密，以及那些独立的个人发明人。《中华人民共和国反不正当竞争法》第十条将拥有商业秘密（技术秘密）的权利主体称之为商业秘密（技术秘密）权利人。此外，《中华人民共和国刑法》第219条第四款也对技术秘密权的主体给予了法律界定："本条所称权利人，是指商业秘密的所有人和经商业秘密所有人许可的商业秘密使用人。"技术秘密的主体可以是自然人、法人，也可以是其他组织。

科技报告知识产权的主体又有单一主体和共同主体之分。如果技术秘密的权利人是某个自然人或者企事业单位，则该技术秘密的主体属于单一主体；若技术秘密的权利人是2个或2个以上的自然人或者企事业单位，则该技术秘密的主体为共同主体。如果一个自然人或企事业单位将自己的技术秘密转让给他人，则受让人与转让人就形成了新的共同主体；企事业单位或者公民之间合作研发也可以形成技术秘密的共同主体。科技报告一般是指由国家委托承包单位承担国家的科研任务而产生的成果，在科研合同中约定其成果属国家和研制单位所有。因此科技报告的知识产权主体是企事业单位；企事业单位所属上级主管部门（如国家大型集团公司）代表国家行使权力。如果一项任务由多个单位合作完成，则其知识产权主体是共同主体。对于私企或个人为承包商的情况，显然，知识产权主体是企业或个人，对其下达项目的国家主管部门代表国家行使权力。

但是要特别强调的是，技术秘密不具有排他性和垄断性。因此，某一技术秘密的权利人，无权排斥他人以合法的手段获取该技术秘密。这样，很容易形成多个合法主体共同控制、掌握同一技术秘密的现象。对于多个单位合作完成一个项目而成为该项目的知识产权共同主体的情况，只要其中一家泄露了技术秘密，就会导致大家对该技术秘密权利的丧失。科技报告是要在一定范围内流通使用的，这就为单位或个人通过合法使用科技报告获取其他单位的技术秘密提供了机会，从而有可能使原技术秘密权拥有者丧失其技术秘密。因此，科技报告管理者有责任采取措施，保证技术秘密权利人的利益不受侵犯。

6.2 科技报告知识产权的权利客体

知识产权的权利客体是指它的保护对象，也就是人们在科技、文化和工商业领域中创造的智力劳动成果。科技报告是智力劳动成果，是一种无形的精神财富，也就是说，科技报告的知识产权客体属于无形物。科技报告知识产权的权利客体具有以下特点。

（1）创造性

智力成果是人类通过智力活动创造的劳动成果，表现为一定的知识和技能创造。知识和技能可以分为已经过去的与创新的，但知识产权法的立法宗旨在于鼓励人们不断创造出新的知识和技能。创造性是智力成果取得法律保护的条件，但就各种具体的智力成果而言，法律对其创造性程度的要求是各不相同的。技术秘密要受到保护，要求其信息不为公众所知悉，即必须具备一定程度的非显而易见性，达到一定程度的技术高度和难度，具有创造性。对于一个企事业单位来说，选取哪些信息作为技术秘密来加以保护，也体现了该单位最低限度的创造性。一篇科技报告是否要采取技术秘密保护措施，取决于其所含的技术信息是否具有创新性，这是我们制定科技报告知识产权保护法规制度的一个依据。

（2）无形性

智力成果是知识形态的精神产品，虽然具有内在的价值和使用价值，但没有外在的形体。智力成果虽然具有无形性的特点，但总要通过一定的客观形式表现出来，使智力成果创造者以外的人（包括创作者本人）能够了解。这种客观表现形式是对其进行知识产权保护的条件之一。科技报告是其作者将其发明创造表现为文字叙述、设计图表等的一种形式。

（3）公开性和保密性并存

知识和技能只有通过传播，其价值才能充分体现出来。要传播就得公开，让人知晓。公开性是多数智力成果所有人取得知识产权的前提，比如专利和商标等。属于智力成果的技术秘密并不具备公开性，它是依靠保密来维持其专有权利的。在西方民法理论中，专利技术是一种法定专有权，在保护期内一直发生效力；而技术秘密是一种自然专有权，视权利人确定的保密时间长短来决定其权利效力。在法律制度中，技术秘密并不受传统知识产权的保护，仅由合同法或侵权法调整。但技术秘密具有无形财产权的本质特征，现代立法已经将技术秘密作为知识产权的保护对象。

科技报告是科技图书、期刊、专利、标准等文献类型中的一种。但是，科技报告有其特殊性，即大部分报告属于保密报告，报告内容中可能含有可以申请专利的或创新的技术信息。这样的报告经过审查鉴定给予确认，一经确认，其流通使用就会受到严格的限制，通常只有官方和报告产生单位才有权使用。因此，将可以申请专利的信息或创新技术信息写入科技报告，并不是“公开”。经过鉴定，确定了使用范围的科技报告中所含的保密技术，其技术秘密权利人可以申请专利。那种认为写入科技报告的技术秘密不能申请专利的观点是错误的。对于含有申请并获得专利权技术的科技报告，其技术应继续受到原定密级的保护。

（4）可复制性

智力成果之所以能成为财产权的客体，是因为智力成果可以由一定的有形物去固定、复制、传播。技术秘密也是可以复制的。所谓技术秘密的复制，就是对其技术的借用或对其经营的模仿，从而使对手在市场竞争中失去优势。因此可以说，可复制性是智力成果在市场经济条件下能作为产品进行交换的根本特征。

在研究科技报告知识产权时，要搞清楚科技报告知识产权的产权所有人对自己的劳动成果拥有哪些权利。知识产权的权利内容是指知识产权权利人依据知识产权法律的规定对其所拥有的智力成果所享有的排他性权利。从权利的角度看，知识产权所有人享有对智力成果独占性的支配权，这种支配权一方面表现为权利人对其智力成果使用和处分的权利，另一方面表现为权利人有权禁止其他人使用其智力成果。

技术秘密权具备财产权的普遍属性，但是技术秘密与有形的物质财产有着迥然不同的自然属性，所以从所有权的角度考察，技术秘密所有权在权能方面具有自身的特点，包括：

1）占有权。指所有人对其技术秘密实际上的管理和控制权。未经所有人许可，他人不得以非法手段获取、披露、使用或许可他人使用权利人的技术秘密。占有权体现为当他人有侵犯所有人技术秘密权的行为时，所有人可采取相关措施加以保护，以避免自己对技术秘密失去控制。由于技术秘密属于无形的非物质财产，看不见、摸不着、不占据任何空间，因此权利人无法像物权中的物的所有人那样具体地占有技术秘密。

2）使用权。指所有人可以将其拥有的技术秘密用于自己的生产经营或贸易活动。技术秘密的经济价值主要通过权利人的使用得以实现。由于技术秘密本身的特点，在同一时间可以由多人互不排斥地共同使用。因此，法律禁止他人以非法手段获取并使用所有人的技术秘密。同时，权利人对技术秘密的使用不会对该项秘密带来任何损耗，在某种情况下，可以长时期使用下去。

3）收益权。指所有人有权从技术秘密的使用、处分中获取经济利益。技术秘密为权利人带来的经济利益是其使用并收益的具体体现。

4）处分权。指所有人有权处置其拥有的技术秘密。所有人的处分权主要包括这样几项内容：① 许可权，即所有人在保留所有权的前提下，允许他人使用其技术秘密；② 转让权，即所有人将技术秘密权通过买卖、赠予等方式转移给他人所有，从而使受让人取代技术秘密的原所有人行使技术秘密权；③ 公开权，即所有人有权决定将自己的技术秘密公之于众，使之进入公有领域，但在所有人的技术秘密被许可使用的情况下，这种权利要受到一定的限制。例如，包含国家和国防秘密的科技报告的权利人（作者单位）处分其科技报告中的技术秘密的权利是有限的，未经国家有关方面批准，不得随意处置。

科技报告的知识产权还涉及著作权中的"署名权"。署名是指作者为表明其身份在作品上注明其姓名或名称的行为。作者的署名权是指作者在作品上注明其姓名或名称以表示作者身份的权利。署名权是作者所享有的一项重要权利，它可以保障作者的身份受到尊重。对一部作品来说，通过署名即可对作者的身份给予确认。署名权的内容包括：作者有权决定是否署名，是署本名还是署笔名，以及署名的顺序等。任何人未经允许，不得擅自改变作品的署名方式。署名权与作者的人身联系非常密切，不得转让、继承，也不得放弃。同时，署名权的保护期也是不受限制的。这种永久性的特点有利于防止他人在作者去世后隐匿、改变作者的姓名。

6.3 科技报告知识产权的权利归属

科技报告知识产权在取得之后，在单一主体的情况下一般归智力成果的完成者享有。但是在有的情况下，可能存在多个主体。这些主体既可能是智力成果的共同完成者，又可能是智力成果的协助和委托完成者；既可能是智力成果的自主完成人，又可能是执行本单位任务或主要利用单位物质技术条件的职务智力成果的创造者。在这些情况下，智力成果的知识产权归属问题容易引起冲突。概而言之，知识产权的归属制度所要解决的就是知识产权应该由谁原始取得的问题。

技术秘密权在性质上是一种财产权，包括占有、使用、收益和处分 4 项权利。一般情况下，技术秘密是在生产经营过程中所获得的不为公众掌握的技术信息和经营信息，是生产经营者付出了大量的时间和资金所获得的生产经营成果，其权利应当归取得成果的生产经营者所有。技术秘密权的归属所要解决的主要是职务技术秘密、委托或合作的技术秘密和竞合技术秘密的权利归属问题。

1）职务技术秘密的权利归属。职务技术秘密是为了执行工作任务或主要是利用单位的物质技术条件而形成的技术和经营成果。因此，职务技术秘密应当属于单位所有。《合同法》第 326 条规定，职务技术成果的使用权、转让权属于法人或者其他组织的，法人或其他组织可以就该项职务技术成果订立技术合同。但是应当从使用或转让该技术成果的收益中提取一定的比例，对完成该职务技术成果的个人给予奖励或报酬。

2）合作技术秘密的权利归属。合作技术秘密是多人共同进行生产经营活动而形成的技术成果或经营信息。合作完成的技术秘密成果的使用权、转让权以及利益分配办法由当事人约定，没有约定或者约定不明，经协商仍然不能确定的，当事人均有使用或转让的权利。

3）竞合的技术秘密的权利归属。竞合的技术秘密就是多个生产经营主体在自己的生产经营过程中，各自独立地取得相同或者相类似的技术秘密。技术秘密的所有人虽然有权禁止他人非法窃取、使用、泄露自己的技术秘密，享有一定的垄断权，但是这种垄断权是有限的，不具有排他性，并不能禁止他人通过独立开发和经营等途径获得相同或类似的技术秘密。竞合的技术秘密的权利归各独立合法取得人所有，每个所有人都享有占有、使用、收益和处分的权利，他人不得干涉。

4）后续技术秘密的权利归属。后续技术秘密是在他人现有技术秘密的基础上所做的技术改进。后续改进技术秘密一般归改进人所有。但是如果其实施改进的技术秘密需要使用在先的技术秘密，则应征得在先技术秘密权利人的许可。在这种情况下所取得的技术秘密，双方可以通过平等协商，本着互利互惠的原则，互相许可对方使用自己的技术秘密，并相互承担保密义务。

6.4 科技报告知识产权的权利取得、行使和终止

6.4.1 科技报告知识产权的权利取得

知识产权的权利取得，是当事人直接依据法律规定而对知识产权客体专有权利的享有。知识产权是一种私有权利，取得该权利的基础是智力创造和生产经营。对知识产权来说，由于其客体具有无形性的特点，可以同时为多个人占有，只有通过法律赋予并且由法律提供保障，该专有权利才能得以实现。知识产权的取得并不发生对客体的实体占有，而是依照法律的授权行使知识产权的各项权能。

科技报告知识产权的权利取得应遵循三个原则，一是要遵守合法原则，二是要符合公共利益原则，三是要依法定程序取得。

科技报告技术秘密权的取得具有如下特征：

1）不发生对权利客体的实体占有。物权的取得基于对客体的实体占有。技术秘密权的客体包括技术信息和经营信息，虽可带来一定的经济利益，具有财产性，可以通过一定的载体表现出来，但是其本身却是无形的，不能发生对权利客体的实体占有。

2）不发生排他的取得。技术秘密权作为知识产权的一部分。具有一定的垄断性，但是这种垄断性是有限的，并不能排除他人在该领域内取得和使用与该技术秘密内容相同或相似的信息，只要他人不是采用非法的手段获取。

3）技术秘密的非公开性。专利权和商标权的取得必须将权利客体充分公开，允许他人提出异议。著作权的取得可以将权利客体公开，也可以不公开，但是公开发行是其充分行使权利的基础。而技术秘密则不同，其价值的实现途径就是要保持其权利客体的秘密性，否则也就失去了权利赖以存在的基础。

科技报告技术秘密权取得的条件:《反不正当竞争法》第 10 条第 3 款对技术秘密的定义是“技术秘密是不为公众知悉、能为权利人带来经济利益、

具有实用性并经权利人采取一定的保密措施的技术信息和经营信息。”这就是说，科技报告技术秘密权的取得需要满足一定的条件。如：

1）必须满足保密性。技术秘密既然是一种秘密，就在于其不为大众所知晓，不是人人都可以唾手可得的信息。因此，科技报告技术秘密的所有人必须采取保密措施，维护技术秘密，防止秘密扩散。如制定保密制度，严格限制使用含有技术秘密的科技报告的人员，采取技术措施和物质障碍确保对秘密的控制。

科技报告的产生单位在完成一项科研任务后，将其成果进行总结，写成科技报告，并按保密要求给该报告定密和确定限制使用范围，在交流使用中执行有关保密规定进行安全使用，这些过程就是对该技术成果进行秘密控制的一种措施。

2）科技报告所含技术秘密必须有新颖性。科技报告所含技术秘密的新颖性，一般是指该技术秘密不为公众知悉，具有先进性和独特性。美国的司法实践对新颖性的界定如下：一为该信息在所有人以外的本行业中的应用程度；二为本行业中的专业人员的知晓程度。只要不是被普遍应用和普遍知晓的即具有新颖性。

3）科技报告所含技术秘密必须有实用性。技术信息和经营信息要成为技术秘密，就必须有一定的实用价值，具备实用性，要能够在工商业生产经营中应用。如技术信息要能改进产品、节约原材料；经营信息要有助于开拓市场、降低成本等。而科技报告所包含的抽象的概念和原理不是具体的操作方案，不能直接应用于生产经营，因此不能成为技术秘密权的客体。

4）科技报告所含技术秘密必须有价值性。技术秘密的价值性要求就是能够为权利人产生经济利益，有经济价值。能够产生经济利益是技术秘密权利要求的根本原因所在，也是法律保护的法理依据。它的价值性表现在能够使权利人占据生产经营的竞争优势；获得生产经营上的成功，产生重大收益。技术秘密的价值性并不一定表现在受到他人侵权时权利人的直接经济利益遭受到的某种损失上。因此，只要非法窃取、泄露和使用他人的技术秘密，即使自己没有获利，也没有造成权利人的直接利益损失，仍然被视为侵权。

通常，技术秘密权是自动产生的，其取得不需要经过审查批准程序。技术信息和经营信息既可以是本人在生产经营中经验和信息积累的结果，又可以是通过合法转让取得的他人的成果。这些信息只要具备上述条件，即自动产生技术秘密权。

科技报告的技术秘密权原则上也是自动产生的。但是，为了最大限度地发挥科技报告的信息资源保障作用，防止有些单位任意扩大限制使用的范围，有关部门有必要制定法规制度，对单位给特定报告提出的使用限制进行核准，以平衡集体（或个人）利益与国家利益。

6.4.2 科技报告知识产权的权利行使

科技报告知识产权的权利人行使知识产权，从广义上讲可以有 3 种不同的途径。最直接的就是权利人使用自己的技术；其次，权利人将技术许可或转让他人使用；另外，权利人还可以通过制止侵权的方式来行使知识产权，即禁止他人未经权利人许可而使用各项专有权利，从而间接地实现自己的权利。科技报告的知识产权属国家和权利人所有。科技报告产生单位有义务向国家按科研合同提交科技报告，有关部门代表国家行使对科技报告的管理权利。有关部门有权要求项目完成单位按规定提交科技报告，并按成文的使用办法使之在规定的范围内流通使用，但除特殊情况外（参阅下文“科技报告知识产权的权利限制”），一般无权进行报告技术内容的技术转让，这个权利属于报告产生单位。如果有关部门在科技报告使用管理中发生了未经协调而超出报告产生单位按规定划定的范围使用的情况，致使报告产生单位的经济利益受到损害，则管理者应该承担相应的责任。

对政府资助项目所产生的科技报告进行知识产权权利限制，是平衡国家利益、公众利益、单位利益、个人利益的重要手段。所谓知识产权的权利限制，通常是指对知识产权人专有权行使的限制，其功能在于通过对知识产权人权利的适当限制,平衡知识产权人与社会公众之间,以及与国家之间的利益，确保社会公众能接触和利用智力成果，确保知识产权人的技术秘密最大限度地为国家利益服务，以促进整个社会精神文明和物质文明的共同进步。[①]

为了解决单位利益与国家利益及公众利益的冲突，有关部门必须根据法律规定，对科技报告的知识产权权利进行一定的限制。国家要使科技报告最大限度地被利用，为国家安全和经济建设服务。尤其是当国家利益需要（例

① 胡红亮，宋清林，龚春红. 科技报告知识产权保护问题研究 [J]. 科技进步与对策，2009（1）：97–102

如因军事需要之故）的时候，有关部门有权允许第三方不经知识产权人的许可（出于国家安全或军事秘密的原因）而使用科技报告知识产权人的报告。在这种情况下，产权人不得以禁止传播的方式滥用自己的权利，其经济利益由有关部门协调解决。另外，通过限制技术秘密保护期限，可以促进科技报告的使用。

6.4.3 科技报告知识产权的权利终止

科技报告知识产权的终止，也称科技报告知识产权的消灭，它是指科技报告知识产权因保护期已满或其他原因，在保护期届满前失去法律效力的情形。技术秘密权的终止，是指技术秘密因权利人自身或者其他原因而失去法律的保护。技术秘密权的终止，主要是因为技术秘密被公开或被泄露。技术秘密权一旦终止，技术秘密就会进入公有领域，成为全人类的共有财富，任何单位和个人均可无偿使用。

技术秘密权终止的原因如下：

1）技术秘密权因权利人自动泄密而终止。技术秘密作为知识产权权利的一种，其最重要的特征之一，就在于它的保护措施的自卫性。技术秘密本身就是技术秘密权人通过独立开发、研制及创造所获得的技术信息和经营信息。因此，必须对技术秘密采取有效、充分的保密措施。只有这样，技术秘密权人才不至于丧失自己拥有的技术秘密权。与此相对，技术秘密权常常会因权利人的泄密而终止。

2）技术秘密权因其他事由而终止。《反不正当竞争法》第 10 条规定了技术秘密权因其他事由而终止的几种情形：“① 以盗窃、利诱、胁迫或者其他不正当手段获取权利人的技术秘密；② 披露、使用或者允许他人使用以前项手段获取权利人的技术秘密；③ 违反约定或者违反权利人有关保守技术秘密的要求，披露、使用或者允许他人使用其所掌握的技术秘密。第三人明知或者应知前款所列违法行为，获取、使用或者披露他人的技术秘密，视为侵犯技术秘密。”技术秘密权人常常会因为前述几种事由的出现而丧失自己的技术秘密权。

3）科技报告知识产权的终止有如下几种可能：① 被定为涉密级的报告经过解密程序，降为公开级，从而进入公有领域。在科技报告管理中，视公开级报告为公开文献，我国目前尚未提出“非保密报告控制使用”的问题；② 报告产生单位公开了报告包含的技术内容，从而使该报告的知识产权终止；③ 在使用过程中，出现不当行为。例如，因为只有密级而未进一步限制使用范围，使得报告被竞争对手使用，或被恶意公开。

科技报告知识产权的终止问题，给科技报告管理提出了一个亟待解决的问题，即科技报告管理者要采取适当的措施，保证含技术秘密的科技报告不会因为超范围使用而导致其技术秘密权终止。①

6.5 科技报告知识产权风险与对策

6.5.1 科技报告知识产权风险表现

由不同基金资助形成的科技报告的知识产权归属，似乎隐含着职务成果、职务发明、职务作品等。1997 年 1 月，国家自然科学基金委员会发布的《国家自然科学基金资助项目研究成果管理暂行规定》中指出“科学基金委员会鼓励科学基金资助项目研究成果在申请鉴定前首先征询专利事务代理人的意见，以保护知识产权合法权益。各受资助单位及资助项目负责人认真贯彻执行国家有关知识产权的法律和法规，依法保护国家、集体和个人的合法权益。研究成果管理要严格执行《中华人民共和国科学技术保密条例》及有关规定”。由此可见，不同基金资助的科技成果的知识产权归属问题，尤其是合作基金资助的科技报告的归属问题也使得科技报告的开发利用存在一定的法律风险。

我国有关科技报告知识产权的政策并未形成一个明确、完整、系统的政策体系，从目前国家发布的有关科技报告知识产权的政策上来看，科技报告在开发利用过程中与现有规章政策存在一些冲突，主要表现在以下几个方面：第一，现行有关科技报告知识产权政策中某些规定过于宽泛，如在项目参与者的权利保护方面，虽然已经做到了将项目成果的知识产权原则上归属于项

① 胡红亮，宋清林，龚春红. 科技报告知识产权保护问题研究 [J]. 科技进步与对策，2009（1）：97-102

目承担者，但并未进一步落实到单位内部的主要研发人员个人，对技术的主要研发人员激励不足，而且对于职务发明作品并未清晰界定，职务发明创造与非职务发明创造的界限依然停留在原则性规定上，单位与个人之间在技术发明和技术转让中所产生的权利与义务关系难以明朗化，极大影响了研发人员的创新积极性；第二，在国家资助项目中，对于第三方参与者的权利和义务的规定，如目前第三方主体（社会或企业）通过共同出资、研发参与国家财政资助的科技项目的情况比较普遍，而对于国家财政资助为主的科技项目中第三方参与者权利与义务尚缺乏国家立法层面的强制性制度安排；第三，我国科技报告知识产权政策还欠缺有关救济程序的规定，一个具有执行性的制度，必须包含争议的解决机制或救济途径，而已发布的知识产权政策并未做出解决争议或救济的规定，减损了知识产权政策促进知识产权转化的功能。以上三个方面的规章政策问题，也使得我国科技报告在开发利用过程中存在一定的风险。科技报告知识产权风险具体表现在以下几个方面。

（1）保密问题

科技报告有公开的科技报告和涉密的科技报告之分，其中涉密的科技报告根据其所涉及秘密的范围与深度不同有所区别。美国不但对科技报告全文进行保密或受限级别的设定，对科技报告文摘、辑要页也根据内容的保密或受限程度单独设定级别。我国《中华人民共和国保守国家秘密法》中规定科学技术中的秘密事项被定为国家秘密，国家秘密的密级分为绝密、机密、秘密三级。确定国家秘密的密级，应当遵守定密权限，违反规定的行为要依法承担法律责任。和公开的科技报告相比，涉密的非公开科技报告由于是带密级保护的特种文献，其中涉及许多技术秘密、商业秘密甚至国家秘密。我国多项科技计划中也对保密事项做出了相关规定，如“973 计划”在组织实施过程中实行保密制度。《国家重点基础研究发展计划管理办法》中规定“在 973 计划项目评审评估、结题验收和实施过程中，评审评估专家和管理人员未经许可不能复制、透露或引用项目相关内容，不能对外透露评审评估过程中的意见和未公布的评审评估结果。”科学技术部也专门制定了《科学技术部 863 计划保密规定》，规定“863 计划”的课题密级、定密、保密期限、保密管理以及解密等内容，充分证实了保密工作的重要性。保护关键数据的私密性，在促进公开科技报告最大程度地利用的同时，严格控制非公开科技报告的交流使用，是科技报告交流利用工作的特点，也是难点之一，也是我国现有科技报告工作亟须解决的问题之一，这将直接关系到科研机构或人员提交科技报告的积极性、科技报告的价值含量及其开发利用、国家安全等问题。此外，密级划分是否规范以及科技报告使用范围确定是否合理都将影响涉密科技报告中的知识产权保护。

（2）技术公开问题

在开发利用科技报告的过程中，如何保障涉及有专利、技术秘密的科技报告的合理、合法使用、维护国家技术安全也是科技报告知识产权使用的一大风险。按照《国家科技计划科技报告管理办法》(国科发计字〔2013〕613号）之规定，非涉密项目（课题）的科技报告原则上标注为“公开”级。如涉及国家安全和重大利益等相关内容，应进行脱密处理。涉及技术诀窍以及尚未进行论文发表、专利申请等知识产权保护的科技报告可标注“延期公开”级，延期公开时限原则上为2～3年，最长不超过5年。对延期公开时限超过5年的,须说明理由并报科技部相关中心审核、业务司局批准。对于“延期公开”的科技报告全文实行专门管理和受控使用。涉及有专利、技术秘密项目（课题）的科技报告按照国家相关保密规定，由承担单位提出密级和保密期限建议。科技部相关业务司局和中心应对涉密项目（课题）科技报告的密级和保密期限建议进行审核，及时做好定密工作。

（3）合作共建的知识产权归属问题

科技报告中合作共建的知识产权是多方共同进行生产经营活动而形成的技术成果或经营信息。在合作中一方提供的专利技术、享有版权的作品、专有技术及技术资料、技术数据等，其所有权仍属于提供方，其他各方负有保守秘密的义务。未经提供方同意，其他合作方不得向他人公开、转让。我国“2011计划”的科技成果就是由高校、科研院所、政府部门、国际学术机构、行业产业等多方参与、强强联合、合作共建所产生的。2012年3月，教育部、财政部发布《关于实施高等学校创新能力提升计划的意见》中明确提出要“建立协同创新机制与体制，构建科学有效的组织管理体系，成立由多方参与的管理机构，负责重大事务协商与决策，制定科学与技术的总体发展路线，明确各方责权和人员、资源、成果、知识产权等归属，实现开放共享、持续发展”。对于合作共建的知识产权，若合作之前双方签订了协议，明确了知识产权的归属，则应按照协议的规定处理；关于合作研究、开发与设计活动中产生的知识产权一般归双方共有，如施建辉等对某“985”

高校参与的60项国家资助科技项目的合同文本调研（其中国家科技项目40项，地方政府科技项目20项），其中有42份合同中存在“知识产权共有”的条款。合作研究、开发或设计中取得的阶段性成果和最终成果，合作各方都可进行后续开发。但是知识产权共有制度存在缺陷，共有知识产权的约定使得共有人享有的权利份额难以确定，责任和利益的划分模糊，某一共有人的不当行为可能会对其他人造成损失。因此，合作共建的知识产权在共有方面存在诸多不确定的风险。

（4）权利交叉问题

在多方共同参与的科研项目中，科技报告的知识产权在开发利用中会存在专利、商业秘密、专有技术和第三方技术的权利交叉情况。目前，第三方主体（社会或企业）通过共同出资（或研发）参与国家财政资助的科技项目的情况比较普遍，“973计划”、“863计划”、“2011计划”等均有第三方参与的情况，如“863计划”，1994年原国家科委制定的《国家高技术研究发展计划知识产权管理办法（试行）》（现已失效）第20条第2款规定：“863计划”项目的研究开发经费由多方投资，投资各方和研究开发方可以共同约定技术成果实施或者转让的收益分成比例。对于专利而言，若是参与科研项目之前就已存在的专利，则其所有权则仍归属于专利所属单位所有，若专利为合作科研项目研发后的科研成果，且未在合同规定其所有权的情况下，则其所有权归参与科研项目的各方共同所有；若涉及商业秘密，应合理限制包含商业技术秘密的适用范围，将含有商业秘密的科技报告知识产权保护落到实处；相对于专有技术而言，其所有权应归属于其所属单位，而非参与各方共有；此外在使用第三方技术的知识产权问题上，应明确规定参与科研项目的各方在涉及第三方技术时的权利、义务与责任，以避免不必要的纠纷。

（5）侵权与救济问题

知识产权是依法享有的，因此擅自行使或利用智力成果所有人的专有权就构成了对知识产权的侵犯。对于科技报告的知识产权来说，未经权利人许可，以非法手段获取加密科技报告，并加以公开或使用的行为，就是侵犯知识产权的行为。《国家中长期科学和技术发展规划纲要（2006—2020年）》中提出要“加大知识产权保护力度，依法严厉打击侵犯知识产权的各种行为”。当科技报告的知识产权受到侵害时，权利人可以请求人民法院给予保护。然而，目前相关知识产权政策缺乏有关救济权（知情权、有异议时陈述与申诉权）的具体规定。

（6）科技报告开发利用中的法律风险

科技报告的使用方式有出版、发布、文献传递、内部网络发布、建立科技报告数据库等多种方式。科技报告的开发利用过程也是知识产权的保护过程，只有做好知识产权的保护工作，科技报告的开发利用才能合理合法、健康有序地发展。随着人们越来越重视科技报告的使用，建立科技报告数据库成为必然趋势。通过把纸质的科技报告数字化和在网上发布，实现科技报告信息的网络化利用，可使科技报告得到更高效的利用，并实现科技报告的跨时空共享，但是科技报告中有相当一部分是受到著作权保护的，在对这些受著作权保护的作品报告进行数字化时，没有著作权人的许可便数字化，就会构成侵权。同时在把受著作权保护的数字化信息放在网络中传输时，同样不可避免地涉及权利许可问题，即网络传输权问题。除此之外，还有专利风险、版权问题以及第三方知识产权问题，这些问题的出现都给科技报告的开发利用带来了知识产权风险。

6.5.2 科技报告知识产权风险原因分析

（1）相关法律政策的不完善

目前我国虽然已经颁布了《专利法》、《合同法》、《促进科技成果转化法》、《科学技术进步法》、《国家科技重大专项知识产权管理暂行规定》、《国家科技计划科技报告管理办法》等有关知识产权的法律法规，但是我国关于科技报告知识产权的政策并没有形成完整的体系，与国外的法律政策相比仍有一定的差距，如美国《国防部科技信息计划》、《NASA 科技信息记录、审批和传播要求》、《能源信息法》等，明确相应部门科技报告的提交范围、方法、程序等，确保科技报告的安全管理和利用，而我国相关政策中的规定并不是十分清晰明确，如在《中共中央、国务院关于加强技术创新发展高科技实现产业化的决定》和《国家中长期科学和技术发展规划纲要（2006—2020 年）》中虽然都提到对于侵犯知识产权行为的制裁，但是相关知识产权政策，对于知识产权受到侵犯时解决争议或救济缺乏具体的规定。《中华人民共和国科技进步法》确定了国家资助科技项目知识产权的归属原则，但并未涉及第三方参与人的知识产权权益，在实践中多是由各主体依据合同自由的原则进行约定，这必然会导致各主体之间的知识产权利益冲突，因此，相关法律政策的不完善使得科技报告知识产权的利用存在了一定的法律风险。

（2）权力行使与合同冲突

知识产权归属，是指知识成果创造出来后归谁所有，如何使用和分配，主要涉及知识产权的主体问题。在很多情况下，一项知识成果是多方共同作用的结果，这样就可能产生该项知识产权归谁所有的问题，我国对参与合作研发的各方的权利配置采取合同优先原则。① 若是职务作品或合作作品，科技报告的权利归属问题就容易引起冲突。对于职务作品的归属权，我国《合同法》第 326 条中做出了相应规定；而对于合作作品，若双方签订了协议，明确了知识产权归属，则按协议的规定处理，若没有签订知识产权归属协议或涉及知识产权归属问题阐述不清晰，尤其是在多方参与的知识产权共有的情况下，一方的不当行为就可能会造成其他各方的损失，科技成果的权力行使则容易与订立的合同相冲突，从而引起科技报告开发利用的知识产权风险。因此，多方参与的科技项目应提前订立好知识产权归属合同，更要清晰明确各方科技成果的权利与义务，以尽可能避免不必要的冲突。

（3）权利主体复杂

在科技报告开发利用过程中，由于涉及科研人员、项目承担单位、科技管理部门、科技信息机构等不同责任主体，权利主体多且复杂，易存在利益分配不协调的问题，其中科研成果知识产权的归属、转化与保护是各主体利益的焦点，主体之间的利益关系均围绕其而展开，这些主体参与此类项目的目的不同，即其欲获取的利益存在较大差别，这就导致了各主体之间均存在不同程度的利益冲突。因此，明确各主体的权利义务，使其形成严密的体系，对于平衡各主体的利益、提升国家科技创新能力至关重要。主要在于协调项目承担单位与研发人员之间的知识产权利益关系、涉及第三方（企业）共同参与资助或研发下的知识产权利益关系、政府与承担者之间的利益关系这 3 个方面。《关于加强国家科技计划知识产权管理工作的规定》第 7 条第 3 款规定，项目承担者应对项目的知识产权权属做出详细规定，包括项目实施中

① 王超．国际科技合作中的知识产权归属问题研究 [D]．厦门：厦门大学，2006

与第三方合作时，与第三方的权利利益关系。由此可见，当科技报告的开发利用涉及多个主体的利益分配问题，只有当利益分配合理协调时，科技报告的知识产权才能得到及时、充分、有效的利用。

（4）开发环节多，利用方式多样

科技报告产生渠道众多，涉及国家、部门和地方多个管理层次，涉及撰写、审核、呈交、保存、交流共享和密级与知识产权管理等多个环节，利用方式也多种多样，如对于可公开的科技报告，权利人通过实体或互联网出版、发布及文献传递对科技报告进行公共的共享和利用；对于有一定涉密权限或仅供企业或科研机构内部使用的科技报告，权利人通过内部网络发布，有使用权限的用户才可以获取，从而在进一步开发利用科技报告的同时保护了知识产权，如国家科技报告服务系统中专业人员用户需要经实名注册后才能登录进入；此外，还建立专有的科技报告数据库，使得用户可以更方便地查找到自己所需的科技报告，同时为用户提供知识服务，使得科技报告中的信息资源得到最大限度的开发利用。多重的开发环节以及多样化的利用方式使得科技报告的开发利用存在多样性与不确定性（复制权与网络传播权等），从而使得科技报告存在一定的知识产权风险。

6.5.3 科技报告知识产权风险对策

（1）知识产权担保

科技报告知识产权的归属问题，是科技报告开发利用中最重要的问题之一，要规避知识产权风险，就必须首先明确科技报告的知识产权归属。实际上，我国《合同法》第 326 条规定了职务技术成果的知识产权归属问题，《国家科技重大专项知识产权管理暂行规定》和《科技进步法》中规定了涉及“国家安全、国家利益和重大社会公共利益”的项目的知识产权归属问题，项目下达部门通过文件规定或合同等形式明确国家享有，而其他项目的知识产权则由法律授权项目承担者取得。因此，要在科技成果提交前签订知识产权归属合同，以保证知识产权归属问题的清晰化。此外，由于科技报告中涉及科研活动过程中相关关键技术信息的描述，尤其是涉密的非公开科技报告更要注重保护关键数据的私密性，因此在签署合同时，也应将相关保密事项，如明确各参与方的保密义务，各参与方应按照相关规定对科技报告内容进行保密，不得擅自传播涉密科技报告的内容，以规避不必要的产权纠纷，进一步促进科技报告的共享利用。

（2）使用者要承担知识产权义务

科技报告在开发利用中面临的知识产权风险，很大程度上是由于使用者在利用科技报告中的违法行为引起的。为此，科技报告在使用中必须重视合同的约束效应，通过签订合同约定科技报告的使用范围，尽可能避免一切引发知识产权风险的行为，并明确规定使用者要承担的知识产权义务。此外，一些建立了科技报告特色数据库的机构，如中国科技信息研究所国家工程技术数字图书馆等，很容易发生终端使用者侵权的现象，如未经授权许可复制、上载、传播科技报告等行为，我国科技报告使用机构在开发利用过程中，应努力尽到注意的义务，提醒终端用户在使用科技报告时尊重知识产权，不得将科技报告用于授权许可协议中规定的个人学习、科学研究或教学工作以外的目的。

（3）加工过程保护版权精神权利

署名权是著作权人的重要精神权利。我国《著作权法》第二十条规定："作者的署名权、修改权、保护作品完整权的保护期限不受限制"。因此，在科技报告加工过程中，无论是已经公开的作品或尚未发表的作品，都不能删除或改变著作权人的署名。在对已公开的科技报告进行数字转化时，也必须尊重作者的署名权、修改权，保护作品的完整权，并注明出处。《职务发明条例草案》中也规定："对于职务发明，单位享有申请知识产权、作为技术秘密保护或者公开的权利，发明人享有署名权以及获得奖励和报酬的权利。"因此，在对于科技报告的加工过程中要注重保护署名权、修改权以及科技报告的完整权等精神权利。

（4）服务过程保护财产权

科技报告的开发利用涉及知识产权、技术秘密、国家安全等诸多问题，数字化环境下，计算机和信息网络的普及，科技报告的传播方式和版权控制也会更为复杂，涉及信息网络传播权、著作权等问题，为了促进科技报告进一步的开发利用，科技报告的财产权保护就要采取相应策略。目前，科技报告的服务方式具有多样性，如实体或互联网出版、发布及文献传递、建立专有的科技报告数据库等，而在将科技报告数字化中，如果未经许可将科技报告数字化后上网提供给公众使用，会侵犯权利人的信息网络传播权。因此，相关机构更应树立起强烈的知识产权法律风险意识，注重在服务过程中保护科技报告的财产权，避免侵犯他人的权利，保护科技报告自由阅览、下载、复制、转摘的合法权利，同时也要强调对其非法利用行为的控制，借此保护好科技报告权利人的合法权益，避免不必要的知识产权纠纷和损失。

（5）用户权限管理

为了使科技报告得到有效的开发利用，尤其是涉密的科技报告得到安全使用，应对不同的用户进行权限管理，从而提供分级、分层次的服务，实现科技报告资源的安全和充分共享。以科技报告密级的逐级审查为基础,以“集中检索、分布获取、分级保障、设限受控”为原则，将公开、解密的科技报告纳入国家级科技报告共享信息数据库，提供社会共享；涉密设限科技报告纳入保密信息管理机制,通过专门渠道进行服务,如“国家科技报告服务系统”对社会公众、专业人员、管理人员和决策支持 4 类用户提供不同的服务，对社会公众提供 1000 份公开科技报告的在线全文浏览服务，对专业人员实行用户实名注册制，通过身份认证即可检索并在线浏览科技报告全文，管理人员可以免费享有批准范围内的检索、浏览、全文推送和统计分析服务，决策人员将享有基于科技报告内容的技术情报研究、团队 / 机构评价、行业 / 领域深度分析等数据挖掘服务。[①] 同时，用户信息附加于在线浏览的科技报告全文中,用于对非法使用科技报告的行为进行追溯和查证。这种针对不同的用户，对其科技报告的使用权限进行划分，以此对不同用户加以管理，并提供不同层次的服务，使得服务的内容更有针对性和有效性，提高服务效率，规避涉密科技报告开发利用时的知识产权风险，促进科技报告最大限度地被充分利用以实现其价值。

6.6 科技报告保密管理

科技报告与其他类型文献相比，最明显的不同之一是大部分科技报告具有一定的保密等级和使用范围限制。科技报告内容翔实，具体描述了科研过

① 张新民．我国科技报告制度体系框架设计研究与实施进展 [J]．中国科技资源导刊，2013（3）：1–6，40

程和成果细节，大部分涉及国家秘密或单位的知识产权、技术诀窍，需要科学合理的设定保密级别或受限范围，分类分级管理。① 美国每年产生60万～80万份科技报告，公开发行的只有6万多份，大部分涉密涉限，不公开发行。② 因此，科技报告的保密管理和服务限制，使科技报告收藏服务体系建设中一个不可回避、非常重要的问题。

科技报告技术秘密的特征主要包括以下几个方面：

1）秘密性。它有两方面的含义，一是客观上该信息处于秘密状态，不为公众所知悉。即该信息既没有为公众所普遍知晓，又不能从公开渠道（如出版物）轻易获取。但这种秘密状态不是绝对的，即不要求权利所有人以外的任何人都不知道，只要在竞争关系的同行业属于秘密就可以了。秘密性也不等于独一无二，虽然其他人掌握同样的秘密，但只要其他人也保守秘密，就不破坏该信息的秘密性。二是技术秘密的所有人主观上将其视为秘密，并采取了保密措施，但并不要求保密措施万无一失。保密措施包括订立保密协议、建立保密制度、限制使用范围等。

在此要强调指出的是，与国家安全有关的技术秘密既是国家秘密，又是技术秘密。从国家秘密的角度讲，要求“保守秘密，慎之又慎”，要做到万无一失。作为技术秘密（企业秘密），则不一定是国家秘密。国家秘密是通过限制该秘密在专业人员之间、部门之间和在国际的流通实现保密的；而既是企业技术秘密，又是国家技术秘密的，除了通过限制该秘密在专业人员之间、部门之间和在国际的流通实现保密外，特别强调该秘密在单位之间的流通。这两种流通限制对科技报告都适用。涉密科技报告的保密性大部分都具有二重性，这给其传播带来很大的困难。

2）财产性。即技术秘密能为权利人带来利益。该信息能为权利所有人带来现实的或潜在的经济利益或者竞争优势，因而具有财产价值。正因为技术秘密的财产性，使得科技报告产生单位不愿提交其全部报告，给科技报告的收集造成了巨大的困难。

3）新颖性。技术秘密必须具有新颖性，即不能是同行业中现成的普通信

① 周杰. 科技报告资源的构成及产生机理研究 [J]. 情报学报，2013，32（5）：466–471

② 贺德方. 科技报告资源体系研究 [J]. 信息资源管理学报，2013（1）：4–9，31

息。任何人不得以技术秘密为借口，将公共领域的经济信息和技术据为己有，独占使用。技术秘密的新颖性提示我们，在判定一份科技报告的使用范围时，如果不具新颖性就不必过分限制其使用。

4）实用性。它是指构成技术秘密的信息具有确定的可应用性。该信息不是单纯的一般知识、经验或构想，也不是抽象的概念，而应是一种具体的方案或形式,可以将之付诸实施。科技报告是实用性很强的一种文献,被称为“灰色文献”，是国际文献交流的重点文献类型。①

为了规范科技报告的保密管理，确保科技报告安全实用，需要制定科技报告保密等级代码和标识标准，统一确定和标识科技报告保密等级及其受限范围，方便密级等级变更和解密。科技报告的保密管理应依据《中华人民共和国保守秘密法》和《科学技术保密规定》，兼顾现有科技计划项目保密相关规定，结合科技报告的特点确定科技报告的保密等级，并通过统一的科技报告保密等级代码进行标识，方便计算机信息系统的规范管理和保密科技报告的安全保存与使用。

根据我国保密法等相关政策法规的规定和科技报告保密管理的实际需要，科技报告保密等级可分为“公开级”、“限制级”、“秘密级”、“机密级”、“绝密级”5 级。公开级科技报告包括国家公开的科技计划项目产生的科技报告，或项目承担单位认为可以公开的科技报告。限制级科技报告是指包含在一定时期内不适宜全社会知悉的研究成果或技术信息的科技报告。秘密级科技报告是指技术内容涉及一般国家秘密的科技报告，例如技术内容处于国际先进水平，并且与国外相比在主要技术方面具有优势，社会效益或者经济效益较大的科技报告，或技术内容为我国独有、受一定自然条件因素制约，并且社会效益或者经济效益很大的传统工艺的科技报告。机密级科技报告是指技术内容涉及重要国家秘密的科技报告，例如技术内容处于国际先进水平，并且具有军事用途或者对经济建设具有重要影响的科技报告，或技术内容能够局部反映国家防御和治安实力的科技报告，或技术内容涉及我国独有、不受自然条件因素制约、能体现民族特色的精华，社会效益或者经济效益显著的传统工艺的机密级科技报告。绝密级科技报告是指技术内容涉及最重要国家秘密的科技报告，例如技术内容处于国际领先，并且对国防建设或者经济建设

① 胡红亮，宋清林，龚春红．科技报告知识产权保护问题研究 [J]．科技进步与对策，2009（1）：97-102

具有特别重大影响的科技报告，或技术内容能够导致高新技术领域突破的科技报告，或技术内容能够整体反映国家防御和治安实力的科技报告。

公开级科技报告主要涉及基础理论研究或对共性知识、共性技术的研究，不涉及国家秘密、技术秘密或商业秘密，无直接的经济效益，可在国内外发行和交换。限制级科技报告内容涉及知识产权信息、技术诀窍、商业秘密、个人隐私等敏感信息，需要在一定时期内限制其交流和使用范围。限制级科技报告一般可以将题名和文摘进行公开，以便用户查询和了解科技报告及所涉及技术内容的简要信息，而报告全文则延迟公开，在延迟公开期限内，报告全文的交流和使用需经报告呈交单位授权。秘密级、机密级或绝密级科技报告，由于内容涉及国家秘密，需要纳入国家保密体系、按保密资料管理和使用。按国家保密法的规定，绝密级科技报告的保密期限一般不超过30年，机密级科技报告的保密期限一般不超过20年，秘密级科技报告的保密期限一般不超过10年，期限届满即自行解密。特殊情况下，根据实际工作需要，原定密机关、单位或其上级机关可确定某类科技报告保密期限短于或长于一般保密期限。科技报告保密期限的确定、变更或解密应按照有关的国家保密规定执行。

7 我国科技报告制度建设模式研究

7.1 我国科技报告产生的规模分析

科技报告资源的产生规模指在一定时间内形成的科技报告资源总量和强度，是实现资源体系化建设和优化配置的前提。科技报告资源的内部系统协同性决定了其产生总量只有达到一定规模后，才能形成对科技创新和科技管理的信息支撑作用，实现科技报告的溢出效益；科技报告资源的外部系统协调性导致其产生规模存在一定的随意性、不确定性和不均衡性，会受到各部门重视程度、政策目标、政策手段、人力物力条件等因素的影响与制约；科技报告资源的社会性导致其产生规模较大程度的取决于众多的项目承担单位和科研人员撰写、呈交科技报告的主动性和积极性。

理论上认为科技投入与产出之间存在较强的相关关系，增加科技投入能有效地提高科技产出的水平。科技报告与科技论文、专利、科技成果等类似，是科技产出要素之一，因而科技报告的产生数量和规模客观上也取决于科技投入和产出能力，与国家科研投入总量、科研实力、科研能力等成正比关系。国家科技投入越大，立项数量越多，项目研究的范围越广、程度越深，越有利于科技报告的产出。而国家科研实力强劲，科研条件优越，科技人力资源投入大，科研创新能力强，也会极大地促进高质量科技报告的产出。21 世纪初美国联邦政府每年的科技投入约 800 亿美元，每年形成政府科技报告 60 万份左右，平均每 13 万美元的科技投入产生 1 篇科技报告。对其公开发行的部分报告统计结果表明，每个项目平均产生 3.34 份科技报告，一些大型项目产生的科技报告多达数百上千篇。

目前，我国已是世界上仅次于美国的科技投入和产出大国，2011 年国家财政科技支出达到 4902.6 亿元人民币，“十一五”期间仅科技部负责的国家科技计划安排项目(课题)就有 51 904 项,如果参照美国科技报告的产出效率，我国每年科技报告的数量相当可观，而且科技投入的持续增长也为科技报告资源规模的不断扩大奠定了前提条件。[①]

7.2 我国科技报告制度的建设功效

科技报告是保存和积累科技成果、反映和评价国家科技投入效果、推动和促进科技创新、调整和优化科技资源配置的重要特种文献。科技报告体系服务于全社会科技进步与自主创新，是国家科学技术发展的公益性、基础性、战略性、科学性支撑要素，成为抢占战略制高点、提高国家科技竞争力的关键因素之一。尽管我国建立起了国防科技报告体系，并实现了在国防系统内部的交流利用，但我国的科技报告管理比较零散和无序，大多数部门尚未建立严格意义上的本部门科技报告体系，国家投入大量人力、物力产生的研究成果得不到有效利用，国家科技投入产生的大量科技成果没有形成科技报告、科技信息和数据，目前基本处于分散、搁置，甚至流失状态。因此，构建中国科技报告体系，对国家财政投入产生的科技成果进行永久保存、集成管理和有效利用，加快建立国家科技资源开放和共享机制，应该成为国家科技创新体系的重要支撑和基本保障条件，成为推进科技管理体制改革的重要任务。我国科技报告体系建设的作用与功效主要体现在以下几个方面。[②]

（1）科技报告是国家科技投入、绩效评价的科学依据之一

国家科技计划项目所形成的科技报告数量和质量，不仅反映了其完成项目的质量、项目创新性，也充分反映出其科研能力、创新水平和学术作风。建立科技报告体系，将为国家财政在科技领域的投入创建新的总结形式和成果展示方式，也为政府公共支出的绩效考评提供有效的依据，还可以成为科技管理部门实施政务公开的重要信息内容。同时，建立统一的国家科技报告制度，有利于深化科技管理体制改革，完善科技项目的组织管理流程，推动科技项目公平竞争和信息公开公示，加强项目执行的实时督导、过程管理和

① 周杰. 科技报告资源的构成及产生机理研究 [J]. 情报学报，2013，32（5）：466-471

② 贺德方，胡红亮，周杰. 中国科技报告体系的建设模式研究 [J]. 情报学报，2009，28（6）：803-808

项目验收，提升科技计划管理的科学性和有效性。有利于增加科研管理工作的民主化和透明性，推动社会公众了解国家财政投入科技领域产生的效果，增进公众对国家资助科研活动的理解和支持。

（2）科技报告体系是国家科技计划运行的基础性管理措施

科技报告包括的内容范围十分广泛，有科学研究的调查报告、初期报告、进展报告、月报告、季度报告、年度报告、研究报告、学术论文，以及技术札记、备忘录等，是科学研究活动的具体成果和实际过程的真实记录。科技报告为科技计划项目管理提供了有效的管理凭证和手段，对科技计划项目实施过程之中形成提交的各阶段、各类型科技报告进行管理，可以更好地在项目设立、申报和评审阶段开展项目创新性判断，规范科技计划项目的管理；在项目的中期检查、结题验收阶段作为项目评价和成果奖励的有力依据，用于监督检查科研进展和结果，实现对科技成果真实性和创新性检验，也是界定知识产权权益归属的有效依据。建立科技报告体系，形成科技计划项目的凭据管理平台，有利于完善科技计划项目管理体制，加强项目实施记录与检验手段管理，规范科学研究秩序，提供科技计划运行的基础性管理措施。对科技报告进行分行业、分区域、分机构类型等各种综合分析，可以形成行业、区域和重点科研机构的科技进步报告和全国科学技术发展报告，为科技计划管理部门制定科技发展计划、加强科研项目管理提供决策支撑信息，为广大科技界科研选题、专家遴选等工作提供指导，为各级科技管理部门提供科学决策依据。

（3）科技报告是国家科技自主创新的战略性资源

国家科技报告体系是新的发展阶段下深入实施自主创新战略的重要基础。当前，我国正处在全面建设小康社会的关键时期和增强自主创新能力、建设创新型国家的攻坚阶段，推动科学技术发展从单纯的跟踪模仿走向原创性重大突破已成为现阶段的主要任务。科技报告是国家战略性资源，是支撑我国科技跨越式发展的重要基础。建立科技报告体系，对国家财政投入产生的科技成果进行国家保存和集成管理；整合各科研管理部门的科研项目数据库系统或网络平台，最大限度地集成、配置现有信息资源，可以保证科技报告的完整性和连续性收藏，实现国家科技自主创新的战略性资源的有序积累。以此形成科技项目管理的信息优势，既可以更好地为科技创新服务，又可以避免科研项目成果分散于个人或项目承担单位手中而造成的国家科研成果资产流失，还能有效地减少科技项目在不同科研管理体系中重复立项而造成的国家科技投入的浪费。因此，建立国家层面的科技报告体系，对国家科技信息资源进行全面保存和共享，对于深入实施自主创新战略、建设创新型国家具有重要的现实意义。

（4）科技报告体系是国家公益性基础服务平台

科技报告给研究者提供了较之其他科技文献更有价值的参考作用，而国家组织的科技计划项目的意义更决定科技报告的价值，它们无论对当前科技贸易、技术的推广应用，还是对将来记录、反映科学技术的发展都具有重大的科学意义。政府投资形成的科技报告具有社会公益性特点，建立起有效的科技报告收集、积累、保存和利用机制，创建国家科技报告基础文献平台，建立不同范围共享的题录数据库或全文数据库，能够在增强科技报告项目公共服务的目标下和全面保证和保护国家科技报告中的国家机密、知识产权、成果专利、各方权益的安全及不受侵犯的前提下，促进科技报告在不同范围内的充分共享利用。为全社会的科技创新活动提供有效、高质、公平的服务，使从事科技活动的人员共同受益，有利于促进全社会科技资源高效配置和综合集成，实现跨部门、跨行业和跨区域的科技资源共享，提高全社会科技资源的利用效率，从而推动和促进国家科技成果的转化，实现科技对社会和经济发展的支撑和促进作用。

（5）科技报告是疏通国际交流渠道、获取世界先进技术的筹码

美国早在 1945 年就开始搜集和管理政府各部门产生的科技报告，至今已经形成世界上规模最大、内容最丰富、管理最完善的科技报告管理体系。其他报告产生国或协议交换国则可以享用美国政府四大科技报告中的限制级科技报告。但由于我国一直没有开发自己的国家科技报告体系，就无法以对等身份获取其限制使用的部分科技报告。我国原核工业局下属的核情报研究所从 1984 年开始加入国际原子能机构（IAEA），每年通过向该机构提交 100 余篇书本型科技报告和 15 000 余条文摘，即可以免费获取该机构提供的上万篇核科技报告。① 党中央国务院高度重视科技报告工作，温家宝、刘延东同志等中央领导多次指示要求尽快研究建立国家科技报告制度。总装备部初步建立了国防科技报告体系，积累了 12 万份国防科技报告；科技部制订了科技报

① 贺德方，胡红亮，周杰．中国科技报告体系的建设模式研究 [J]．情报学报，2009，28（6）：803-808

告工作的相关标准规范，积累了国外科技报告加工、整理和服务经验，开展了计划项目信息整合汇交工作。因此，建立科技报告体系，可以促进国际科技合作，最大限度地享用国际科技领域的前沿技术和核心成果，并将我国的科研成果推向世界。

7.3 我国科技报告制度建设目标与原则

7.3.1 我国科技报告制度建设目标

“国家支持的科研活动获得的科技信息资料，能公开的要尽量向社会公众开放，实现共享，提高科技信息、数据的利用效率，避免重复研究，从而提高国家和全社会科研投入产出效率。”这也有利于广大科研人员互相汲取和借鉴科研活动经验教训，有利于后人站在前人的肩膀上取得更高成就。温家宝同志在中国科协八大上的讲话精神应该成为中国科技报告体系建设的指导思想。中国科技报告体系的建设应该有明确的服务目标。首先要服务于创新成果的共享和向生产力的转化，发挥科学技术对经济社会发展的引领支撑作用，让科研项目的承担者将科研、设计、工程、试验和鉴定等活动的过程、进展和结果，按照规定的标准格式编写成科技报告，让科技人员依据科技报告中的描述能重复实验过程或重现科研结果，方便科技人员理解和认知。其次要服务于科技计划项目的管理和监督执行，服务于政府信息公开。科技报告一般提供有系统的科研进程信息，可以实现对科技信息真实性和创新性的随时检验，据此能更好地监控科研全过程，把握科研项目考核指标的完成状况。能如实为国家财政在科技领域的投入提供新的总结形式和成果展示方式，使政府公共支出的绩效考评建立在更加有效的依据之上，也为社会公众和科技界提供对科技计划项目成果了解、利用的渠道和方式，形成对科技计划项目的公示效果，增加科技计划项目资助评审的公开性和公正性，有利于激发全社会对我国科技投入模式的理解和支持。再次，要服务于科研诚信管理与科技评价。科技报告作为唯一编号的成果形式可以颁发呈交证书，赋予一定的版权标识，作为科研人员主持或参与科研项目的重要凭据，作为科研人员展现科研成果、体现科研创新能力的重要载体，有利于科研人员的激励和约束；

科技报告提交的数量、质量和时间等有助于了解科研单位或人员的科研实力和作风，杜绝研究人员为通过验收而采取的作假行为，有利于在科技界倡导诚信务实的科学精神。

基于以上建设目的，我国科技报告制度建设的指导思想是深入贯彻落实全国科技创新大会精神，以服务自主创新为目标，以促进科技资源开放共享和高效利用为主线,以国家科技计划先行先试为导向,深化科技管理体制改革，全面推进国家科技报告的组织管理和运行体系建设，在全国范围内建成规范、协调、统一的科技报告制度，实现我国科技成果和科技知识长期保存、有效积累和开放共享，使国家科技报告制度成为中国特色国家创新体系的重要组成部分，为深入实施自主创新战略提供重要支撑。

我国科技报告体系建设的总体目标可以确定为：通过 5 ～ 10 年的努力，在全国范围内初步建立起符合科技发展规律、服务自主创新的国家科技报告制度，对公共财政支持的科研活动，实现科技报告的依法征集、义务呈交；对社会资金投入产生的科技报告，积极引导其积累共享，最终形成包括国防在内，覆盖各部门、各地方乃至企业科技投入的、统一的国家科技报告体系，使国家科技报告制度成为中国特色国家创新体系的重要组成部分。①

7.3.2　我国科技报告制度建设原则

（1）政府主导、强制呈缴

科技报告制度建设要作为政府公共科研管理的重要内容，充分发挥政府在国家科技报告规章制度、标准规范、基础平台搭建、组织体系建设等方面的主导性作用。对财政资金支持的科研项目，通过行政手段实现科技报告的强制呈缴，推动国家战略性创新资源的有效积累。

中国科技报告制度的建设需要以完善的法规制度作为保障，将科技报告管理完全纳入国家科研管理程序，严格规范科技报告的形成、呈交和积累的行为，通过合同书 / 任务书明确需要提交科技报告的类型、数量、时限以及内容等，实现强制呈交。政府应该充分依托国家现有的科技管理体制、机构和资源框架，形成科技报告的组织结构体系和业务管理体系，确立主体，落实责任，明确任务分工和职责范围，同时制定和完善国家科技报告管理所需

① 贺德方. 中国科技报告制度的建设方略 [J]. 情报学报，2013，32（5）：452-458

的政策法规体系，形成有效的监督评审和科技报告承认机制，构建良好的政策制度环境，保证科技报告制度的持续运行。

（2）以用为本、服务创新

把服务自主创新、提高公共科技服务能力作为建设科技报告制度的根本出发点和落脚点，积极推动科技报告的充分、合理、广泛、安全的交流与利用，发挥科技资源的最大效能。通过搭建公共服务平台，提高服务水平，加快科技成果转化应用，不断提升科技创新支撑经济社会发展的能力。

（3）统一标准、共建共享

对财政科技投入形成的各部门、各地方、各计划项目的成果产出进行统一要求，发挥标准规范在科技报告生成、积累、共享等方面的基础性作用，营造良好的制度环境。充分调动科技管理部门、科研单位、科研人员的积极性，推动建立跨部门、跨地区的分工协作、联合共建、合作共赢的工作机制。

科技报告产生于不同部门和单位，为充分考虑到科技报告资源的长期战略储备，确保科技报告资源共享和兼容整合，提高科技报告的整体利用效率，必须制定统一的标准规范，纵向满足业务流程的需求，横向满足不同类型资源的管理要求。我国现有的科技报告撰写标准和科技报告编号标准还没有得到很好应用，需要进一步完善，相应的数据处理标准、存储标准、检索组织标准、统计标准还是空白。为促进我国科技报告的交流，发挥其重要学术价值，应建立我国科技报告的标准规范体系，在标准规范体系的引导下，积极制定科技报告的数字化加工标准和互操作标准，利用网络信息技术，构建种类齐全、结构合理的国家科技报告资源保障和服务体系。在实现集成检索基础上开展分布式收藏和服务工作。

（4）试点先行、分步实施

采取循序渐进、先期试点、分步实施的方式建设科技报告制度，通过试点工作摸索规律、积累经验、树立典型、探索模式。充分发挥试点的引领和示范作用，逐步在中央财政、地方财政乃至社会资金支持的科研活动中推广应用科技报告制度，推动国家科技报告体系的建立和完善。

中国科技报告制度建设不仅需要政策法规作支撑，涉及国家层面、部门/地方、基层科研单位三级相关制度的修订和完善，而且涉及跨行业、跨部门、跨地区的科技管理部门、科技研发机构与组织、信息管理部门等不同层次部门与单位。需要各部门之间的协调与配合，局部、分散、割裂的设计和建设无法完整地形成科技报告资源保存体系，无法实现资源整体性，发挥科技报告资源的综合性价值与作用。因此，需要先期试点，分步实施。在深入调研国内外科技报告建设情况的基础上，先期选取部分国家科技计划作为试点，制定有效的法规制度和核心标准规范，在示范工程基础上，对中国科技报告体系进行顶层设计，包括管理模式、运行机制、政策法规制度等，在全国范围内进行多层次组织管理机构的布局，进行科技报告呈交、加工和服务体系的部署，初步建立中国科技报告体系。

7.4 我国科技报告制度推进策略

目前，我国科技报告试点工作已经在863计划、973计划、科技支撑计划和科技重大专项等计划或专项中展开，正在探索建立国家科技计划科技报告的集中收藏、规范加工、统一管理和应用服务体系。需要在此基础上，逐步将试点工作积累的管理经验和形成的标准规范推广到其他中央或地方财政资助科研项目的科技报告管理、收藏、交流与利用中，使国家科技报告的组织管理体系、政策法规体系、标准规范体系、收藏和服务体系逐步健全，最终实现我国科技报告的数字化、网络化、标准化、规范化和全覆盖，全面建成面向科研管理部门和社会公众的项目查新、信息检索利用、统计分析等需求，支持科技决策的信息保障服务体系。因此，中国科技报告体系建设是一项庞大的系统工程，在管理层面上涉及组织架构、政策以及制度等问题，在技术层面上涉及科技报告的定义、标准规范、操作运行、部门协调和配合等方面的问题。中国科技报告体系建设需要分步分阶段实施落实，从计划、部门、全国，自下而上逐级推动，实行因地制宜、边建设边完善的建设策略。

7.4.1 完善现有科技计划管理制度

科技报告制度是一种政府行为，应该体现国家意志。我国科技报告体系建设的关键是要有制度保障。然而，法律的修订需要更多的程序和更长的时间。相对而言，规章制度和标准规范的完善和制订则较为现实和可行。所以，可以先从完善我国现有的科技计划项目管理办法入手，将科技报告工作融入各级科研管理过程，使科技报告制度成为各级财政科技计划管理的基本制度之一。

近年来，我国科技计划项目管理就信息汇集、成果管理等出台过相关规定，这些规定为科技报告体系建设奠定了一定的基础。如 973 计划规定“项目（课题）承担单位应建立规范、健全的项目科学数据和科技报告档案，按照科技部有关科学数据共享和科技计划项目信息管理的规定和要求，按时上报项目和课题有关数据”。863 计划规定“建立规范、健全的项目科学数据和科技报告档案，建立项目科技资源的汇交和共享机制。项目（课题）承担单位按照国家科技计划信息管理、科学数据共享和成果登记等有关规定，按时报送项目（课题）有关数据和成果信息”。与此同时，科技部还建立了统一的重大专项信息管理平台，规定“各重大专项项目（课题）合同的有关信息、在研项目（课题）的执行情况信息、验收项目（课题）的验收与成果信息数据库，随同年度执行情况报告于每年 11 月 10 日前报送科技部”，同时制订了《国家科技重大专项档案管理规定》，规定各专项做好有关档案的归档和报送工作。

科技报告是科技成果的重要表现形式，是科技档案的核心组成部分，更是一种有效的科技信息资源。对这些管理办法进行修订完善，实际上就可以先期实现科技报告的强制呈缴，体现政府意志。

首先，在现有的科技计划项目管理制度之中，细化相关的科技成果提交和科研档案归档条款，具体明确科技报告的概念和内涵，呈缴科技报告的内容、数量、类型和时限，呈缴流程和审查程序，把科技报告的形成和积累纳入科技计划管理工作，纳入科技计划项目的管理程序，纳入有关人员的岗位职责范围。并在项目合同书或任务书中予以明确，下达给科技计划项目承担单位，明确完成计划、时间要求、监督检查、验收标准。使科技报告呈缴职责制度化，以制度的明文形式固定下来，严格规范科技报告的形成、积累和呈缴行为。既加强有关人员的责任感，又便于检查管理。

其次，应当明确规定提交的科技报告范围和格式，确定哪些科技成果文件应当形成科技报告，对科技报告的内容组成、详简程度、核心要素进行标准化规范。在实际工作中，项目承担人和科技报告管理单位对于需要提交的科技报告类型可能出现认识上的偏差，导致项目承担单位所提交的报告，其他科研人员无法理解，不能重现科研过程和试验结果。因此，在有关项目管理规定和项目承包合同中，应明确项目承担人需提交的报告类型、格式、范围等内容，促使项目承担机构和人员按照制度规定和标准格式撰写报告。

最后，对于国家财政支持的科研项目应明确项目承担人提交科技报告的时间，并将此要求作为项目进行各阶段的评价考核指标。只有按要求提交了上一阶段科技报告并获得科技报告收藏单位出具的证明，科研项目才能获得下一阶段相应的项目资金，开始下一阶段的研究。项目结题时，也需出具科技报告收藏单位的科技报告收藏证明。① 此外，在科研单位或科研人员申请新项目（课题）时，其以前提交科技报告的记录将作为新项目（课题）评审的一个重要参考指标。

7.4.2 培育科技报告知识和社会责任

目前“科技报告”这一关键词，无论是科技计划管理者，还是科研项目实施者,都比较陌生。很多人把科技报告等同于公开的期刊论文、专利和标准，等同于科研档案，等同于项目或课题验收材料，或者等同于一般性科学数据，没有认识和理解科技报告作为一种特种文献的科学价值和创新作用，更不知科技报告需要按照规定的标准格式编写，不知道按照规定流程进行审查、呈交的过程。所以，必须大力普及并培育科技报告知识和意识。

科技报告作为科技计划项目产出的重要形式，也是科研人员主持或参与科研项目的有效凭据，是科技人员科研能力的重要体现。科技报告具有统一编号，作为科技成果与论文同等对待，可以形成一种新型的著作权形式，建立科技报告的认可激励机制和约束评价机制，将科技报告提交与否、质量如何，作为对科研单位和相关项目（课题）负责人或参与者进行科技产出统计、成果奖励、职称考核依据，可以提高科研项目人员提交科技报告的积极性和责任感，提升科技界乃至全社会对科技报告的统一认识和责任意识。

撰写科技报告本身应该是科研人员记录科研过程、凝练科研结果的一种基本能力，有利于规范科研活动，端正科学态度。科研人员应掌握科技报告撰写格式和标准，撰写科技报告的同时可能会带来部分额外工作量，这也是必需的。

现阶段，我国科技管理相关部门应根据不同国家科技计划的各自特点，研究制定适用于不同科技计划特点的科技报告编写细则、审查机制和呈缴流

① 贺德方. 科技报告资源体系研究 [J]. 信息资源管理学报，2013（1）：4-9，31

程，举办面向科技计划项目管理人员和实施人员的培训班，从基层推进科技报告工作的实施。最终，让“科技报告”这个关键词深入人心，在科研管理部门和科研机构中形成提交科技报告的良好氛围。

7.4.3 完善科技报告撰写、呈缴与服务系统

国外的实践表明，只有对科技报告资源进行充分开发利用，才能建立科技报告可持续发展的长效机制。国外一些管理部门已经在清晰设计各自领域科技报告的类别、使用权限范围、服务对象的基础上，加强了对科技报告产品的针对性开发。例如，美国国防部和能源部为本部门或特定机构量身制作限制级科技信息产品的同时，还将大量非限制级科技报告信息或通过本部门公开数据库，或通过 NTIS 的服务向公众开放。尽管这些信息产品的服务对象不一样，但都力求通过多种方式提高服务质量、方便用户利用。①

我国的科技报告撰写、呈缴与服务系统还属于起步阶段，需要不断优化功能，不仅需按照规定的标准格式要求进行编写，按照规定的审查机制和呈缴流程进行提交，还需强化科技报告知识产权全流程管理，对公开、涉限、涉密报告分开管理，在不同范围层次内共享和利用。前者是以开发数字科研环境下电子撰写模板、构建网络化科技报告呈缴管理系统和科技报告收藏、加工与服务系统为基础，可方便科研人员撰写，科研单位审查、呈缴，方便科研管理单位核查执行，方便科技信息单位集中收藏、积累、保存科技报告，实现科技报告规范化加工、知识化组织、安全管理、检索、浏览、统计等。除此之外，应该按照科技报告密级限定及涉及的核心技术、技术诀窍、经济秘密、成果专利等的知识产权，实现科技报告分级分类管理；并按照不同的服务对象和服务范围，规范服务行为，约束用户使用权限，全面保证和保护科技报告中的国家机密、知识产权、成果专利、各方权益的安全和不受侵犯。在系统功能设置方面，应支持单一字段检索基础上，增加多字段检索、专业检索、关联检索等；增加相应的统计分析功能、科技查新与项目查重功能，推进数据挖掘与热点监测，深层次支持科研管理部门决策。在系统对资源版权保护方面，应强调对科技报告知识产权管理的研究，与科技报告作者签署

① 贺德方，胡红亮，周杰．中国科技报告体系的建设模式研究 [J]．情报学报，2009，28（6）：803-808

服务授权书、服务声明书，明确相关利益主体的责任与义务，在约定范围内提供服务。除发挥资源共享作用外，系统还应尽可能发挥科技工作者的交流平台、国家科技项目的监督平台的作用。大力推广和营销服务系统，发展实名注册用户，优先服务作者，强化对企业家和行业专家的服务，采取积分制形式提供免费的全文下载服务，鼓励实名注册用户使用。增设实时网络在线咨询系统，使报告作者、相关领域专家、读者能就某领域项目或报告进行交流和评价。

此外，服务功能还需关注多种信息关联，以强化科技资源集成。科技项目不仅产出科技报告，研究成果还包括期刊论文、专利文献等其他形式。源于同一项目、同一研究者的信息资源，存在逻辑关联的可能性。通过报告中的实体标注与实体关联，增加报告来源项目的立项与验收结题摘要，实现科技报告与计划指南、项目执行情况和专利论文等成果间的链接，可实现科技报告与其他信息资源的集成整合，全面展示项目（课题）的总体产出状况和项目（课题）任务总体完成情况。

7.4.4 建设科技报告研究、管理与收藏服务中心

建立科技报告体系，既要有专门的科技报告采集、加工与保存机构，又要有一支稳定和专业化的管理与研究队伍。科技报告的研究管理、收藏服务工作是国家一项公益性事业，是一项投入多、周期长、见效慢的工作。为确保这项工作能有效而持续地开展，国家应在资金上对国家科技报告管理中心等相关业务部门进行适当扶持，特别要支持对科技报告进行资源整合和信息化方面的工作，以及服务能力的建设。研究、管理与收藏服务中心必须有相应职责，有足够的资金投入，其建设经费主要包括 4 部分：① 科技报告体系建立的启动经费，以及相关标准规范制订和宣贯推广费用；② 科技报告的呈缴、加工处理、出版对外服务、管理所需要的正常运行经费；③ 对过去的科技报告进行“抢救”所需的经费；④ 科技报告体系研究、标准制修订、制度建设落实和部门协调经费。科技报告资金投入宜以政府拨款为主，各级财政部门或科技管理部门应将相关经费列入年度预算或设立专项支持经费。建设初期可以实行专款全额补助，进入正常运行后视实际收入和支出情况进行差额补助，或利用税收优惠政策促使相关公益部门将更多的资金用于提高服务质量

和发展上面。国家科技计划项目实施机构或单位也应当在科技计划项目中安排部分经费，用于支持该项目与科技报告相关的各项工作。在国家支持的基础上，积极探索科技报告资源开发与利用的有效机制，使科技报告体系建设走入一条良性循环的轨道。

7.4.5 逐步推进国家层面的科技报告制度建设

国家层面的科技报告制度的建立涉及多个部门，不仅涉及从科研立项、报告的产生到开发利用等许多环节，还有大量的从国家到地方，从管理部门到科研单位的疏通协调工作，既涉及许多政策法规问题，又涉及利益分配问题，还有观念意识转变问题。需要考虑与各级各类科研管理、信息资源管理、信息安全等制度的对接和融合，需要顶层设计，构建从国家、部门 / 地方到基层科研单位的三级组织结构体系，是一个复杂的系统工程，需要全面论证、多方协调、逐步推进，充分认识建立中国科技报告体系的艰巨性。

在开展科技报告的收藏与服务工作的基础上，可以推进科技部科技报告管理体系建设，并逐步将管理经验和标准规范推广到自然科学基金委，以及其他财政资助的科研项目的科技报告管理、收藏、交流与利用中，逐步实现科技报告的数字化、网络化、标准化、规范化撰写、提交和管理。在此过程中，应协调多部门共同研究制订国家层面的科技报告管理条例，规定科技报告体系建设中各主体的职责与任务，从制度上保证建立国家层面的科技报告集中收藏与发布中心，面向科研管理部门和一般公众，提供科技报告的基础信息保障和决策支持服务。

同时，从措施上明确各部门 / 行业科技报告管理中心向国家科技报告管理中心行使提交各自收藏管理的科技报告的职责。在科技报告试点工作的基础上，需要全面推进各部门和各地方科技报告制度建设，将科技报告工作融入各级科研管理过程，使科技报告制度成为各级财政科技计划管理的基本制度之一。一方面，要重点推进相关部门 / 地方建立科技报告制度。先期推动教育部、中科院、自然科学基金会等科技口部门取得实质性进展，将本部门公开科技报告全文、延期公开科技报告摘要按标准格式呈交国家科技报告服务系统提供共享。逐步推动重点行业部门建立科技报告制度，推动工信部、交通部、农业部、卫生计生委等部门形成本部门科技报告工作的实施方案。

重点指导若干地方开展科技报告制度建设，借鉴国家科技报告管理中心的做法和经验，依托本地区科技信息机构建立地方科技报告管理中心，并向国家科技报告服务系统呈交科技报告。让更多的科技项目接受公众监督，特别是同行评判，作为政府科技信息公开内容、政府购买公共服务的标的形式和政府公共科技资产。另一方面，基层单位是科技报告工作的基础，需积极推进科研单位科技报告体系建设，支持基层科研单位将科技报告工作纳入本单位科研管理程序，融入自身科研资产管理体系，纳入机构知识库统一管理，督促项目（课题）承担单位设专门岗位负责科技报告工作，督促项目（课题）负责人组织科研人员撰写科技报告，负责本单位所承担项目（课题）的科技报告审查和呈交工作，充分履行法人责任。

8 我国科技报告体系构建研究

8.1 我国科技报告政策法规体系

政策法规是指国家、政党或社会团体为实现一定时期的任务和目标而规定的用以鼓励或约束社会成员行为的一种方针、策略或行动准则。对科技报告制度的法律控制，一是要体现国家对政府资助项目产生的科技报告进行呈交、保存、交流和共享的管理与调控意志，成为国家组织管理财政支持的科技活动的重要手段；二是要明确国家科技报告制度的控制准则和制度规范，通过特定的成文形式和严密的逻辑结构来规定科技报告工作行为准则；三是通过政策法规赋予科技报告工作应有的法律地位，提高科技报告制度的控制力，依靠国家行为推动科技报告制度的建设，以国家强制力作为科技报告工作的后盾。

科技报告政策法规体系建设是国家科技报告制度建设的重要基础之一，国外科技报告管理体系建设的成功经验表明，只有建立一套行之有效的科技报告政策法规体系，才能从根本上保证科技报告的强制呈缴，规范指导科技报告的产生、收集、管理和交流，使科技报告工作有法可依、有据可循，确保科技报告管理体系的稳定、健康、持久运行。

8.1.1 科技报告政策法规体系结构

政策法规体系的结构是指政策法规体系内的各项政策法规在时间和空间上的排列顺序和组合方式。按照系统论的基本原理，任何系统所具有的整体性，都是以一定的结构为基础的。同样，政策法规体系的整体性是各单项政策法规以一定的方式相互联系、相互作用，形成整体结构而所具有的。科技报告政策法规体系也不例外，其结构也可以从子系统和分系统 2 个方面来划分。子系统是指构成政策法规体系的要素，包括国家层面的科技报告总政策法规、部门/地方科技报告的基本政策法规或实施细则以及科研机构科技报告工作的管理办法，它们体现了政策法规之间的纵向关系；分系统是指各子系统在政策法规内容上所辖领域和范围的不同，体现政策法规之间的横向关系，例如科技报告制度建设的管理办法、科技报告呈交办法、科技报告共享与交流管理办法、科技报告工作规范等。

美国作为科技报告管理制度最为完善、最为有效的国家，建立了由联邦政策法规、各部门规章制度、项目承担单位规章制度组成的三级法规制度体系。联邦政策法规明确规定联邦投资产生的各类科技报告的提交和共享等方面的要求，明确相关知识产权规定，明确国家技术情报服务局的职责和功能及其他相关部门的责任和义务；国防部、航空航天局、能源部、商务部等部门政策法规明确规定相应部门科技报告的提交范围、方法、程序等，确保科技报告的安全管理和使用；一些承担政府项目较多、金额较大的科研机构和大学也制定了详细、具体的本单位科技报告工作管理办法或实施细则。

目前，我国科技报告政策法规还基本处于初建阶段，为了实现到2020年基本建成国家科技报告制度的政策法规体系、标准规范体系、组织管理体系和收藏服务体系，在全国范围内基本形成覆盖中央和地方财政投入统一的科技报告体系这一整体目标，需要按照统筹规划、立法先行的原则，逐步建立一套完整的科技报告政策法规体系，推动和加快科技报告制度建设的进程。我国科技报告政策法规体系也应该由国家层面的政策法规、部门/地方规章制度和科研机构科技报告工作管理办法三级构成。

在国家层面，应在国家相关法律中增补科技报告的内容。科技报告属于科技资源的一部分，因此，国家法律对科技资源收藏和利用的规定自然也就成为科技报告的法律支撑。《中华人民共和国科学技术进步法》是我国科技事业发展的上位法，其第六十五条为建立科技报告共享机制奠定了法律基础，该条款规定：科学技术资源的管理单位应当向社会公布所管理的科学技术资源的共享使用制度和使用情况，并根据使用制度安排使用。因此，建议今后在修订《中华人民共和国科学技术进步法》时，在相应条款中增加对于国家财政资助项目承担人提交科技报告义务的明确规定，明确科技报告的公益使用权利，明确科技报告的战略资源地位，把项目承担人提交科技报告的义务从法律上予以规定。同时，在此前经由国办转发的科技部《关于加快建立国家科技报告制度的指导意见》的基础上，逐步推进、完善相关的“知识产权”、

“信息公开”等与科技报告制度衔接配套的法律法规。

各部门 / 地方则需要按照“谁立项、谁管理”的科技报告工作原则，依据国家层面的政策法规，结合各自的实际情况，制定国家科技报告政策法规的实施细则，或地方科技报告制度管理办法，将科技报告工作纳入科技项目管理程序，明确各相关部门的职责，规范呈交、审核、验收工作流程，明确激励约束机制等，推动各部门、各地方开展国家科技报告工作。各部门 / 地方科技项目主管部门必须建立本级财政资助项目的科技报告制度，将科技报告的编写和呈交纳入任务合同书的预期成果和考核指标中，明确规定科技报告呈交的类型、格式、数量和期限，并将科技报告完成情况作为验收考核的必要条件。

对于项目承担单位，也应该鼓励和引导其制定本单位科技报告工作条例，明确科技报告工作的责任人、工作流程、管理程序和要求。对科技报告的撰写、呈交、保存和交流进行具体规定。确保科技人员在承担财政资助项目时能及时完成政府部门下达的科技报告任务。

8.1.2 科技报告政策法规的内容要点

我国科技报告政策法规在制定时应该考虑以下几个原则。一是战略性和操作性相结合原则。国家科技报告制度的建设需要统筹规划、统一思路、顶层设计、规范管理，因此各级各类政策法规需要具有统一的发展目标和发展战略，对科技报告工作中的重大问题和关键点，应具有统一的制度规范和工作规范。同时，科技报告制度是一项实践性、管理性很强的工作，在纲领性、战略性内容的指导下，各项规定和要求应具有可操作性，避免过于抽象、原则化，在执行中难以操作和实施。二是系统性和协同性相结合原则。国家科技报告制度建设是一项长期复杂的系统工程，涉及众多的科技部门、地方和科研机构，具有多层级的责任主体，政策法规体系作为一个整体包括多项政策法规，每个政策法规又包含多项子政策法规的复杂、交错体系，因此必须保证科技报告政策法规体系一脉相承、有机联系、协调一致、互相补充制约，上一级政策法规需要注重对下一级的指导性，下一级政策法规需要注重对上一级的实施性，在政策法规系统内，各项政策法规应相互衔接和协同。三是自上而下与自下而上相结合原则。国家层面的科技报告政策法规主要考虑科技报告制度的发展规划和发展目标、标准规范和组织管理、各环节工作要点和策略等，各部门科技报告政策法规除了据此制定与其一致的基本政策外，还要考虑科技报告工作在本部门如何落地，明确本部门科技报告工作的范围、组织机构、责任人、工作流程、监督检查机制等。地方科技报告政策法规制定时要结合地方科技投入规模、科技经费布局和渠道、项目规模和水平等特点，因地制宜地建立符合地方科技发展重点领域、地方经济、科技发展水平的科技报告管理制度和流程。

各级各类科技报告政策法规制定过程中，应将科技报告工作作为科研工作的组成部分，纳入科研管理程序，明确提交科技报告的要求，并通过合同书、任务书明确所要提交科技报告的类型、数量、期限。各级科技报告政策法规的内容一般可包括目标、原则、范围、体系结构、标准规范、组织管理、撰写呈交、收藏服务、条件保障等主要内容，还可对科技报告内容和格式要求，保密管理，著作权认定、权益分配、使用范围、使用办法等进行规定。具体可分为以下几个方面。

（1）明确科技报告的定义和内涵

科技报告是描述科研活动的过程、进展和结果，并按照规定格式编写的科技文献，包括科研活动的过程管理报告和描述科研细节的专题研究报告，目的是实现科技知识的积累、传播交流和转化应用。科技报告是国家基础性、战略性科技资源，是国家科技实力的重要体现。部门 / 地方科技报告政策法规还可对需要呈交的年度报告、中期报告、验收（结题）报告、实验（试验）报告、调研报告、工程报告、测试报告、评估报告等科技报告类型进行规定。

（2）充分认识和明确建立国家科技报告制度的重要性和紧迫性

加快建立国家科技报告制度，是推动国家科技资源持续积累、完整保存和开放共享的重要举措，是提高科技资源配置效率和国家科技投入效益的有效手段，有利于加强各科技计划协调衔接、避免科技项目重复部署，有利于广大科研人员共享科研成果、促进成果转化应用，有利于社会公众了解国家科研成果，推进科研诚信建设。国家层面科技报告政策法规可以强调随着国家科技投入的持续快速增长，我国整体科技实力和科技竞争力明显提升，高水平科技成果不断涌现，科技资源总量快速增加。国家科技投入产生的大量科技信息和数据，迫切需要进行统一收集和长期保存，最大程度向社会公众开放共享，提高国家和全社会科技投入产出效率，而科技报告制度是实现这一目标的有效手段。部门 / 地方科技报告政策法规可以强调科技报告在深化科技计划项目管理、保存和积累部门 / 地方科技成果和科技资源、推动资源开放共享方面的重要性。

（3）明确科技报告制度建设的指导思想和基本原则

科技报告制度建设和各级科技报告工作应紧密围绕服务自主创新这一核心，以促进科技报告规范产生、持续积累、集中收藏和开放共享为工作主线，充分利用现有机构和渠道，逐步建立科技报告组织管理机制和开放共享机制，形成规范、协调的科技报告制度。其基本原则应考虑到科技报告制度建设的复杂性和艰巨性，要坚持统筹规划、分步实施、统一标准、分工协作、以用为本、共建共享等原则，明确财政资金资助科技项目强制呈交科技报告，执行科技报告的国家标准，规范各类科技报告的撰写、积累和共享，明确各部门任务分工和工作职责，建立协同创新的工作机制，把强化科技报告的开放共享作为根本出发点和落脚点，有效提升科研活动的产出效益。

（4）制定科技报告工作目标和工作范围

要求到“十二五”末应基本建立科技报告工作组织管理架构和收藏共享服务，到 2020 年应建立与国家科技报告制度统一、衔接的科技报告呈交、收藏、管理、共享工作体系和运行机制。从工作范围来看，国家层面科技报告政策法规需要从宏观层面强调科技报告制度的建设要覆盖中央和地方财政投入的科研项目，并引导和鼓励社会资金支持的科研活动向国家科技报告管理中心呈交科技报告。部门 / 地方科技报告政策法规则可具体明确科技报告工作所覆盖的各类计划、专项、基金的范围。

（5）建立科技报告工作的组织管理机制

国家层面科技报告政策法规应明确建立科技报告三级组织管理体系，强调国家科技报告的统筹管理，由国务院科学技术行政部门负责科技报告工作的统筹规划、组织协调和监督检查，牵头拟订科技报告制度建设的相关政策法规，制定并监督执行科技报告工作的标准规范，设立国家科技报告管理中心，负责全国范围内科技报告的接收、保存、管理与共享服务，承担国家科技报告共享服务系统的开发、运行和管理工作；各部门各地方应将科技报告工作纳入本部门归口管理或省级财政资助的科技计划、专项、基金等管理程序，要求和督促承担单位及时呈交科技报告，充分利用现有机构和渠道，设立部门 / 地方科技报告管理机构，对本部门、地方科技报告进行集中收藏和统一管理，并定期向国家科技报告管理中心报送非涉密和解密科技报告。部门/地方科技报告政策法规则应要求各计划、专项、基金的主管单位将科技报告工作纳入项目立项、过程管理、验收（结题）等管理程序，按照科技报告管理程序，指导、督促项目（课题）承担单位按要求开展科技报告工作。同时制定机构负责本部门、本地区科技报告的接收、保存、管理和服务。

（6）制定科技报告工作流程

国家层面科技报告政策法规对科技报告工作流程提出政策性、管理性宏观要求，将科技报告作为科技项目的重要产出，纳入科研管理程序。部门/地方科技报告政策法规则应制定具体、详细、可操作性强的科技报告工作流程，规定在签订合同或计划任务书时，应明确项目承担单位须呈交的科技报告类型、时间节点和最低数量等。项目负责人按照合同或计划任务书要求和相关标准规范组织科研人员撰写科技报告，项目承担单位对科技报告进行形式审查、内容审查、密级审查，并通过指定渠道呈交科技报告。项目管理部门应在项目过程管理和结题验收时审核科技报告任务的完成情况。

（7）制定科技报告持续积累和开放共享策略

要求科技报告管理机构对所收集的科技报告进行加工整理，建设和维护科技报告数据库，建立科技报告共享服务体系，做好科技报告安全管理和知识产权保护工作。部门/地方科技报告政策法规可以更加详细地规定科技报告管理机构在科技报告的接收、保存、管理和服务方面的职责，以及对公开、延期公开、保密科技报告的摘要、全文的不同服务方式和范围，还可对科技报告的参考引用，确保科技报告完成人的合法权益，避免科技报告撰写或使用中涉嫌学术抄袭等科研不端行为做出详细规定。

（8）提出科技报告条件保障措施，营造良好工作环境

国家层面科技报告政策法规主要强调从组织上建立部门/地方的科技报告工作领导机制，精心组织，健全工作机制，加强协调配合，抓好组织落实；要加强科技报告工作的宣传培训，增强科技管理部门、承担单位和科研人员开展科技报告工作的责任感，强化科技报告意识；要建立完善科技报告工作的激励机制，对科技报告撰写和管理工作的先进单位和个人适时给予表彰和奖励，鼓励和引导科研人员提交高水平的科技报告。部门/地方科技报告政策法规还可具体规定将科技报告撰写、呈交与管理所需费用统一纳入相应项目经费预算，将科技报告的共享使用情况作为对项目承担单位申报成果奖励

和后续滚动支持的重要依据之一。

8.1.3 科技报告各级政策法规差异分析

我国科技报告政策法规体系建设将分为国家、部门/地方、项目承担单位3个层级进行。在国家层面，将以国家科技报告制度管理办法、科技报告共享管理办法以及知识产权保护等为主，对科技报告工作的总体思路、指导思想、原则方针、组织实施、共享交流等做出原则性的规定。在部门/地方层面，将以出台国家科技报告制度管理办法或指导意见的实施细则，或地方科技报告制度管理办法为主，对科技报告工作流程、相关部门的职责任务、科技报告管理和保存、科技报告共享服务等做出具体规定。而在项目承担单位层面，鼓励和引导其制定本单位科技报告工作条例，明确科技报告工作的责任人、工作流程、管理程序和要求，具体规定项目（课题）组需要呈交的科技报告元数据和全文数据的范围、类型、内容和格式，规定科技报告的撰写、呈交、保存时间节点，确保科技人员在承担财政资助项目时能及时完成政府部门下达的科技报告任务。3个层面的科技报告政策法规，一方面，需要相互统一和衔接，具有较强的系统性、整体性和协调性，有机联系，相互作用，一脉相承，互相补充。另一方面，在内容上也会具有差异。国家层面的科技报告政策法规更多的具有战略性、纲领性、宏观性和指导性，体现对国家科技报告制度建设的统筹规划、顶层设计、规范管理和对科技报告工作中重大问题和关键节点的统一要求。部门/地方层面及项目录担单位的科技报告政策法规更多地体现出科技报告工作的落实性、管理性和操作性，要明确本部门科技报告工作的范围、组织机构、责任人、工作流程、监督检查机制等。

总体而言，国家层面的政策法规比较宏观，指导性较强，但也不乏对工作流程和工作要求的具体规定。部门规章制度则具有很强的管理性和操作性，比较全面和细致，对科技报告定义、适用范围、组织机构、责任分工、报告编写、审核提交、保存和出版发行等都做了详细规定。项目承担单位的科技报告工作办法更加细致入微，完全侧重于操作层面，并与本单位的科研性质和科研任务紧密结合，规定科技报告的具体格式、编排、审核、提交等要求。未来我国科技报告政策法规内容差异见表8-1。

表 8–1 未来我国科技报告政策法规内容差异

	国家层面	部门／地方	项目承担单位
重要性和意义	国家科技投入产出成果的记录和保存；技术资产积累；科技信息资源开放共享；计划项目管理深化改革	部门／地方科技计划项目深化管理；科技资源保存和积累；推动资源开放共享，提升科技实力，促进科技成果转移转化	贯彻落实科技报告制度；机构知识管理和知识库建设；技术积累
指导思想和原则	服务自主创新，逐步建立科技报告政策法规、组织管理机制、标准规范和开放共享机制。原则：统筹规划、分步实施、统一标准、分工协作、以用为本、共建共享等	逐步建立科技报告组织工作机制和开放共享机制，制定配套政策法规，落实标准规范。原则：积极参与、分工协作、标准规范、共建共享等	
工作目标	“十二五”末基本建立科技报告工作组织管理架构和收藏共享服务，到 2020 年建立统一的国家科技报告制度，完善的呈交、收藏、管理、共享工作体系和运行机制	“十二五”末建立部门／地方主要资助项目的科技报告管理和共享服务体系，到 2020 年建立完整的部门／地方科技报告制度	配合国家科技报告制度建设，构建本单位科技报告工作体系和责任体系
工作范围	覆盖中央和地方财政投入的科研项目，并引导和鼓励社会资金支持的科研活动向国家呈交科技报告	可具体明确科技报告工作所覆盖的各类计划、专项、基金的范围和名称	所承担的各级各类项目
科技报告定义	明确科技报告定义和内涵	明确科技报告定义和内涵；明确提交和收集科技报告的类型	科技报告定义和内涵
组织管理	要求建立科技报告三级组织管理体系，国务院科学技术行政部门牵头负责统筹规划、组织协调和监督检查，设立国家科技报告管理中心	成立部门／地方科技报告工作领导小组，建立跨厅局协调机制；设立部门／地方科技报告管理机构；明确各方工作职责	指定科技报告工作负责部门（例如科研处）和联系人；建立科技报告工作流程；组织科技报告撰写、审核和呈交工作

（续表）

	国家层面	部门／地方	项目承担单位
工作流程	要求各级将科技报告作为科技项目的重要产出，纳入科研管理程序，形成科技报告工作5个步骤：在项目任务合同书中明确须呈交的科技报告类型、时间节点和最低数量等；项目负责人组织撰写科技报告；项目承担单位对科技报告进行审查和呈交；项目管理部门在项目管理和结题验收时审核科技报告任务的完成情况；科技报告有项目管理部门移交科技信息部门共享交流	将科技报告作为科技项目的重要产出，纳入本部门归口管理或省级财政资助的科技计划、专项、基金等管理程序，制定更加具体、详细、可操作性强的科技报告工作流程，形成符合本部门／地方项目管理特点的科技报告工作5个步骤	制定科技报告任务计划；督促和检查项目负责人按照合同或计划任务书要求和相关标准规范组织科研人员撰写科技报告；对科技报告进行形式、内容、密级审查，并通过指定渠道呈交科技报告
收集和管理	要求建立国家、部门／地方、项目承担单位三级收藏保存体系，负责全国范围内公开科技报告的接收、保存和管理	对本部门／地方科技报告进行集中收藏和统一管理；定期向国家科技报告管理中心报送非涉密和解密科技报告	对本单位科技报告进行统一收藏和管理；建设机构知识库
共享服务	制定科技报告持续积累和开放共享策略；要求科技报告管理机构对所收集的科技报告进行加工整理；建立科技报告共享服务体系；建设国家科技报告共享服务系统	制定科技报告共享服务办法；开展科技报告整理和加工；建立公开、延期公开、保密科技报告的分级分类服务体系	机构内部科技报告共享交流办法；机构知识库开放共享服务
知识产权保护	制定科技报告知识产权保护策略；做好科技报告安全管理和知识产权保护工作，维护国家信息安全。制定科技报告使用规范，保障项目承担单位和科研人员的合法权益	制定科技报告参考引用规范，对科技报告撰写或使用中涉嫌学术抄袭等科研不端行为做出详细规定，确保科技报告完成人的合法权益	落实科技报告知识产权保护工作，杜绝科技报告撰写或使用中的科研不端行为
条件保障	提出条件保障措施，建立科技报告工作领导机制，精心组织，健全工作机制，加强协调配合，抓好落实；加强宣传培训，建立激励机制	具体规定将科技报告工作经费纳入项目经费预算；将科技报告共享使用情况作为对项目承担单位申报成果奖励和后续滚动支持的重要依据之一	明确协调管理、人员保障、经费支持机制

8.2 我国科技报告组织管理体系框架

科技报告制度建设是一种政府强制行为，需要建立管理严谨、责任明确的组织管理体系。科技报告组织管理体系可按照自下而上、分层收集、汇总归一的模式，建设国家、部门/地方和基层科研单位三级管理层次，负责科技报告工作的组织管理和具体实施。三级组织管理机构见图 8-1。

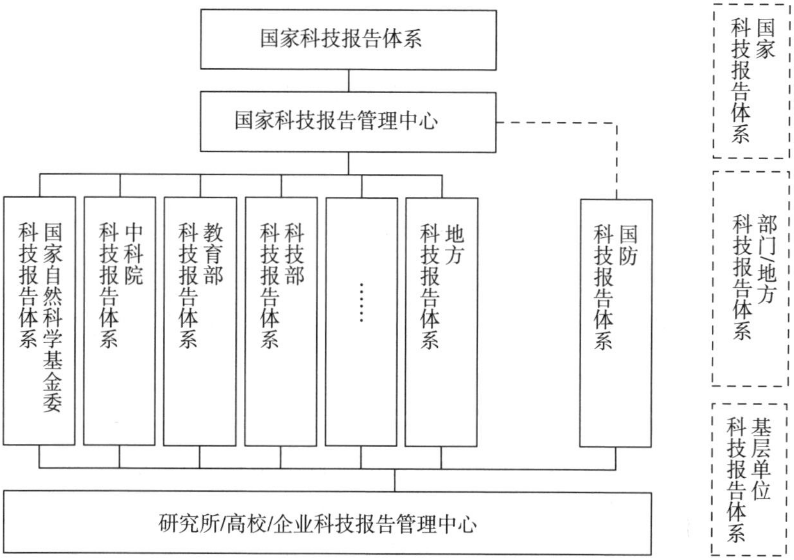

图 8-1 三级科技报告体系结构图

在三级或多级的组织管理机构框架下，计划管理部门在下达科研任务时，应在项目合同书中明确提交科技报告的类型、数量和时限；项目组织单位必须与具体项目（课题）承担单位在项目（课题）任务书中明确对提交科技报告的要求；项目（课题）承担单位在项目（课题）完成或阶段完成时，向项目组织单位提交科技报告；项目组织单位在项目完成或阶段完成时，向计划管理部门提交科技报告。计划管理部门应定期将科技报告移交至指定的科技报告集中管理部门，由其对国家科技计划产生的所有科技报告实现分级分类管理，实现集中收藏、积累、保存，以及受限受控使用。对于不予提交科技报告的项目将停止经费拨付或不予验收。逐步将科技报告工作纳入科技评价体系和科研计划信用体系。

8.2.1 国家科技报告管理的职责和任务

目前，科技部、中科院、国家自然科学基金委、教育部、总装备部等系统都有科研管理任务，其资助项目所形成的科技报告基本处于分散管理状态，缺乏统一的规划、领导和综合开发利用。

科技部作为国家科技行政管理部门、科技文献信息资源建设的主管部门，可联合这些部门，牵头负责科技报告体系的顶层设计、宏观决策和履行跨部门、跨系统的科技报告工作的协调管理，并承担体系运行后的宏观管理、计划与政策制定、监督检查等工作。负责制订有关政策和工作方针以及跨部门、跨系统的监督、协调和指导工作，并负责落实经费来源。跨部门沟通机制建立，有利于理顺管理体系，为建设中国科技报告体系营造良好的支持环境。

应设立中国科技报告体系建设理事会、国家科技报告管理办公室和科技报告集中收藏与服务机构。理事会由相关科研管理机构领导、科技报告收藏和服务机构领导及相关专家组成，负责中国科技报告体系建设的规划和监督，评价考核中国科技报告管理办公室的工作。中国科技报告管理办公室可设在科技部相关司局，负责科技部系统及全国科技报告工作的具体实施。职责包括制定详细的体系建设计划和方案；制订科技报告管理的方针政策、管理原则和规范体系，将其纳入国家科技管理战略及其资源管理政策，纳入相关信息化建设规划，保证科技报告的积累共享与交流互操作性；确定运行机制和投入分配办法，研究和落实国家经费投入，审批经费预算方案，监督经费使用；评估和考核各级科技报告管理部门的工作绩效等。[①] 在中国科技报告管理办公室之下，可根据体系建设的具体需要设立科技报告资源管理专业委员会、技术标准专业委员会和信息服务专业委员会等专家咨询机构，对体系建设进行专业咨询、指导和协调。科技报告集中收藏与服务机构的主要职责包括编制科技报告标准规范，协助开展科技报告宣传培训工作；开展科技报告的集中收藏、统一编码、加工处理和分类管理等日常工作；建设和维护科技报告共享服务系统，开展科技报告的共享服务；对国家科技计划科技报告产出进行统计分析，推动科技报告资源的开发利用。

---

① 贺德方，胡红亮，周杰. 中国科技报告体系的建设模式研究 [J]. 情报学报，2009，28（6）：803-808

8.2.2 部门（地方）科技报告管理体系

各部门各地方在各自科技项目管理中建立不超过二级组织管理体系的科技报告制度，负责本部门本地区的科技报告管理工作。

首先，各部门各地方科技行政管理部门应设立相应的科技报告管理办公室，主要负责贯彻落实国家科技报告管理的各项法律法规和规章制度，根据科技计划管理工作现状、特点，制订本部门（地方）相应的科技报告管理工作制度、办法、规范，将科技报告工作纳入财政支持科研项目的管理程序，建立适应本部门本地区科技报告工作发展的措施和机制，加强对本部门本地区科技报告工作的计划与管理。为本部门（地方）开展科技报告工作提供政策依据，指导科技报告工作具体实施。

其次，各地、各有关部门项目主管机构应将科技报告工作纳入科技计划、专项、基金等科研管理范畴。针对新立项目，项目主管机构应在科研合同或任务书中明确项目承担单位须呈交科技报告的具体类型、最迟时限和最低数量；针对在研项目，项目主管机构在项目执行报告中应增加科技报告内容，收集科技报告；针对已验收项目，有条件的地方和部门应开展科技报告回溯工作。要完善现有科技计划管理流程，将科技报告嵌入现有科技项目管理程序，与项目执行报告同步提交，并作为科技项目考核、验收的依据。

最后，监督下一级机构按要求组织科研人员撰写科技报告和检查项目科技报告归档、保存与呈缴的执行情况，统筹协调各基层科研单位根据科研合同或任务书要求，组织科研人员按时保质完成科技报告任务，依托现有机构对科技报告进行统一收藏和管理，并定期向国家科技报告管理中心提交公开或解密的科技报告，共同推进科技报告工作。

8.2.3 基层科技报告管理体系

8.2.3.1 基层科技报告体系框架

基层科研单位处于科技报告工作基础层，应以全国统一的科技报告撰写、编号、密级管理和元数据集等标准规范为基础，结合自身实际情况，在设计相应组织架构和制订适宜的管理办法基础上，构建与机构知识库相衔接的科技报告管理平台，面向科研人员、科研管理部门提供科研支撑服务，并促进机构内部科技成果的积累与共享交流，优化科研管理工作。科技报告体系框架见图 8–2。

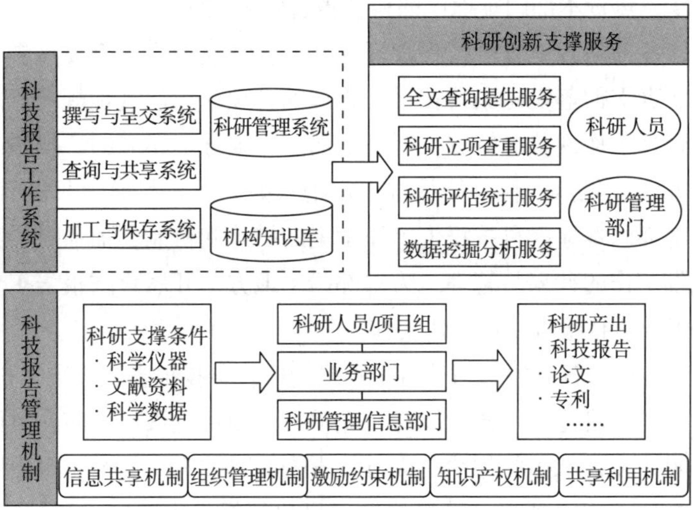

图 8–2　科技报告体系框架

（1）科技报告管理机制形成

基层科研单位在科研项目管理过程中需要确立良好的科技报告管理机制，形成相关的组织架构和明确的管理办法。一般而言，科技报告管理机制涉及对科研人员、科研项目、科研产出、科研条件等方面管理内容，需要规范机构与科研人员、项目组及业务部门之间的关系，根据项目或课题的考核指标确立科技报告计划任务，确立各项目（课题）组撰写提交的科技报告最低数量、具体类型和最迟时限，以及撰写和提交的责任人和审查人，并由此建立规范的科技报告及其相关项目成果的生成、提交、审核、利用工作流程，推动和监督各环节管理工作的具体落实。在基层科研单位，各项目（课题）组负责组织本项目（课题）科技报告的撰写和审核工作，在项目（课题）启动之初即指定科技报告联络人，负责项目（课题）具体成果的收集、呈交、联络和协调工作；其次，建立对项目产出成果的管理机制，除科技报告外，项目组和科研人员还产出诸如论文、软件、专利、著作等其他相关的科研成果，基层科研单位应制订相应的激励机制及严格的知识产权管理措施，激励科研人员撰写高质量的科技报告，并保证各类科技成果的有序产生和呈交。再次，为了支持后续研究，打破各项目（课题）间各自为政的格局，基层科研单位应针对科研仪器、文献资料等科研支撑条件建立开放共享平台和机制，并将其用于项目查新查重，项目过程管理和督促监控，项目产出统一管理和受控使用，人员绩效考核和水平评估，知识产权审查保护等方面，形成内部循环利用机制，最大程度发挥其科研效益和提高成果转化成功率，促进基层科技报告工作的可持续性发展。

（2）科技报告工作环境构建

基层科研单位科技报告体系需要利用现代信息网络技术来构建从科技项目申请到批准立项，再到项目开题、科研计划安排、实施和中期检查、最终验收等各环节的管理信息系统，与现今数字化的科研环境相融合，涵盖科研项目管理的整个生命周期，覆盖科技报告从撰写审查、呈交至服务共享的整个工作流程。

实现科技报告工作流程的自动化。针对科技报告工作的管理任务和科研人员的撰写需求，科研单位应在原有科研项目或科研活动管理信息系统基础上构建科技报告撰写与管理工作平台，帮助科研人员规范撰写、快速呈交科技报告及具备自动检测和人工审核功能。对已通过审核的科技报告，在机构内部形成科技报告元数据库和带有不同使用范围标识的全文数据库。同时，按照科研项目来源渠道将审核通过的科技报告向上一级管理部门呈交，因此科技报告工作系统应与相关部门/行业的科技报告系统相连，负责按要求呈交科技报告以及处理未通过审核的科技报告，自动反馈给相关项目（课题）组及其科研人员进行修改。

构建科研项目数字化管理环境。根据科研单位管理信息系统建设水平不同，科技报告工作系统的建设方式也不同，对没有建立科研管理信息系统的单位，可借助科技报告工作系统建设的契机优化本单位科研管理工作，按照科研活动的性质、来源渠道、任务分工、考核指标和人员构成，建立科研任务和产出成果管理平台，按照需要呈交的科技报告类型、数量和提交时限等设置科技项目管理信息系统，既包括任务书中规定呈交的科技报告，又支持科研人员自主存储其他如专利、论文等科技成果。同时应按科研活动本身性质、来源渠道、学科专业或主题领域、负责人及团队等，就其产出进行使用范围的限定和划分，使包括科技报告在内的各类成果能在其相应的范围内发布与交流，使科技报告工作系统逐步成为科研人员信赖的一项知识管理和交流工具，支持协同创新工作流。而对已建有科研管理信息系统或机构知识库的科研单位，应将科技报告工作流程嵌入系统之中，并充分考虑到系统之间的兼容性，使之成为一个有机整体，全面管理科研单位的科研活动和项目，储存科研产出成果，展示科研人员科研绩效。

（3）科研创新支撑服务提供

科研单位通过科技报告工作积累形成的科技成果，在机构内部持续形成机构知识库和机构特有的知识资产，需要提供一系列信息服务，形成机构科技资源共建、共知、共享的良好氛围，支持机构内部科研创新活动和规范机构科研管理工作。其中，“公开级”科技报告需要在充分尊重作者意愿的情况下，向机构内部科研人员或社会公众提供浏览服务。与此同时，完整采集的科技报告、演示报告、研究报告等科技成果是科研单位科研实力最直接的反映，以科研人员、科技项目、研究领域为统计分析单元，赋予不同权重，可从各个角度开展科研单位科研评价活动，用于科研项目评价和科研人员绩效评估。而数据挖掘等技术的发展则为更深层次增值服务提供可能，通过知识化组织元数据，强化关联数据的处理和计量，进行科研人员、项目、标题、图表等的标注、规范与计算，可开拓和支持相关的事实型情报分析，从数据中抽象分析出高频或高影响力的主题、学者、机构，建立学术关系网络和主题关联地图，提供全面的网络分析与知识发现功能，可为科研单位确定研发投入重点领域提供参考依据，为发现优势团队，帮助科研人员选择合作伙伴提供线索。

8.2.3.2 基层科技报告管理机制

对科研单位而言，科技报告既是科技文献资源，又是机构的重要知识资产，科技报告管理机制是基层科技报告体系建设的核心。基层科技报告体系应将科技报告撰写、呈交、审核、加工、整合、服务等工作流程与科研管理流程相吻合，与机构知识库建设相结合，在对机构科研活动和项目进行数字业务管理基础上，对科研人员绩效进行量化管理的同时，推进机构各类科研产出统一规范管理和服务利用，全面支持机构的知识管理活动。

（1）强制呈交与自存储相结合

科研单位的科研活动既有来自各级政府财政资助的科研项目，也有来自相关企事业机构委托的转化课题；既有科研人员自发进行的研究项目，又有科研单位自身设立的前瞻性研究计划，等等。这些科研项目和研究活动都会产生大量科技报告，以及论文、专利等相关成果，都是机构的知识资产。所以，科研单位作为基层组织应该全面、完整收藏和保存，并在正确处理委托人、开发者和机构自身利益的前提下，推进科研成果的应用和共享。目前，科研人员数字保存意识相对薄弱，只有当数据丢失或损坏时，才会意识到数字保存工作的重要，因此应强化科研人员提交保存研究成果的意识，并进行机构统一保存。机构作为一级法人在承接政府相关部门资助的项目后，有组织项目（课题）负责人撰写和呈交科技报告的义务，这是出资人的权利，也是项目承担人的义务。所以，对政府财政资助项目应组织和要求机构内部科研人员按任务书要求撰写和呈交科技报告。而对于科研人员出于个人研究兴趣，自主产生的科研成果也可以纳入基层科技报告体系工作范畴，鼓励科研人员自存储，或通过数据库、个人网站自动收集机构成员研究成果，并在充分尊重科研人员的个人意愿前提下实现开放。

（2）元数据规范与全文审核相统一

科研单位的科技报告管理需要强化质量审核和评估，既要保证科技报告元数据的规范统一，又要保证科技报告全文本格式标准和内容合格。通常需要抽取相应的元数据，将科技报告同与之相关的科技成果进行结构化、语义化组织，构建科技报告导航体系及检索系统。同时，也拓展科技报告内容资源与其他服务的动态关联。例如，欧洲粒子物理中心的 INSPIRE 系统就已对存储内容进行语义化增强处理，提供基于词表的主题词扩展、引文关联、引用数据、合作分析、作者作品目录及其引用统计等增值服务。科研单位可确定人工审核规范流程，在科技报告工作系统添加相应的自动审核模块，设置字段和属性，根据《科技报告元数据规范》国家标准及相关科技报告质量审核指标对科技报告全文进行审核，确保所收集的科技报告全文格式规范、内容完整，能够为后续的信息分析、数据挖掘等工作提供便利条件。

（3）报告成果与其他成果同步关联

科研活动中会产生不同类型、载体和形式的信息产品和成果，如科技报告、期刊论文、学位论文、专利、科学数据、多媒体资源等。科研单位在收集科技报告及其相关研究成果的同时，应进行实体标注与同步关联，建立各类型科研成果与科研项目、科研人员的联系，提升科研成果关联检索和利用效率。例如，中国科学院文献情报中心机构知识库存储了期刊论文、研究报告、演示报告等多种内容类型，提供基于研究部门、学者、学科主题等分类浏览，为管理个人信息、交流学术成果提供便利。在我国科研人员当前对科技报告的认知度仍十分有限的情况下，将科技报告与论文、专利和专著等资源进行关联，使得相关科技报告更容易被科研人员发现，从而提高科技报告的使用效率，在更大范围内传播。

（4）科技报告与机构知识库相融合

科研单位的科技报告应该融入机构知识库的建设之中，形成机构所有知识资源和技术资产的完整收集和保存，推动机构成果的持续积累和交流转化。机构知识库自产生以来，得到相关科研单位的高度重视，如清华大学图书馆通过从数据库中抓取全校论文数据并按院系或学科划分，院系在此基础上补充数据，由此形成清华大学机构知识库，用于学校论文发表和学术成果产出统计和共享。而德国的 Open Access Statistics、欧盟的 OpenAIRE 等开展的机构知识库访问统计方面的应用和研究则进一步拓展了科研评价范围。因此，将科技报告内容纳入机构知识库存储范畴，基于科技报告工作特点深入开发机构知识库，完善科研机构的科研管理体系。将科技报告融入机构知识库之中建设，成为科研管理工作的有效组成部分，可以提升知识生产和转化效果，提高科研项目管理效率，为项目（课题）的结题、考核、评奖等提供依据。

8.2.3.3 基层科技报告体系建设策略

科研人员既是科技报告的生产者，又是科技报告的主要使用者，科研单位需要直接面向科研人员，依据科学研究不同的发展阶段和不同的研发过程，结合科技报告工作特点促进科研人员生产、呈交和利用更多、更好的科技成果。

（1）强化科研人员科技报告撰写能力培训

由于长期没有科技报告撰写的要求，使得科研人员对科技报告撰写格式标准较为陌生，科研人员常常按照以往的申请书和验收报告的格式撰写科技报告，将技术内容与组织管理内容混合在一起，对技术过程和细节描述不充分、不详尽、不系统，导致科研项目（课题）无法重现科研过程、检验科研结果。因此，需要针对科研人员开展专门的科技报告撰写培训活动。在科研人员撰写科技报告前期，应着重加强科研人员科技报告意识培养，让科研人员认识到科技报告撰写是科学研究工作的基本功和业务素质，培养在科研过程中随时记录科研细节，善于归纳总结科研规律的习惯。在实际撰写阶段，应重点介绍科技报告撰写格式规范指导、撰写技巧和不同类型科技报告撰写差异性培训，掌握科技报告密级标注、呈交、审核等一系列工作流程，加强对科研单位科技报告在线呈交和利用系统的上机操作培训，使科研人员的科技报告撰写质量以及发现、利用科技报告的能力得到提升。

（2）明确科研人员呈交科技报告的责任和任务

科技报告呈交分为强制呈交和自主存档，科研单位一方面对强制呈交的范围应做出明确界定，另一方面激励科研人员对自身科研活动产生成果自主存档。对政府财政资助项目产生的科技报告应纳入强制呈交范围，在审核基础上再向项目主管部门提交，并按主管部门要求开放共享；对科研单位自身资助的项目和相关企事业单位委托项目产生的科技报告应按相关任务书或合同书要求呈交，并征求项目负责人意见基础上在本单位范围内共享；对科研人员自主研究项目产生的科技报告应鼓励科研人员自主存储，按其意愿进行交流。每年应按各承接或在研项目的具体任务要求制订科技报告计划，并落实到每个项目（课题）组，对项目进展和科技报告提交情况进行实时监控，按不同的时间节点通过科技报告管理系统进行邮件或短信提醒和监督科研人员撰写并呈交科技报告。对审核不合格的科技报告，项目组应组织相关人员根据审核意见进行修改，对审核合格的科技报告，由科研管理部门负责颁发《科技报告完成证书》。

（3）建立科技报告评估档案及激励机制

对科研人员而言，除科技报告本身具备翔实记录科研过程的作用外，将科技报告完成情况及相关成果提交情况与科研人员项目申请和验收、个人评奖评优相联系，可提高科研人员撰写科技报告的自觉性和积极性。因此，科研单位应从科研管理的要求出发，同时建立有效的约束和激励机制。以科研人员和项目为对象，科技报告工作系统应对个人和项目组的科技报告撰写质量和呈交情况进行记录，如报告被退回次数、审核通过数量等信息，形成个人的科技报告完成记录。在后期项目评审、申报奖项、个人绩效考核中，将科技报告完成情况和使用情况纳入考核指标，形成包括科技报告在内的各类完整成果的评估档案，约束和激励科研人员撰写和呈交科技成果，也作为后续科研项目滚动支持的依据之一。同时，激励科研人员更好地进行自主存储和开放自身成果，主动维护更新存储在机构知识库的个人科研成果集。

（4）构建完整的科技报告利用与交流保存体系

科研单位构建基层科技报告体系，积累科技报告资源可以更好地促进机构内部科技成果的交流与共享，提高机构知识资源的利用率，更好传承机构自身的技术资产。除提供一般检索和全文下载或推送服务外，还应深入整个科研过程，在项目申报或实施各阶段提供有针对性的信息服务。在项目申报期间提供综述性趋势分析服务，帮助科研人员了解相关研究现状和价值，确定研发方向和重点；在项目实施过程中，基于主题、作者、单位等开展专题信息服务，提供启发式服务，扩充项目的数据和成果存储空间，按项目考核指标提示科研人员撰写和提交科技报告及相关成果；在结题以及申请评奖期间向科研人员出具科技报告呈交证明、使用分析报告等，全程满足科研人员的信息需求。同一类科研单位之间，还可通过元数据整合提供集成检索，为科研人员搭建即时交流渠道形成网络研究社区，促进科技成果的多向流动。

8.3 我国科技报告技术标准体系

建设国家科技报告制度，对公共财政支持科研活动所产生的科技报告进行全面收集、集中保存和充分交流。一方面，需要将科技报告工作纳入科研管理程序；另一方面，需要制订统一的科技报告技术标准，在科技报告产生、管理和利用的全过程中规范执行。科技报告的技术标准在科技报告制度建设中发挥着至关重要的作用。①

科技报告标准规范体系的研究和构建，是为了适应科技计划项目最佳实践活动及其优化管理的需要，满足遵守科技计划项目活动及其管理的国际规则的需要，提高我国科技创新和科研创新国际竞争力的需要，满足各类不同档案标准客户不同价值观及使用目的的需求。因此，为实现科技报告集成、整合和交流共享，应建立并遵循一套完整的科技报告技术标准、规范和协议。科技报告标准规范体系应具有兼容性、连贯性、可持续发展性和可适性。同时，科技报告标准规范体系还应具有国际前瞻性，最大限度地采用国际标准，以维护我国的国家利益和提高科研产品进入国际市场的能力及国家科研竞争的优势，满足不断发展的管理和政策的需要。②

① 曾建勋．科技报告技术标准体系研究 [J]．情报学报，2013，32（5）：459-465

② 贺德方，胡红亮，周杰．中国科技报告体系的建设模式研究 [J]．情报学报，2009，28（6）：803-808

8.3.1 科技报告技术标准体系构建原则

科技报告技术标准体系构建原则包括：

1）系统性原则。科技报告的产生和应用涉及信息资源管理、信息组织、数字化保存、知识产权管理、安全控制、服务管理等各个方面，需要从整个科技报告资源建设与服务的生命周期出发，系统地认识标准体系内容、层次和关系。根据业务模块来解构和关联体系内各个层次和类型的标准规范，深入分析各个标准规范在整个标准体系中的位置及与其他标准规范的关系。按照科技报告资源与服务的可形成性、可使用性、互操作性和可持续性的要求来选择、规划和制定标准规范的体系架构和具体建设内容，形成相对完善的科技报告技术标准体系及应用支撑环境。

2）实用性原则。科技报告体系是一项实践性很强的工作，不同性质的科研活动、不同类型的项目会产生不同的科技报告，各科技管理部门、各科技计划对科技报告的产生和管理会有不同的流程和要求。同时，科技报告作为一种特种文献资源，在收集、保存、管理和利用方面与其他类型的文献信息明显不同，需要逐级呈交、分层分级保存、受控受限使用。因此，科技报告技术标准体系的建设需要从应用实践出发，深入分析科技报告资源管理和信息化建设需求，兼顾各方实际，强化标准规范的实用性、适用性和方便性，建立健全支持标准体系实际应用的操作方法、技术工具和支撑系统，确保标准规范的普遍接受和广泛应用。

3）开放性原则。标准体系的开放性建设包括两个方面的含义。一是积极采用最新研究成果，不断提高标准的前瞻性和技术含量。科技报告是科技信息的一部分，其标准建设也处在社会信息化标准的大环境中，必然会受到信息技术、电子政务等其他领域标准化的影响。需要充分采用、吸纳、借鉴相关行业和领域的技术标准，保证标准体系建设的全面性、先进性和互通性。[①] 二是在标准体系建设中要密切跟踪国内外科技报告和相关领域的标准规范的发展，借鉴国际组织和先进国家的经验，积极采用国际标准和业界通行标准，有效保障标准建设与国际主流标准接轨。目前可供参考的国际标准

① 冯长根，饶子和，王陇德，等．建立国家科技报告体系势在必行 [J]．科技导报，2011（21）

包括国际标准化组织的 ISO 5966《科技报告编写规则》、美国国家标准 Z39-18-2005《科学技术报告编写、提交和保存》、Z39-23《美国技术报告号创建标准》等。

8.3.2 科技报告技术标准体系框架

科技报告产生渠道众多，涉及国家、部门和地方多个管理层次，科研人员、项目承担单位、科技管理部门、科技信息机构等不同责任主体；涵盖撰写、审核、呈交、保存、交流共享和密级与知识产权管理等多个管理环节。因此，需要建立一套完整、统一的科技报告标准规范体系，把原本分散、相对独立的不同科技报告管理部门和业务体系融合于一体，把分布、多头的科技报告产生渠道、责任主体、编写过程、资源的形成和累积进行集成管理，建设统一规范、相互衔接的科技报告产生、呈交和管理工作程序与方法。打破部门行政分割，通过标准化形成跨部门、跨地区的科技报告生成机制，实现科技报告的有序产生和积累。科技报告完整的生命周期可分为资源形成、资源组织管理、资源加工保存和服务交流利用等 4 个阶段，科技报告技术标准体系按应用阶段和具体内容可分为撰写标准、组织管理标准、加工标准、服务标准 4 个子系统，具体框架见图 8-3。

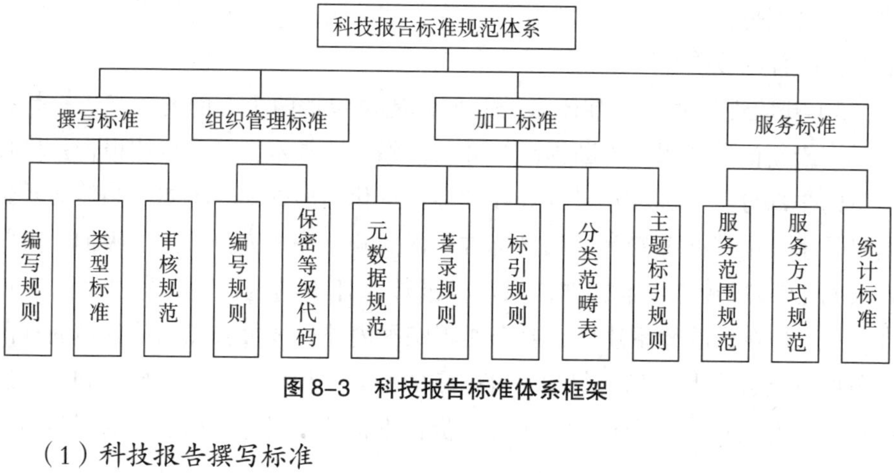

图 8-3 科技报告标准体系框架

（1）科技报告撰写标准

制订科技报告撰写标准的目的是通过规范科技报告的编写格式和内容要求，确保科技报告内容完整、数据翔实、逻辑严谨，使其具有可读性和可交流性，保证科技报告产生的有效性，提高科技报告的编写质量，促进国家创新性研究成果的记录、积累与共享。科技报告的撰写标准包括编写规则、类型标准、审核规范等。

科技报告编写规则是科技报告技术标准体系中最核心的标准之一，主要对科技报告的结构、构成要素以及编写、编排格式等进行规定，确保科技报告结构规范、段落清晰、简明易读，以及科技报告的基本信息项完整、准确、格式统一，便于统一收集和集中管理，也便于信息系统处理和用户检索查询。科技报告编写规则主要包括编写格式和内容要求两大部分。编写格式对科技报告的封面、辑要页、题名、目次、引言、正文、结论、建议、参考文献、附录、索引，以及具体文字、图、表的编排格式等进行详细规定。由于不同领域、性质的科研项目，在研究方法、过程描述、结果表达方面存在很大差异，无法对科技报告的内容构成或技术过程做出统一规定，所以，科技报告的内容要求具备普适性和归纳性。科技报告内容组成一般由引言开始，主体部分包括相关的理论、方法、假设、实验、设计、研制等过程描述，并讨论结果，阐明结论和建议，最后以参考文献和附录结尾。①

科技报告的类型标准对科技报告类型的名称、定义、内涵、特征、结构、产生阶段等进行统一的规定和描述，供科研人员编写不同类型科技报告时参考，保证在不同性质的项目、不同的项目阶段中各类型科技报告的有效产出，提高科技报告形成类型的全面性和科学性。依据项目本身性质、课题进展情况、技术研发过程等，科技报告包括考察报告、研究报告、设计报告、分析报告、实验（试验）报告、工程报告、生产报告、最终报告、进展报告、中期报告、年度报告等，不同类型的科技报告具有不同的科技参考价值和科研管理特征，需要进行统一的界定和分类，方便科研管理和学术交流的使用。

（2）科技报告组织管理标准

科技报告的组织管理标准主要用于科技报告产生过程中的收集、审核、保存、知识产权管理等方面，目的是保证最大限度地收齐、收全科技报告，并长期、安全保存和管理。科技报告的组织管理标准包括科技报告编号规则、科技报告保密等级代码与标识、科技报告产出测定标准、呈交流程规范、质量评估标准，其中《科技报告编号规则》和《科技报告保密等级代码与标识》是

① 曾建勋．科技报告技术标准体系研究 [J]．情报学报，2013，32（5）：459–465

2 个核心标准。

《科技报告编号规则》主要是为每份科技报告统一提供一个唯一的标识符。科技报告是随国家财政资金支持科技项目产生，由科技管理部门下达，各项目承担单位编写而成、逐级呈交积累所形成的科技信息资源，涉及众多的部门和机构，而且在科技报告产生过程中经常出现一个项目形成多篇科技报告、多家机构联合承担项目撰写多篇科技报告等情况。因此需要按照一定规则对科技报告赋予唯一编号，以便科技报告全流程的统一识别和管理，也便于科技报告的计算机信息管理和用户检索查询，更便于科技报告的版权辨析。科技报告编号一般由科技报告属地代码段、年份顺序号段和报告的分类或密级等后缀段三部分构成，由阿拉伯数字和罗马字母组成，长度相对固定。由于科技报告一般实行多级管理，一份科技报告在逐级呈交的过程中，会在不同阶段、不同部门分别进行编号，最终被赋予多个科技报告号。例如，我国的国防科技报告在呈交过程中被分别赋予基层科技报告号、部门科技报告号和国防科技报告号 3 个编号。

《科技报告保密等级代码与标识》用于统一标识科技报告保密等级及其受限范围，方便密级变更和解密。科技报告的保密等级依据《中华人民共和国保守秘密法》、《科学技术保密规定》，兼顾现有科技计划项目保密相关规定来确定。考虑到科技报告的特点和管理、使用需求，科技报告一般可划定为绝密、机密、秘密、内部、公开 5 个等级，在不同的应用场景可分别由数字代码、汉语拼音代码或汉字代码标识。科技报告保密等级的统一识别和统一标识，可以避免不同部门、不同群体对密级认识的差别和误解，有利于科技报告的安全管理和使用。

（3）科技报告加工标准

科技报告的加工标准主要用来确保数据质量，强化资源标识、描述、揭示的一致性，方便资源的整合、集成和共享交流。核心标准包括《科技报告元数据规范》、《科技报告著录规则》、《科技报告标引规则》、《科技报告的分类范畴体系》等。①

《科技报告元数据规范》用于对科技报告的基本信息进行描述、组织和管理，通过对科技报告进行详细、全面地著录描述，支持科技报告在计算机信

① 曾建勋．科技报告技术标准体系研究 [J]．情报学报，2013，32（5）：459–465

息系统中的存储、管理、定位、调用等功能。科技报告元数据集的元素，按功能一般可分为描述科技报告文献特征的元数据、描述科技报告来源项目的元数据和用于科技报告管理保存的元数据。描述文献特征的元数据包括题名、作者、报告类型、日期、摘要、分类号、关键词等，描述项目信息的元数据包括计划名称、项目（课题）名称及编号、承担单位等，管理元数据包括科技报告编号、密级、特别声明、馆藏号、收藏日期等。

《科技报告著录规则》是著录科技报告规范信息描述项目的准则。科技报告是一种特殊文献，属于政府出版物，通过对科技报告的内容和形式特征进行分析、识别和著录，可以揭示科技报告的内容特征和外部特征，实现信息化整序，方便用户的检索查询，提高科技报告资源的揭示水平。《科技报告著录规则》应依据《文献著录总则》规定的原则，结合科技报告自身特点和应用需求，规定科技报告内容特征和形式特征的记录事项，形成科技报告条目的最基本数据单元；运用科技报告著录用符号，按照著录格式要求，列出著录项目细则；按照一定的原则、次序和方法，编排组织成具有一定体系的科技报告条目组合，使其成为科技报告管理、检索和报道的有效工具。

《科技报告标引规则》根据科技报告内容特征和外部特征的分析，客观、正确、合理、专门地揭示科技报告的内容特征，构成检索款目，提供较多的检索点，使科研人员及科技项目管理人员能在大量的文献中，全面、准确、迅速地查找到特定的文献。包括科技报告分类标引的依据、原则、方法，科技报告主题标引的依据、主题分析、主题概念的转换、标引词的选择和标引规则，科技报告标引审校工作和质量管理规范等。

科技报告的分类标引可依据《中国图书馆分类法》、《中国图书资料分类法》等分类体系。为了简化分类工作，也可以采用国家标准《学科分类与代码》（GB/T 13745—2009）等简单的分类体系进行科技报告分类标引。还可以参考美国及其他国家政府科技报告分类的做法，制定专门的科技报告分类范畴表。美国商务部国家技术信息服务局（NTIS）对四大套报告制定了专门的学科分类体系，经过多年的实践摸索和学科发展调整，目前分为 39 大类，374 小类。[①] 我国也可以结合国内学科体系划分习惯和科研项目管理的需要，编制专门的科技报告分类表，类目体系和类目设置可参考现有分类法简表，根据我国科

① 胡红亮，王维亮，于洁．网络时代的科技报告体系建设探讨[J]．科技管理研究，2007（8）

学技术体系的学科结构和研究重点，进行适当扩充和调整。

科技报告的主题标引可选用《汉语主题词表》、《中国分类主题词表》等知识组织体系，并规定科技报告的审读，主题的类型与结构、分析要求、确定及提炼等主题分析规则，概念的直接转换和分解转换等主题概念的转换规则，以及主题词的词意确定方法和排序方法，族系表、范畴表辅助使用等标引词的选择规则。

（4）科技报告服务标准

科技报告服务标准主要用于执行科技报告的安全等级规定，规范科技报告使用和服务秩序与行为，保证科技报告的有序开放和安全使用，最大限度地发挥资源效益。服务标准包括服务范围和方式、统计指标等方面的规范。

科技报告服务范围标准主要对绝密、机密、秘密，以及内部科技报告的使用范围进行规定。涉及国家秘密的保密等级科技报告的使用范围相对比较明确，可以纳入国家保密管理体系，按照国家保密法和相关保密文献的使用规定执行，只有经过相关行政机关批准的科技管理人员和领域专家，或者该保密科技报告的科研项目承担单位人员浏览使用。而内部级科技报告的使用范围限制则比较复杂，由于内部级科技报告虽未涉及国家秘密，却涉及承担单位及其个人的知识产权、技术诀窍、商业秘密等，关系到承担者的切身利益，承担单位及其个人会过度要求限制使用范围甚至不允许使用。因此如何确定内部级科技报告的使用范围，平衡个人、单位、部门与国家、公众的利益，难度较大。可以采取对内部级科技报告的使用范围进行细分的方式解决，例如，将内部级科技报告的使用范围限定为允许向政府项目承担单位公开、允许向本部门项目承担单位公开、允许向本科技计划项目承担单位公开、只允许向科技管理部门公开、只允许向计划管理部门公开、经科技报告来源单位授权使用等不同类型，严格控制和审核，合理合法保护各方利益。

科技报告服务不但有严格的使用范围限制，对服务方式也需要严格规定。科技报告服务方式的标准主要规定不同类型科技报告资源的开放范围、服务对象、使用方式和使用规范。科技报告不但对全文有保密或受限级别的划分，也可以对题目、文摘、辑要页内容进行密级划分，单独设定保密级别。因此，针对题录、文摘、全文等不同类型的科技报告可以分别建立数据库，按公开、内部、保密等级，面向不同用户提供不同权限范围的使用服务。例如，级别较低的用户只许看到公开科技报告的全文或内部科技报告的题录、文摘等，或者对纸本科技报告设置阅览、抄录、复印、借出等方面的用户权限，对电子版科技报告设置检索、浏览、下载拷贝的用户权限。

科技报告的统计是文献管理的需要，也是科研管理的需求。通过科技报告的统计，可以评估文献资源建设和服务使用的效果，还可以监督科技计划项目的执行情况，考评科技计划项目的实施效果，评价科研项目产出和成果，考核科研机构和科研人员绩效。因此，科技报告的统计标准既要参照文献和信息统计参数，又要考虑科研管理统计指标。科技报告的统计标准规定了统计指标、统计分类、统计方法、统计程序、统计代码、统计报告编制规范等内容。在文献统计方面，需要统计科技报告的数量分布、年代分布、类型分布、学科分布、地区分布、使用情况等情况或指标；在科研项目统计方面则需要统计科技报告的部门分布、计划分布、领域分布、机构分布、平均数量等内容或指标。科技报告的统计标准可以依据文献管理和科研管理需要不断延伸和细化，设定交叉指标或衍生指标等。

8.3.3 科技报告技术标准的应用环境建设

网络环境下科技报告技术标准作用机制的应用和实现需要与信息技术充分结合，建设具有前瞻性、先进性和实用性的标准应用环境和平台，通过将标准嵌入相关流程、系统、技术的底层中，构建集成、融合、无缝衔接的应用环境，简化科技报告技术标准的执行和应用，方便科研人员操作，服务于科技报告工作的开展。具体应用场景可包括以下几个方面。[①]

（1）编写模板

科技报告编写规则对科技报告封面、辑要页、题名、目次、章节、图表、公式、参考文献、附录的编写格式，以及字体、字号、位置等编排格式都有一定要求，比较复杂。对不熟悉文献信息工作的广大科研人员而言，按照科技报告编写格式撰写科技报告，除了要注重撰写内容，还需耗时、耗力地关注编写格式，无疑增加了额外负担。因此，充分利用现代信息技术，基于通用的办公软件，通过程序开发工具，调用办公软件的宏命令或接口，开发数字科研环境下科技报告的编写模板，将科技报告编写标准镶嵌其中，方便科研人员理解科技报告编写规则，规范撰写科技报告。科技报告编写模板将科

① 曾建勋．科技报告技术标准体系研究 [J]．情报学报，2013，32（5）：459-465

技报告的撰写要素、格式要求、信息位置、字体字号等固化在办公软件中，并能自动生成目录、章节标目内容，最后自动合成科技报告的各个组成部分，输出格式规范的科技报告电子文档。科技报告编写模板可以减轻科研人员撰写和编排科技报告的工作量，通过软件控制提高科技报告撰写的合格率，同时也减少后期科技报告格式审查的工作量。

（2）统计分析工具

科技报告的统计分析不同于其他文献资源。传统文献信息的统计分析一般集中于文献的数量、分布、使用量、引用量等方面，而科技报告的统计分析除了基于文献学的统计之外，更多地需要从科研立项和项目管理的角度统计分析科技投入与产出、科研绩效、科技成果转化等方面的指标。规范而持续的科技报告统计分析工作需要按照科技报告统计标准，开发科技报告统计分析工具，提高科技报告统计分析的标准化程度和统计时效性，强化统计分析深度，并对统计结果进行信息化展示。科技报告统计分析工具将标准规定的统计指标、统计类型、计算方法、统计程序、统计代码等固化在系统中，并构建统计数据集或数据库。科技报告统计分析工具可以进行数据采样或调用、数据处理和规范、统计指标生成和统计结果展示等，还可以借鉴最新的数据挖掘和信息可视化技术，提供科学项目研发主题、专项技术研发现状、领域研发重点、技术机会、研发主体等深度统计分析。①

（3）用户授权体系

科技报告的开放共享和交流服务是科技报告资源体系建设的根本目标。科技报告对用户的使用权限有严格划分，不同密级、类型科技报告的服务范围和服务对象要严格控制和审核，因而科技报告用户的分类管理、分级授权成为共享服务过程中需要重点控制的关键问题。科技报告的开放共享服务需要建立一套严谨、统一、规范的用户授权体系，推进科技报告的合理使用，保护科技报告的知识产权，提升科研人员撰写高质量科技报告的积极性，解除科研人员详细、如实撰写科技报告的后顾之忧。

科技报告用户授权体系要依据科技报告服务范围和方式的标准规范，建立用户访问权限模型、权限分配机制、用户审核机制和用户访问控制机制，

① 霍振礼，李艳．美国政府四大科技报告的资料性和档案性及其对我国科技档案工作的启示 [J]．陕西档案，2002（3）

记录和跟踪用户的身份、权限、角色、状态和使用行为。科技报告的授权用户模型包括角色基本模型、角色分级模型、角色限制模型和统一模型，采用多级设置、属性集合的权限模型方法，对科技报告用户分组管理。例如，科技报告用户组可分为公众、政府部门、科技计划管理部门、项目承担单位等多类级别，对于个人角色也可分为各级计划项目主管官员、高层领域专家、项目负责人等，针对不同的分组用户，制定各自的角色规则，赋予不同的权限组合。① 而科技报告的权限分配模型可以采用细分系统和使用权限的方法，例如，分别设置公开、内部、保密科技报告全文的浏览权限，以及复制、下载等权限，还可以设置内部或保密科技报告题目、文摘、辑要页的浏览权限。另外，也可以建立权限关联模型，将相关权限或同属性权限关联整合，赋予特定用户组,规范和简化权限分配过程。用户授权体系的另一关键是用户认证，包括用户实名注册时真实身份的审查、访问时身份的认证。用户注册时需要提供真实、准确的注册信息，系统按规则审查用户注册信息的规范性，同时还需要通过部门授权和审批等系统之外的措施，控制用户的授权行为。而在用户访问认证方面，可以采用访问控制、身份验证、数字签名验证、可信时间验证等方式，除了进行静态的用户名和用户口令认证外，还需要引进动态口令、数字认证、属性认证、智能卡、数字水印、多因素认证等技术。

8.4 我国科技报告收藏服务体系

科技报告是公共投入产出的重要形式，对科学研究和科技管理都具有较高的参考价值。科技报告积累的根本目的是共享服务。科技报告的共享服务一方面可以实现“国家支持的科研活动获得的科技信息资料，能公开的要尽量向社会公众开放”，保障社会公众的知情权和监督权，满足社会需求，促进知识交流；另一方面可以实现对科研管理过程的有效支撑。

8.4.1 科技报告收藏服务体系框架

我国科技报告产生渠道繁多、数量庞大，管理和保存要求各不相同，在

① 曾建勋. 科技报告技术标准体系研究 [J]. 情报学报，2013，32（5）：459-465

需求和服务范围、对象、方式、保密性以及知识产权方面存在较大差异，因此，中国科技报告体系可采取集中和分布相结合的收藏布局，集成整合和分级分布相结合的服务布局。在收藏方面，采用自下而上、分层收集、汇总归一的呈交模式完成科技报告的收集，并利用网络化手段为支撑，构建由科研机构、部门 / 行业科技报告管理中心、国家科技报告管理中心组成的，进行科技报告逐级上交的多级国家科技报告收藏体系。① 在服务方面，建立集中检索、分布获取、分级保障、设限受控的科技报告定向服务体系和网络，实现科技报告管理和服务全过程的数字化、网络化和集成化。涉密涉限信息和公开信息采取不同的管理模式。公开信息建立国家级共享数据库，涉密涉限信息纳入保密信息管理机制当中，由各部门自行管理。最终形成公开信息共享服务体系、内部信息共享服务体系和保密信息服务体系。在此基础上，遵循知识产权、国家安全、保密的有关规定，根据科技报告的不同适用范围有针对性地开发，满足不同用户的不同层次需求的服务。②

（1）公开科技报告收藏和共享服务体系

国家设立国家科技报告管理中心，在中国科技报告管理办公室的指导下工作，负责科技部科技报告和来自其他部门/行业的科技报告目录信息的收集、加工、保存、服务和管理工作。其他部门 / 行业科技报告管理中心负责本部门或本行业科技报告的管理与服务，并及时向国家科技报告管理中心提供其所藏科技报告目录信息，包括主题类别、关键词、有效性、收藏单位等。

通过国家科技报告管理中心，用户可以查到全国所有政府科技报告信息。如果需要了解有关科研项目的详细情况，用户可以根据这些信息提示，到科技报告具体收藏单位进行查询。如果建立了网上服务系统，国家科技报告管理中心的各部门科技报告目录信息可以直接与各部门 / 行业科技报告管理中心建立链接。读者只需点击相应的链接，就可直接获取有关科技报告的详细资料或其他相关服务。此外，国家科技报告管理中心负责对其他部门、行业和地方的科技报告工作进行指导、协调、监督和评价。公开科技报告收藏和服务体系框架见图 8–4。

---

① 贺德方，胡红亮，周杰．中国科技报告体系的建设模式研究 [J]．情报学报，2009，28（6）：803–808

② 曾建勋．科技报告技术标准体系研究 [J]．情报学报，2013，32（5）：459–465

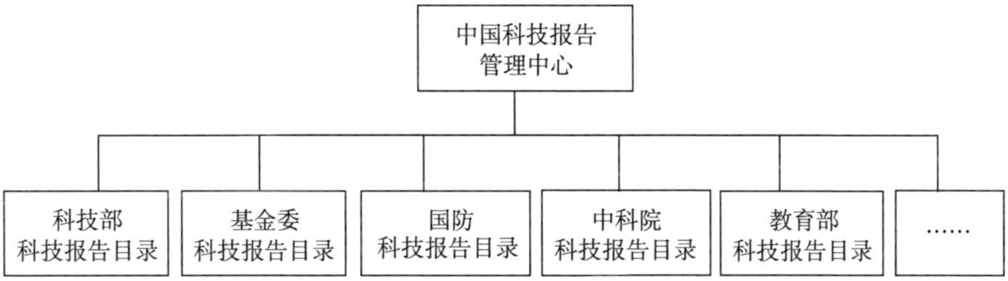

图 8-4 公开科技报告收藏服务体系

（2）系统内部科技报告收藏和共享服务体系

各部门 / 行业设立部门或行业的科技报告管理中心，负责本部门 / 行业内的科技报告的收集、加工、保存和管理，确保科技报告在本部门 / 行业内的安全交流使用，并负责将公开或解密的科技报告信息及时提交国家科技报告管理中心，同时对本部门 / 行业基层单位的科技报告工作进行指导、协调、监督和评估。各基层单位设立专人负责本单位产生科技报告的收集、保存，并及时提交到本部门 / 行业科技报告管理中心，以确保本单位所产生的科技报告在单位内部的充分交流利用。①

（3）涉密涉限科技报告收藏和服务体系

由于保密科技报告由各部门 / 行业自行管理，因此涉密涉限科技报告的各管理部门应根据知识产权、安全使用管理办法及科技报告管理条例等规定，建立本部门 / 行业科技报告的知识产权与安全管理模式和工作体系，实现报告分级分类管理和受限受控使用，涉密涉限收藏和服务可通过专门的渠道（如通过本系统或本部门的保密网络系统）进行。

8.4.2 科技报告收藏服务模式

科技报告共享服务是一种基于内容的科技报告服务方式，主要包括立项查重、科技查新、全文服务、统计分析、主题挖掘等。②

① 邹大挺，沈玉兰，张爱霞．关于建设中国科技报告体系的思考 [J]．情报学报，2005，24（2）：131–135

② 侯人华．科技报告政策体系及服务方式研究 [J]．情报学报，2013，32（5）：472–477

（1）检索查新服务

科技查新主要是为科研立项、课题验收、科技成果鉴定和报奖、新产品和技术转让提供文献依据。科技报告数据库可以用于文献检索和情报分析，成为科技查新服务重要的检索源。常规的查新检索源主要包括基于科技期刊和会议论文的各类文摘数据库，基本是公开的科技信息，科技报告以其对科研过程和科研细节的全覆盖，具有全面、真实、详尽的优势，可以成为重要的灰色文献查新源。另外，科技报告虽然具有严格的保密等级或涉限等级划分，但科技报告的题录和文摘涉密涉限程度相对较低，作为查新检索源，检索范围更加全面广泛，可以提高查新的准确性。还可以依托科技报告等资源，开展国家保密课题的查新服务，也可以利用科技报告开展专题信息服务、竞争情报服务、情报分析与咨询、技术预见、技术评估等服务。

（2）全文授权服务

科技报告与一般的科技文献明显不同，其全文具有严格的保密等级划分，需要实行分级分类、受控受限服务。科技报告密级的认定应依据《国家保密法》和相关保密规定进行，由科技报告编写者和项目承担单位确定，科技管理部门审核确认，原则上科技报告密级不可以高于项目密级。针对不同保密等级的科技报告，建立公开、涉限和保密三级科技报告安全服务机制。对于公开或解密解限的科技报告，建立科技报告公共服务体系和公开科技报告全文数据库，向登记或注册的用户开放，提供社会共享。对于内部级科技报告，因涉及项目承担单位或个人的知识产权、技术诀窍、商业秘密等内容，关系到切身利益，权利人对其受限时间、范围、使用对象的限制要求多种多样，比较复杂，采取授权使用的服务方式。例如，科技管理部门授权向计划管理部门、相关科技管理人员和同类政府项目承担单位公开，向本行业或本部门所有项目承担单位公开，允许向科技计划项目承担单位公开等。内部科技报告也可以实行由科技报告来源单位或编写人直接授权，供某一用户使用的点对点授权方式。对于保密科技报告，则纳入国家保密管理体系，按照《国家保密法》和保密文献的相关使用规定，只有经过相关部门批准的人员才能使用。

在技术上，建立统一的科技报告用户授权体系，对科技报告全文用户进行身份识别、用户授权和访问控制。首先，用户需要以真实身份进行实名注册，注册时需要提供真实、准确的注册信息，系统通过技术手段和管理流程按规则对用户身份进行认定和审查，同时还可以通过部门授权和审批等系统之外的措施,控制用户的身份认证。其次,要依据服务范围和服务方式的标准规范，对科技报告全文进行用户访问授权管理，采用用户分组授权和多级权限的方式，对于不同的用户赋予不同的权限组合。还可将公开、内部、保密科技报告全文的使用权限分为浏览、复制、下载等细分权限，分别授权。而在用户访问认证方面，可以采用访问控制、身份验证、数字签名等方式，除了进行用户名和用户口令认证外，还可以采用数字认证、数字水印等技术，同时还要在用户访问过程中对其身份进行全程跟踪和随机认定，并进行科技报告全文资源的版权保护。

（3）统计分析服务

科技报告资源除了可以为科技人员提供文献参考，还可为科技管理部门提供决策参考和项目过程管理数据。科技报告信息化数据中，不仅包含大量科技文献统计信息，还包括了科研项目基本信息，并与文献信息自动地建立起内在关联。因此，可以充分结合和利用科技报告文献信息和项目信息相互关联的优势，开发科技报告统计分析工具和平台，为科技计划项目管理提供过程监控、成果评估等统计服务。通过科技报告文献信息和项目基本信息，首先可以统计出科研项目和科技报告的部门分布、领域分布、机构分布、平均数量、时间进度等基本指标，然后对项目形成的科技报告按照年度报告、中期报告、进展报告、验收总结报告等纵向时间轴划分，或按照研究报告、实验报告、设计报告、工程报告等横向研究内容划分，进行科技报告与科研项目的细化和深度统计。结合科研项目任务合同书中对研究内容、实施进度、科技报告和其他成果的提交数量和提交时间进行比对和匹配，可以统计分析出科研项目的执行情况、阶段进展、项目产出、成果质量等方面的基本信息，为科技管理部门监督科技计划项目的实施进程、考评科技计划项目的实施效果、考核科研机构和科研人员绩效提供参考依据，有助于实现对科研项目的过程监控。

在科技报告基本信息的统计分析基础上，可以对相关项目和产出成果按学科领域、技术类别进行聚类，分析比较其内在关系和演进规律，挖掘技术内容和技术细节，为技术评估政策、技术评估方法和技术评估系统提供数据支持。科技报告丰富的内容、翔实的数据和客观真实的描述，有助于在技术评估过程中查明技术的先进性、经济合理性与生产可行性相结合的基本情况，包括该项技术主要技术参数、可替代的技术、工程化方法、现在或将来的应用和发展等。同时，全面完整的科技报告统计分析数据还可以用于科技发展的总体评价，通过对科研项目信息和科技报告产出数据的系统梳理，可以统计我国科技经费投入、科技活动产出与分布、技术创新、高技术产业、区域科技发展的总体规模、体系结构、发展趋势等基本情况，反映我国科研活动的主要特征和发展动态。为研究我国的科技发展状况、科技实力与水平、发展变化特点，提供翔实数据，服务于科研评估、科研立项决策、科研资源管理、科研项目管理和科研规划。

（4）主题挖掘服务

公共财政科技投入仍然是我国科技研发投入的主体，国家科技计划项目的布局代表和体现了我国科技发展的战略重点、总体布局、前沿领域和长远发展，着力解决关系国家未来发展的重大科学问题和关键技术问题，瞄准前沿技术、共性技术和核心技术，由此而产生的科技报告及海量数据能够充分反映我国当前科技发展的最新特征和最高水平。因此，采用数据挖掘和文本分析的方法，从科技报告数据中抽取主题信息，建立主题模型，提取主题词分领域生成主题词库，进行主题检索、主题聚类和主题表达，形成各研究领域和专项技术研发主题的发展状况，提供主要分支领域研发主题的关系图谱，在进一步通过对不同科技领域的关键技术和热点技术的发展动态和研究水平进行分析、跟踪和评估，可以发现影响我国社会经济发展所需要的重大技术、核心技术和薄弱技术，为科技规划部门分析评价科技发展状况和趋势、开展科技优先领域选择、合理配置科技资源、科学设置计划项目、评估科研成果水平和科技发展水平提供决策依据。科技报告数据资源的主题挖掘、科技监测等分析研究工作，可以直接为科技管理部门制定和优化国家科技计划项目指南、跟踪监测科技发展状况和热点提供服务。[①]

对科技报告数据中科技项目承担单位、科技报告作者等信息的数据挖掘，还可以开展研究者、研究机构等研发主体的统计分析，发现各个研究领域的领先研发机构和人员、主题和重点，以及学科或专项技术水平与优势、技术合作和竞争、领域整体实力、研发机构变动等信息，服务于科技计划项目的

① 侯人华．科技报告政策体系及服务方式研究 [J]．情报学报，2013，32（5）：472–477

立项评审。

8.4.3 科技报告服务管理办法

我国应积极探索科技报告资源开发与利用的有效途径，在重视科技报告密级划分以及由谁确定科技报告密级等问题的同时，对科技报告的涉密涉限范围进行科学而准确的划分。让该保密的报告严格控制在有限范围利用，不该保密的报告广泛交流利用，使科技报告体系建设走入一条良性循环的发展轨道。

在数字化、网络化信息环境下，科技报告网络服务系统是用户检索和获取科技报告的主要途径。科技报告服务系统的建设目标是充分考虑科技报告安全管理和交流共享的需求，建设开发科技报告信息数据库和全文数据库，构建科技报告共享服务网络和应用环境，开展科技报告检索和获取服务，促进科技报告资源的开放共享和交流利用，实现对科技报告资源的数字化管理和网络化服务。

科技报告服务系统建设的主要任务是构建科技报告服务软件系统，实现科技报告数据的规范加工、安全存储、分级控制、用户注册、权限管理、检索浏览、全文获取、统计分析等系统功能。与其他信息服务系统相比，科技报告服务系统在设计开发中应注意以下几个方面的问题。

（1）实行用户分类管理

科技报告内容翔实丰富，部分会涉及项目承担单位的商业秘密或技术诀窍，或者涉及作者需要发表论文、申请专利或成果转让等知识产权，需要进行严格的密级划分和管理。科技报告是政府科技投入所产出的重要科技成果，能公开的应尽量公开，为全社会共享。但科技报告大规模地公开共享也需要考虑我国科技的整体对外安全，防止国外利用我国科技报告的产出和公开数据对我国科技投入的规模、方式、领域分布、前沿布局、关键性技术等进行深入、系统的分析统计，掌握我国的科技实力和敏感信息。因此，我国科技报告系统的建设和科技报告的公开共享需要有严格的范围和地域限制，目前可考虑仅向大陆地区开放。同时，对科技报告服务系统的用户要实行分类管理，应将用户分为社会公众、专业人员、管理人员和决策人员四大类用户。

社会公众：社会公众使用科技报告服务系统主要目的是了解我国科技投

入模式和规模、科技成果的产出、科研经费的投入和使用效果等情况，以及利用科技成果的渠道和方式。社会公众用户不需要注册，只要访问系统，即可免费利用系统的检索、文摘浏览、分类导航等功能，了解科技报告基本信息和国家科技投入所产出科技报告的基本情况。

专业人员：主要指我国广大的科技人员，需要浏览使用科技报告全文，作为科研工作的重要参考，提高研究技术起点，提升科研效率。专业人员用户需要实名注册，通过身份认证即可检索并在线浏览科技报告全文。

管理人员：主要指科技部门的科研管理和项目管理人员，可以利用科技报告服务系统的检索、导航、统计等功能了解政府资助项目科技报告的产出情况和完成情况，监督项目承担单位科技报告撰写和呈交，提高项目产出的管理效率。管理人员用户除必须实名注册外，还需要经科研管理部门批准和授权，才能享有批准范围内科技报告的检索、查询、浏览、全文推送及相应统计、分析等服务。

决策支持人员：主要指科技管理部门的决策人员，实名注册后可利用科技报告服务系统全面了解和掌握各部门、各地区、各计划科技报告产出的整体情况，还可使用系统提供的基于科技报告内容的技术情报研究、团队 / 机构评价、行业 / 领域深度分析等数据挖掘服务和相关知识关联服务，为政府部门决策提供支持服务。

（2）实行用户实名注册和权限控制

为实现用户分类管理，确保科技报告的使用安全，保护作者及项目承担单位的合法权益,保护国家利益。科技报告服务系统应实行用户实名注册制，用户注册时必须使用真实姓名和身份，提供详细、准确、完整的注册信息和身份证明材料。对于需要获取受限科技报告的用户，还需要提供科研管理部门、相关组织机构或报告提供单位的授权材料或证明材料。同时，系统要通过公告、注册须知等方式告知用户所提供的科技报告仅供用户个人学习、研究使用，用户不得将获得的科技报告传递到互联网上公开或用于任何商业目的。

（3）实行严格的用户管理和访问

科技报告服务系统应对用户的使用权限进行严格划分，不同密级、类型科技报告的服务范围和服务对象需严格控制和审核，建立一套严谨、统一、规范的用户授权体系。不同类型的用户对系统和科技报告的使用权限不同，例如，科技报告用户组可分为公众、政府部门、科技计划管理部门、项目承担单位等多类级别，对于个人角色也可分为各级计划项目主管官员、高层领域专家、项目负责人等。用户可以对一类或几类计划中的报告、一个或几个项目（课题）中的报告，或者一份或几份报告进行使用授权，也可将其组合在一起进行授权。作者和项目（课题）负责人，除可以获得公开报告的使用权限外，还可以获得本人撰写或负责的受限报告的使用权限。项目（课题）承担单位，除可以获得公开报告的使用权限外，还可以获得本单位承担的受限报告的使用权限。项目主管部门，除可以获得公开报告的使用权限外，还可以获得本部委主管的受限报告的使用权限。另外，科技报告服务系统还应对不同类别的用户授予对科技报告的不同操作权限，例如，不同类别的用户对科技报告文摘和全文的浏览权限有所不同，对报告全文浏览和下载等权限也需要有所区别。

科技报告服务系统还应对用户访问进行严格的控制和记录，要通过系统日志全程记录用户访问系统和检索、文摘浏览、全文浏览、全文下载等使用行为，并对每篇用户下载的科技报告添加数字水印，监测用户使用行为，跟踪科技报告全文的去向，确实保护科技报告的知识产权和安全使用。系统对用户的访问控制和记录可细分为对科技报告基本信息和辑要数据的访问行为进行记录、分析与跟踪，建立专门记录用户浏览辑要数据行为的系统日志，并根据相应日志，分析、跟踪每一用户访问报告辑要数据的行为特征。对科技报告全文的使用行为进行记录、分析与跟踪，包括在线调阅、下载报告全文数据的行为都应记录在专门的日志中，并根据相应日志，分析、跟踪每一用户使用报告全文数据的行为特征。对科技报告全文加封动态水印，水印中含有用户名、下载时间、下载地址、产权标识等内容。

（4）实行积极的用户服务保障措施

科技报告是政府科技投入产出成果的重要表现形式，科技报告的产生和公开，是出资人的权利，项目承担人的义务。同时，提供面向社会公众的公益性服务和资源集成开发的增值服务，也是科技报告服务机构的基本责任，是维护科研工作者的自身利益和使用权益的核心策略。在开放共享的过程中考虑多元主体的行为和利益，尽可能向公众公开，从时间层面保证及时性，从数量层面保证基数的稳定增长，从质量层面保证优质性，从而保障各方主体对国家科技成果产出的知晓权和利用权。此外，科技报告制度是提高后续研究的技术起点的有力手段，要求服务机构充分挖掘科技报告的技术内涵、主题趋势、领域规模等潜在知识资源，为科技政策规划人员、科研管理人员和一线研究人员提供公平、公正、公开的知识服务成品和知识计量工具。

9　我国科技报告工作操作实务

9.1　科技报告集成管理平台建设

科技报告集成管理系统的建设需要立足于国家科技报告制度建设的重大需求，根据国家科技报告制度管理框架、机制和流程，构建集科技报告模板化编写和网络化呈交、质量控制和评价、知识化加工和整合发布及科技报告共享服务为一体的通用化、集成化管理平台，为部门和地方科技报告管理提供技术支撑和一体化解决方案，实现国家科技报告制度的网络化、数字化和集成化管理，确保科技报告工作的有序推进和可持续发展。科技报告集成管理平台主要有五大功能。

一是科技报告模板化编写，基于通用文本编辑软件，开发科技报告控件，形成专题报告、进展报告、最终报告等不同类型科技报告的编写模板，为科研人员提供规范、简便、高效的科技报告编写工具，降低科技报告编写的工作量和复杂程度，实现在科技报告生成环节的质量控制和形式规范。

二是科技报告网络化呈交，采用 B/S 与 C/S 模式相结合的方式，开发科技报告呈交平台，实现科技报告的网上呈交、形式检验和规范控制，为科技报告的后续资源管理奠定技术基础。

三是科技报告质量审核和监控，制定科技报告质量评价模型和质量评价指标体系，构建科技报告质量管理元数据库和质量评价指标数据库，开发科技报告质量审核和监控平台，实现科技报告质量的网络化、协同化审核和评价。

四是科技报告知识化数据加工，建设开发科技报告知识化加工整合平台，构建科技报告知识化加工的元数据库、全文数据库、知识要素数据库、知识标注数据库、知识链接元数据库等，实现科技报告数据加工整体解决方案和功能。

五是科技报告开放服务，构建科技报告服务系统，实现科技报告数据的安全存储、分级控制、用户注册、权限管理、检索浏览、全文获取、统计分析等功能，提供科技报告共享服务和决策支持服务。为实现上述功能，平台技术框架见图 9–1。

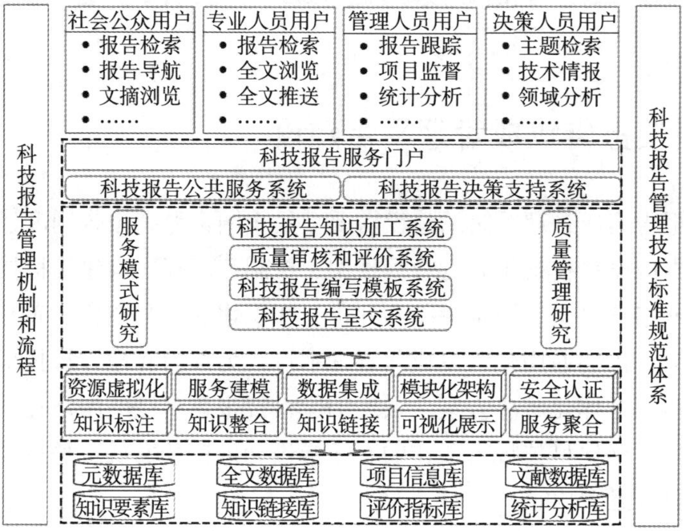

图 9–1　科技报告集成管理平台技术框架

在系统的数据层，需要汇聚科技报告及其相关的项目数据，形成系统的数据实体对象、业务实体对象和数据层架构，并提供与数据源无关的抽象数据访问接口、数据源挂接方法、数据层访问组件、数据属性参数传递方式等服务。

在系统层面，主要利用资源虚拟化聚合技术、服务建模技术、数据集成技术、模块化系统架构技术、安全认证技术、知识加工技术、知识整合技术、知识链接技术、可视化展示技术等，实现科技报告模板编写、网络呈交、质量审核和监控、知识化加工、使用和服务等主要功能。

在服务层，除了面向科技管理部门、科研人员和社会公众提供科技报告共享使用服务和决策支持服务外，还能为科研人员和科技管理部门提供科技报告撰写、审核和呈交的系统服务，为信息机构提供科技报告数据加工、保存和管理的平台服务。

9.2 科技报告撰写规范

我国于2014年颁布国家标准《科技报告编写规则》(GB/T 7713.3—2014),对科技报告的构成、类型、编排格式、主要内容等进行详细规定,统一科技报告编写格式。

完整的科技报告由前置部分、正文部分、结尾部分构成,每一部分又由不同的要素组成。按照科技报告是否必须具备这些要素的状态来划分,可将这些要素划分为必备要素和可选要素两大类。其中,必备要素是科技报告必须要包含的要素,包括前置部分的封面、辑要页、摘要、目次,正文部分的引言、主体、结论和建议,其余各要素均为可选要素(见表9-1)。

表9-1 科技报告构成要素状态

	组成	状态	功能
前置部分	封面	必备	提供题名、责任者等描述元数据信息及使用权限等管理元数据信息
	题名页	可选	提供描述元数据信息
	辑要页	必备	提供描述和管理元数据信息
	序或前言	可选	描述元数据
	致谢	可选	内容
	摘要	必备	提供关键词等描述元数据信息
	目次	必备	结构元数据
	图和附表清单	可选,有则必备	结构元数据
	符号和缩略语说明	可选,符号等较多时使用	结构元数据
正文部分	引言部分	必备	内容
	主体部分	必备	内容
	结论和建议部分	必备	内容
	参考文献	可选,有则必备	结构元数据
结尾部分	附录	可选,有则必备	结构元数据
	索引	可选	结构元数据
	发行列表	可选,进行发行控制时使用	管理元数据
	封底	可选	提供描述元数据等信息

根据科技部科技报告试点工作的要求和国家科技计划项目科技报告编写模板的规定,国家科技计划项目科技报告由封面、辑要页(基本信息表)、目次、图和附表清单、引言部分、主体部分、结论部分、参考文献等组成，以下对其撰写方法和注意事项做具体介绍。

9.2.1 科技报告撰写总体要求

(1)科技报告的体例

科技报告是对科研活动的过程、进展和结果进行描述，并按照规定的标准格式编写而成的科技文献，其主要目的是为了科研人员的交流和使用。所以，科技报告要按照科学技术论文的体例来撰写，主要是针对研究对象、过程、方法和结果等进行描述，而非针对本项目或本课题，这是与原有提交报告存在的显著差异。

科技报告撰写要分章节，章节安排要有系统性和逻辑性，章节结构和章节标题应清晰明了。可针对科学技术内容自拟标题，没有统一的题目；科技报告撰写主要针对科研人员或同行，而非管理者，要以第三人称撰写。

科技报告撰写要依据研究对象特点和研究过程阶段，就本身的创新内容进行详细记录，所以不同类型科技报告的撰写有一定差异，如试验(实验)报告与研究分析报告就有一定的写作差异。

(2)基本编写要求

1)科技报告由科研项目的主要完成者撰写。

2)科技报告的内容应完整、真实、准确、易读,有一定的技术含量和保存、利用价值。

3)科技报告应采用国家正式公布实施的简化汉字和法定计量单位。

4)科技报告的插图、附表、照片等必须完整，确保能够复制或缩微。

5)科技报告中使用的术语、符号、代号必须全文统一，并符合规范化的要求。

6)科技报告一般采用 A4 纸。纸质、用墨、版面设计等应便于科技报告的印刷、装订、阅读、复制和缩微。

7)电子版科技报告应采用通用文件格式。

9.2.2 科技报告封面要求

科技报告必须具备封面。封面应提供描述科技报告的主要元数据信息，至少包括科技报告编号、科技报告密级、报告名称、作者及作者单位（编制单位）、编制时间等 5 项数据项。项目资助机构也可以根据需要自行规定科技报告封面的其他元素。科技报告封面上的各数据项在著录中必须使用全称。

如下所示为正确的科技报告封面样例。

466007837 – 2009BADB9B01/01　　公开

科技报告

报告名称：食品主要致病微生物控制技术研究与开发最终报告

支持渠道：国家科技支撑计划

编制单位：扬州大学

编制时间：2013-08-31

目前常见的不正确封面存在以下 7 种问题，可引以为戒：科技报告编号缺失、密级缺失、编号著录错误、延期公开没有标识延期时限、延期时限标识错误、使用范围著录格式错误和封面数据项未使用全称。

9.2.3 基本信息表填写

9.2.3.1 报告名称

科技报告名称用词应反映科技报告最主要的内容，尽量避免使用不常见的缩略词、首字母缩写字、字符、代号和公式等。报告名称可以与项目（课题）名称不相同。可以反映项目（课题）研究对象及其技术内容或部分技术内容。常见命名方式是可以在项目（课题）名称后面加“进展报告”、“最终报告”、“试验报告”等词。如某一项目名为“航空母舰短距离起飞和垂直着陆”，其产生的一系列报告题目可以为“航空母舰短距离起飞和垂直着陆”进展报告；“航空母舰短距离起飞和垂直着陆”最终报告等。

报告名称常见错误包括：

1）报告名称无专指含义

例如：将科技报告的名称定为“科技报告”或“863 科技报告”。

2）将“科技报告”作为报告名称的一部分

例如：基于深度视频的动态三维物体建模的科技报告。

正确应为：基于深度视频的动态三维物体建模最终报告。

9.2.3.2 报告作者及单位

作者和作者单位一一对应，即一个作者一个单位，不可多个作者一个单位。作者和作者单位中间为空格，两个作者之间用分号隔开。作者单位需写明全称。

填写作者姓名与单位时常见的错误包括：

1）作者姓名与单位没有一一对应；

2）作者姓名与单位之间未使用空格分开。

例如：王五，清华大学。

正确应为：王五　清华大学。

3）单位未使用全称。

例如：张三　北大；李四　清华。

正确应为：张三　北京大学；李四　清华大学。

9.2.3.3 使用范围

科技报告使用范围即科技报告的密级，非涉密报告可分为公开和延期公开，延期公开需标识延期期限。科技报告公开范围由报告完成单位确定并填写，涉及知识产权的科技报告可申请延期公开，原则上延期的年限不得超过 5 年。

9.2.3.4 报告编号

报告编号的格式为“单位机构代码 -- 课题编码 / 顺序号”，形式为：××××××××× --NNNNUUNNNNNN/NN。完成单位机构代码使用 GB 11714《全国组织机构代码编制规则》规定的 9 位组织机构代码，无组织机构代码的单位采用“000000000”。项目（课题）编号为科学技术计划制定机构编制的项目（课题）编号，单位机构代码和课题编码之间用“--”隔开。顺序号是同一科学技术计划项目（或课题）形成的多件科技报告的 2 位流水号，用“/”与项目（课题）编号隔开。

报告编号的常见错误包括：

1）没有流水号；

例如：B36952193 -- 2008AA09Z108

正确应为：B36952193 -- 2008AA09Z108/01

2）机构代码错误；

例如：××××××××× -- 2008AA092801/01

3）连接符错误。

例如：400010945-2006AA11Z225-01

正确应为：400010945--2006AA11Z225/01

9.2.3.5 摘要与关键词

中、英文摘要应包含科技报告的主要信息，要围绕正文的论题、就研究工作的目的、方法、结果、结论等进行概括性介绍，其重点是方法和结论等信息。中文摘要不超过 1000 字，英文摘要不超过 1500 个字符，如遇特殊需要字数可以略多。应在有限的文字中充分体现科研的创新之处和学术水平，特别是要把新理论、新方法、新结果等最有价值的信息及创新点表述出来。摘要应尽量避免采用图、表、化学结构式、非公知公用的符号和术语等。摘要和引言不可相同，摘要应避免出现描述任务执行情况的语句。

此外，每篇报告宜选取 3 ～ 8 个词作为关键词，同时给出对应的英文关键词。关键词应为有含义的实词，在科技报告中有明确的出处，反映科技报告的研究对象、学科范围、研究方法、研究结果等。关键词之间用“;”隔开。

摘要和关键词的常见错误包括：

1）摘要的项目执行情况描述较多；

2）摘要字数过少或过长；

3）摘要与引言或结论完全一致；

4）两个关键词之间的分隔符错误。

例如：GNSS，地震，电离层异常，地震 - 电离层耦合。

正确应为：GNSS ；地震；电离层异常；地震 - 电离层耦合。

5）关键词使用含义笼统的通用词。

例如：地震；实验；研究。

9.2.3.6 支持渠道

填写支持渠道方面的信息时，须注意：

1）项目（课题）名称，为项目（课题）任务书上的名称；

2）主管部门为立项和直接拨款的部门，而不是项目承担单位的行政主管部门；

3）计划名称应填写计划的全称，如写简称要写在全称的后面，并用小括号括起，如国家重点基础研究发展计划（973 计划）、国家高技术研究发展计划（863 计划）；

4）项目（课题）编号，项目（课题）编码为科学技术计划制定机构编制的项目（课题）编号；

5）合作单位，合作单位按照任务书填写；

6）总经费，总经费 = 国拨经费 + 自筹。按照任务书填写；

7）国拨经费，按照任务书填写；

8）负责人或首席科学家，按照任务书填写；

9）起止日期，为项目（课题）的实际起止日期。延期的项目（课题）填写延期后的真实日期；

10）联系人，填写能对科技报告的质量及知识产权负责的人。

9.2.4 目次编制的基本要求

科技报告应有目次，电子版科技报告的目次应自动生成。目次一般不超过4级，目次内容应包括章节编号、标题和页码。章节编号必须采用阿拉伯数字，引言一般不编号，也可以阿拉伯数字“0”作为编号，主体部分的章节从“1”开始编号。

如下所示为正确的科技报告目次样例。

目次

目次编制的常见问题有：

1）目次缺失；

2）目次的章节编号没有用阿拉伯数字体系编号；

3）目次中引言从“1”开始编号；

4）插图清单和附表清单列入目次；

5）目次中没有页码；

6）参考文献应不编号；

7）参考文献未列入目次；

8）附录应列入目次，附录中章节一般不列入目次；

9）目次中正文未从 1 开始编页码。

9.2.5　图表清单的基本要求

科技报告中插图和附表较多时，应分别列出插图清单和附表清单。插图清单在前，附表清单在后。插图较多而附表较少，或者插图较少而附表较多，可将插图和附表合在一起列出图表清单。插图清单应列出图序、图题和页码，附表清单应列出表序、表题和页码。位置在目次之后另起页。

图、表等一律用阿拉伯数字分别依序连续编号。可以按出现先后顺序，从引言开始一直到附录之前，连续统一编号，如“图 1”、“表 1”。5 章以上的中大型报告，图、表、公式可以分章或篇依序分别连续编号，即前一数字为章、篇的编号，后一数字为本章、篇内的顺序号，两数字间用半字线连接。如“图 2–1”、“表 2–1”等。全文编号方式应一致。

图表清单常见的错误有：

1）图表较多时，缺失清单；

2）图表编号不连续，或不正确；

3）清单中的图表编号与正文中的图表编号不一致；

4）图表清单表在前，图在后；

5）多个图表列在同一行中；

6）图表清单中没有页码，或页码不正确；

7）图表清单未另起页；

8）图表清单列入目次中；

9）图表清单混合使用两个编号系统。

如下所示为规范的插图清单和附表清单样例。

插图清单

附表清单

9.2.6 正文部分撰写要求

科技报告正文总体结构上应包括引言部分、主体部分、结论部分。依次描述相关的理论、方法、假设和程序等，讨论结果，阐明结论和建议，以参考文献结尾。“引言”、“结论”可以作为章标题，“主体”、“正文”不能作为章标题。科技报告主体部分应针对研究对象及其技术内容凝练、拟定章节标题，使整体章节结构、含义清晰明了。

科技报告正文部分要求从技术内容论述角度，采用技术论文的体例撰写，要针对研究对象、过程和方法、技术和结果等进行描述。建议文中不使用“本项目”、“本课题”、“项目（课题）组”等字眼，改用“本研究”或“本报告”等措辞。科技报告全文中应少涉及或不涉及组织管理方面的内容，不包含项目（课题）财务信息。

9.2.6.1 引言部分

引言部分论述有关研究背景、目的、范围、意义、相关领域的前人工作情况、理论基础和分析、研究设想、方法、实验设计、预期结果等，可以是一段话，也可以分小节论述。可以“引言”为章标题论述或另立更贴切的标题。

国内外现状、研究内容、研究目标、技术指标、研究思路、技术路线、技术方案等内容可以放入“引言”，也可以作为研究概述、研究总论、技术路线等单独成章论述。

规范的引言部分的结构内容示例：

引言

熔喷法非织造布的开发研制始于 20 世纪 50 年代初期，当时美国海军实验室……。我国对熔喷技术的研究始于 20 世纪 50 年代末[5]，……。	← 研究现状
随着经济的发展和人们生活水平的改善，人们对环境质量要求越来越高，……。因此开发新型高效过滤材料是我国当前重大研究课题之一，势在必行。	← 研究意义
本研究拟制备掺杂具有永久驻极特性纳米电气石双组分熔喷超细纤维非织造布，并采用高压水刺技术，经过电晕放电驻极处理开发出双组分熔喷纳微纤维非织造布新型高效耐久驻极过滤材料，……。	← 研究方法
具体研究包括以下内容： （1）电气石改性熔喷驻极功能母粒制备及表征； （2）……。	← 研究内容

引言部分常见的问题包括：

1）“课题任务合同规定的任务、考核指标及主要技术与经济指标”等原有标题不能直接作为科技报告的标题。应将有关研究内容和任务、主要技术指标等从研究背景、目标、意义等角度，并以“引言”为标题论述。应将有关知识产权目标、人才培养目标及有关项目组织管理方面的内容删除。

2）有关研究背景、意义、目标、概述等内容不宜以“立项依据”、“研制执行综述”等为标题，建议以“引言”为标题。也可以将“国内外研究现状”放在引言之后，单独作为一章论述。

9.2.6.2 主体部分

主体部分应参照任务书中的主要研究内容和任务，针对各个技术点（研究任务和内容），自拟标题，按照研究流程或技术点，分章节论述。应完整描述项目研究工作的基本理论、研究假设、研究方法、试验/实验方法、研究过程等，应对使用到的关键装置、仪表仪器、原材料等进行描述和说明。主体部分一般不宜以“课题研究目标、任务、考核指标”、“课题实施完成情况”等作为标题。

科技报告主体部分常见问题包括：

1）主体部分不应以“正文”、“主体”等作为标题；

2）不宜以“课题实施完成情况”、“课题任务的执行情况”、“项目研究和成果情况”、“研究工作主要进展”、“课题研究的主要技术内容、技术路线、实施方案和方法”等作为一级标题。

9.2.6.3 结论部分

结论部分可以论述有关研究成果和发现、创新点，以及问题、经验和建议等内容，可以评价研究成果及发现的作用、影响，展望应用前景等。以“结论”或者“结论与建议”作为章标题。如果不能得出结论，应进行必要的讨论。还可对下一步的工作设想、未来的研究活动、存在的问题及解决办法等提出一系列的行动建议。

规范的结论部分的结构内容示例：

结论和建议

本研究针对 Li-B-N-H、Li-AI-N-H、Li-Mg-N-H 和金属氢基络合物等复合储氢体系，系统开展了制备方法、材料成分、结构和储氢性能关系的研究，揭示了复合储氢体系的储氢机理，……。 ⬅ **研究结果**

通过催化改性，进一步改善了复合储氢体系的储氢性能，成功研制放氢温度在 150℃左右、放氢量>8wt%的 Li-B-N-H 氢源体系以及吸放氢工作温度在 140℃左右、吸放氢量>4wt%的 Li-Mg-N-H 可逆储氢体系，……。 ⬅ **技术指标**

安全高效的储氢技术可以应用于多个领域，如各种燃氢交通工具用供氢系统，燃料电池系统用氢源，氢气的大规模安全储运，工业放空氢的分离回收，……。另外也可以应用于军事方面，如用于便携式燃料电池的氢源、航天飞机卫星等的电源供氢系统等，……。 ⬅ **应用前景**

但从实用化角度来说，材料还存在吸氢较为困难、较低温时的放氢动力学性能有待进一步改善的问题……。建议今后的工作重点集中在材料纳米化和催化剂进一步优化两个方面，……。 ⬅ **问题建议**

结论部分常见问题有：

1）缺少结论。论述完各研究任务后，直接结束，没有结论及有关建议；

2）“已申请或获得授权的发明专利等知识产权情况”等有关项目奖励、专利、著作权、教材、论文等项目成果情况不应列入正文，可作为附录置于正文之后；

3）“课题研究的创新点”、“课题研究取得的主要技术成果、创新点及未来前景”、“对相关研发工作的开展及本学科及相关学科发展的作用和影响”、“成果目前的应用、转化情况，拟进一步推动成果转化的措施、方案及其前景分析”、“成果的其他经济、社会效果分析与评述”等不宜作为一级标题，应从技术角度进行整合改写，作为“结论”或“结论和建议”进行论述；

4）有关人才培养、队伍建设、组织管理、国际合作等方面的情况和经验总结，可以删除；

5）若成果的推广应用为项目（课题）研究内容的一部分，或若研究成果的推广应用情况非常重要且非常有价值和参考意义，可将推广应用情况单独成章论述作为主体的一部分论述；

6）结论不是工作小结，不是正文中各段的小结的简单重复。结论可描述研究发现、评述研究结果、描述研究发现的作用、影响等。

9.2.6.4 参考文献部分

科技报告中所有被引用的文献都要列入参考文献中。未被引用但被阅读或具有补充信息的文献可作为附录列于“参考书目”中。参考文献的著录项目和著录格式应符合 GB/T 7714 的规定。

注意事项：

1）参考文献引用的标注顺序和参考文献的顺序应一一对应；

2）参考文献不宜分列在各章之后，应集中列入正文的最后。

9.2.7 各类型科技报告撰写内容要求

科技报告可分为专题报告、进展报告、最终报告、组织管理报告四大类，由于涉及的学科、选题、方法、工作进程、结果表达、写作目的等不同，正文内容的具体构成或撰写方法可能会有很大的差异，很难做出统一规定和要求。但是，每一种类型的科技报告，会有一些共性特点。

9.2.7.1 最终报告

最终报告是为项目结题验收而编写、作为项目验收必备材料的一种科技报告类型，要全面描述研究工作的目的、过程和结果，包括经验和教训，要以数据、表、图、照片等来充分展示所做的工作。必要时，可简要描述项目先前的专题报告和进展报告，但不需过多描述项目来源等事务性内容，不需描述财务内容。

最终报告的正文内容通常包括：

1）引言。涉及报告研究内容的背景、主题、目的、脉络结构等信息，为读者阅读报告全文，提供了较为详细的“纲要”；

2）主体。对研究方法、假设和工作程序及研究结果进行叙述和讨论，并提出有关建议和方案；

3）讨论和总结。讨论是对研究结果的议论，目的是解释研究结果，推出一般性结论，建立与验证理论，指出应用价值，提出研究的不足。结论要简明扼要地说明研究的全部结果，使其具有客观性和概括性；

4）参考文献。列出在研究过程中所参考引用的主要文献资料，一方面表明尊重文献作者劳动，开阔读者的思路，帮助读者查寻引用文献的原作；另一方面也表明研究者对本课题研究领域进展状况掌握程度，有利于读者对报告的认可。

例如，美国国家航空航天局一份报告号为NASA-CR-114400、题名为“航天飞机末期自动和手动导航与控制系统研究”的最终报告，内容主要分为五部分：第一部分为引言；第二部分为系统概念讨论，包括航天器任务和性能要求、滑翔均衡方法路径的探讨、制导与控制概念、手动控制概念；第三部分为系统设计研究，包括直翼车辆系统的设计研究、三角体轨道飞行器系统的设计研究、三角翼轨道飞行器系统的设计研究；第四部分为模拟器验证，包括模拟器程序概要、模拟器仪表、飞行器性能概要、飞行器性能验证和试验评估、导航和制导系统机械和飞行试验要求；第五部分为结论与建议。

9.2.7.2 专题报告

专题报告包括分析/研究报告、试验/实验报告、工程/生产/运行报告等，因报告属性的不同内容差异较大。其中，分析/研究类报告是科学研究机构承担科研项目、开展科学研究、技术分析等活动中编写的研究性科技报告，是科学研究和分析实际过程的详细记录，文字不甚讲究，篇幅可长可短，短则数十页，长则可达数百页甚至上千页，专业性强。分析/研究报告通常由引言、研究分析方法、研究分析过程、结果与讨论、结论与建议等组成，具体包括：

1）引言。包括报告主题、目的、范畴、脉络结构。在引言中，对主体的陈述应明确所涉及的学科领域及相关术语的定义，还可涉及开展主体研究的理论基础、历史背景及其意义等信息。对目的的陈述，主要是阐明开展研究的原因，对范畴的陈述，主要是明确报告的研究范围；

2）分析研究的方法、假设与过程。简要地描述研究/分析工作所使用的方法、假设和程序，便于读者在不查阅其他文献的情况下对报告提及的研究结果进行评价。对方法、假设和程序的描述应能够为专业读者重复研究过程提供足够的信息；

3）分析研究的结果与讨论。主要归纳总结研究成果、分析结论及其可靠性和意义，可以利用数据进行凸显或证实。不影响理解研究成果 / 分析结论的辅助细节信息一般不出现在讨论部分，而是置于附录中；

4）分析研究的结论与建议。结论用来解释讨论中证实的发现及其意义和影响，侧重于基于研究成果 / 分析结论的评价，应概括作者观点，其编写应达到可以独立阅读的程度。建议根据研究成果 / 分析结论提出行动建议；

5）参考文献（略）。

例如，美国海军学院承担美国国防部项目产生的一份报告号为ADA345638、题名为“航空母舰短距离起飞和垂直着陆”的研究报告，长达287页。该报告分为五部分：第一部分为引言；第二部分为任务需求和系统要求；第三部分为研究过程，包括设计原理、设计假设、设计方案的可行性研究、系统 / 航母描述、船体机械和电气系统设计、灾难控制研究、人员配备研究、成本分析等；第四部分为结论；第五部分为参考文献。

试验 / 实验报告是科技人员为了描述和记录某项实验（试验）的条件、过程与结果编写而成的科技报告，其他科研工作者依据报告中的描述和记录能重复实验过程或重现科研结果。试验 / 实验报告一般需要包括以下内容：

1）引言或简介。可包括试验 / 实验的背景、来源、起因、目的、范围或用途等内容。也可包括国内外试验 / 实验综述、试验 / 实验方法的理论或原理、模型和工具、测量方法、数据采集方法等内容；

2）试验 / 实验材料和设备。可包括试验 / 实验所用材料的成分、构成、性能等，所用试剂的技术规范（品种、规格、纯度等），材料或试剂的数量、来源和制备等内容，凡是与实验对象有关、有利于说明结论的均可详细列出。对试验 / 实验所用的仪器和设备，应写明其型号、规格、生产厂家等。如果是自制设备应列出详细数据、必要的图表和性能；

3）试验 / 实验过程和数据处理。可包括试验 / 实验的设计和大纲、测试细则、实验对象和各种物理化学条件、程序或步骤、试验 / 实验操作过程、试验 / 实验中观察的现象或测量到的数据、数据说明和处理分析方法、科学计算等内容；

4）试验 / 实验结果。这是报告最重要的部分，可包括对试验 / 实验观察的现象或效应的描述和分析，试验 / 实验数据整理、列表或绘图说明等，或进行数理统计分析和误差分析，说明数据的可靠性、重要性和适用性。对实验结果与理论计算进行比较，分析其现象和原因；

5）试验 / 实验结论和建议。在试验 / 实验结果的基础上，总结归纳出试验 / 实验的结论，提出自己的观点或论点。最后，可对试验 / 实验结果或结论进行讨论，对试验 / 实验结果的理论意义和实用价值做出评价，也可以指出目前试验 / 实验的不足之处，提出今后试验 / 实验发展方向与建议等。

另外，试验 / 实验报告应尽可能地将全部试验 / 实验数据和图表作为附件，详细列在文后，供他人参考。美国科技报告中的试验 / 实验报告，其试验 / 实验数据和图表作为附件，往往占据整个报告篇幅的大部分。例如，密歇根州立大学承担的美国空军项目撰写的一份报告号为 ADA477877、题名为“Ti/TiB 功能材料的声波疲劳测试”的实验报告，分为简介、实验材料和条件、实验过程、实验结果、实验结论和建议等部分，报告全文 150 页，其中正文部分 19 页，而作为附录的实验数据占了 131 页。

9.2.7.3 进展报告

进展报告主要描述合同规定时间范围内项目研究的目的、内容、方法和过程，以及在此阶段内所取得的进展、获得的经验、工作的失误和教训等内容,并应描述下一阶段研究工作的建议和初步安排等。进展报告包括阶段报告、中期报告、年度报告甚至季度报告等，是项目实施过程跟踪、管理和监督的主要依据。进展报告除了必须具备项目管理部门要求编写的项目阶段执行情况、进展、结果、下一步计划等内容外，应强调报告内容的研究性和技术性，重点描述此阶段项目研究的主要内容和过程、重要结论和成果、关键技术研发等内容，一般包括如下内容：

1）项目年度或阶段计划的要点和调整情况。简要说明本年度或阶段项目实施的主要任务，是否按计划进行，是否达到项目阶段目标或完成阶段任务，哪些研究内容根据研究发展状况及项目进展情况做了必要的调整和变动，哪些研究内容未按计划进行，原因何在；

2）研究工作主要进展和阶段性成果。本部分是进展报告的重要部分，分层次叙述所开展的研究工作、取得的进展或遇到的问题等，给出必要的数据、图表。根据实际情况提供有关研究动态的对比分析及必要的参考文献；

3）下一年度或阶段的工作计划。包括工作目标、主要任务、工作重点、进度安排、保障措施等。如对研究内容做重要调整，需明确要求调整的内容，并说明理由、必要性以及对项目实施的影响等；

4）参考文献（略）。

例如，美国匹茨堡大学承担美国能源部项目编写的一份报告号为 DE2010972310、题名为“高通量同位素反应堆低浓缩铀核芯的设计研究：2009 年年报”的进展报告，全文 64 页，包括 21 个图、11 个表。报告分为五部分：第一部分为简介，主要描述项目目的和 2009 年年度任务；第二部分详细描述了在反应堆分析方面所做的工作，包括 U–10 型燃料设计、燃料循环周期研究、燃料设计改进及其他研究内容；第三部分详细描述了在反应堆燃料开发方面所做的工作，包括反应堆燃料系统描述、涂层实验等；第四部分描述了 2010 年研究计划；第五部分为参考文献。报告内容详尽，研究性、技术性强。

9.2.7.4　组织管理报告

项目组织管理报告是项目实施过程中或项目验收阶段，由项目承担单位按照项目下达部门的要求而撰写的反映项目实施管理、进度、费用、人员、风险等情况的重要文件。项目组织管理报告没有固定的内容格式，一般需要按照项目管理部门的要求和规定的编写提纲撰写。项目组织管理报告通常要反映出项目的组织管理、进度管理、费用管理、质量管理、资源管理、采购管理等方面的内容。具体包括：

1）引言。一般包括项目的来源、背景和意义、研究总体目标、主要技术内容、考核指标等项目概述，也可以简要总结项目的活动与结果；

2）项目的研究过程和结果。对项目研究和技术开发的方法、过程、数据等可以进行简单描述，但对项目进度、项目任务的完成情况需进行详细描述，并列出项目实施过程中形成的论文、专利等公开成果清单等；

3）项目的进度管理。包括项目的进度控制，实际进度与批准的进度计划的对比。如果发生进度推延，说明原因。估算今后完成每项任务需要的时间，项目进度管理应用的工具与技术，确保各项任务如期完成和预期成果交付的措施。另外，可说明项目的质量管理，包括质量方针、质量目标、质量责任、定期评估项目质量实施的结果、质量控制和监控的结果、优化质量措施等；

4）项目费用管理。包括项目经费的支出情况，费用估算与预测，经费管理与控制的制度和程序，经费的使用和支出分析，支出与计划的比较，如有项目费用的变更，说明变更原因；

5）项目人力资源管理。包括项目组人员配置和职责、如何把项目组发展成为有凝聚力与有效率的团队、项目组织领导、项目沟通、信息交流等；

6）问题与建议。包括完成情况、进度、经费等方面的问题与建议。另外项目组织管理报告一般会附录大量项目管理证明材料，这些材料是项目管理的原始文件材料、凭证的复印件。

例如，美国加利福尼亚理工大学喷气推进实验室承担的美国国家航空航天局“NASA 电子部件和封装项目”所编写的报告号为 N20110014058、题名为“2010 年度芯片装置系统管理报告”，内容包括芯片系统任务背景、芯片系统测试介绍、装置研究、测试准备、测试结果、结果评价、工作展望、参与的研究团队等。

9.3 科技报告审核要点

科技报告的质量审核和评价是科技报告管理工作的重要环节。科技报告涉及科研的全过程，要求内容翔实，能够如实、完整地描述和反映科研的过程和结果。但科技报告的撰写和发行与期刊论文等相比，不需经过专家评审、编辑遴选等同行评议的质量控制过程，为了保证科技报告的学术水平和质量，激励科研人员撰写高水平、高质量的科技报告，必须建立严格的科技报告质量审核制度，研究科技报告质量管理模式，探索科技报告质量评价方法，构建科技报告质量评价模型和指标体系。

科技报告虽不需要同行评议，但需要进行多级严格审查，审查主体包括课题负责人、项目（课题）承担单位、项目管理部门、科技报告收藏部门和社会公众。

1）科技报告由课题负责人组织科研人员按照标准格式撰写，并进行内容把关，标注使用级别或提出密级建议 。非涉密项目（课题）产生的科技报告如涉及国家安全等相关内容，应进行脱密处理。

2）项目（课题）承担单位在呈交之前应对科技报告进行全面审查，包括格式审查、内容审查和密级审查。

3）项目管理部门审核科技报告内容是否覆盖课题任务内容，对涉密项目

（课题）科技报告的密级和保密期限建议进行审核。

4）科技报告收藏部门对其格式进行审查，确认是否合格，对于不合格的科技报告，应退回呈交单位修改。

5）在科技报告共享过程中，将接受社会公众的监督，保证内容真实完整，对社会举报的科研不端行为将予以处理。

科技报告质量保障需要严格执行科技报告的格式审查、内容审查和密级审查，分层次从即时分级审核、同行网络评议、事后使用评估三方面入手进行审核，在保证国家对核心技术资源的知情权和合理控制权的同时，保护项目承担者的合法权益。

1）格式审查是依据《科技报告编写规则》有关要求，检查必备要素的完备性、各数据项填写的准确性、完整性与一致性及是否按技术论文手法撰写。

2）内容审查是从专业角度评判内容是否清晰、系统、完整、可读等，如对于试验报告需审查是否包含试验条件、试验设备、试验数据及相应的结果分析等。

3）密级审查是审查科技报告的密级设置是否合理，确保对科技报告中涉及的技术秘密、商业秘密、专利等知识产权信息进行标记和合理设定。

同时，需强化科技报告全文相似性检测功能，对全文中的文字、图、表、参数进行科技报告与科技报告的相似性检测、科技报告与其他文献类型之间的相似性检测，以期快速甄别研究内容重复度较高的科技报告，防止学术造假，提高科技报告的质量。科技报告审核系统功能见图 9–2 ～图 9–8。

图 9–2　科技报告审核系统功能

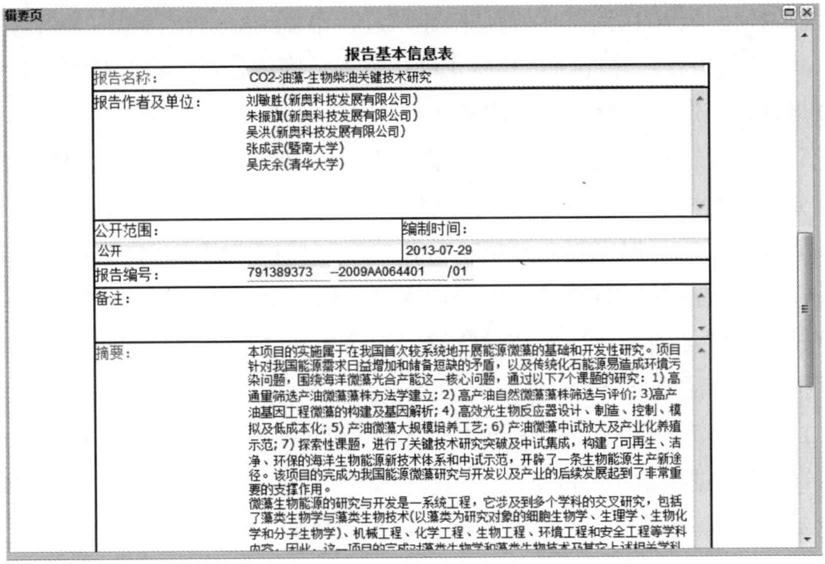
辑要页

报告基本信息表

报告名称：	CO2-油藻-生物柴油关键技术研究		
报告作者及单位：	刘敏胜(新奥科技发展有限公司) 朱振旗(新奥科技发展有限公司) 吴洪(新奥科技发展有限公司) 张成武(暨南大学) 吴庆余(清华大学)		
公开范围： 公开		编制时间： 2013-07-29	
报告编号：	791389373 –2009AA064401 /01		
备注：			
摘要：	本项目的实施属于在我国首次较系统地开展能源微藻的基础和开发性研究。项目针对我国能源需求日益增加和储备短缺的矛盾，以及传统化石能源易造成环境污染问题，围绕海洋微藻光合产能这一核心问题，通过以下7个课题的研究：1)高通量筛选产油微藻藻株方法学建立；2)高产油自然微藻藻株筛选与评价；3)高产油基因工程微藻的构建及基因解析；4)高效光生物反应器设计、制造、控制、模拟及低成本化；5)产油微藻大规模培养工艺；6)产油微藻中试放大及产业化养殖示范；7)探索性课题，进行了关键技术研究突破及中试集成，构建了可再生、洁净、环保的海洋生物能源新技术体系和中试示范，开辟了一条生物能源生产新途径。该项目的完成为我国能源微藻研究与开发以及产业的后续发展起到了非常重要的支撑作用。 微藻生物能源的研究与开发是一系统工程，它涉及到多个学科的交叉研究，包括了藻类生物学与藻类生物技术(以藻类为研究对象的细胞生物学、生理学、生物化学和分子生物学)、机械工程、化学工程、生物工程、环境工程和安全工程等学科		

图 9–3 科技报告审核系统功能——辑要页审核（1）

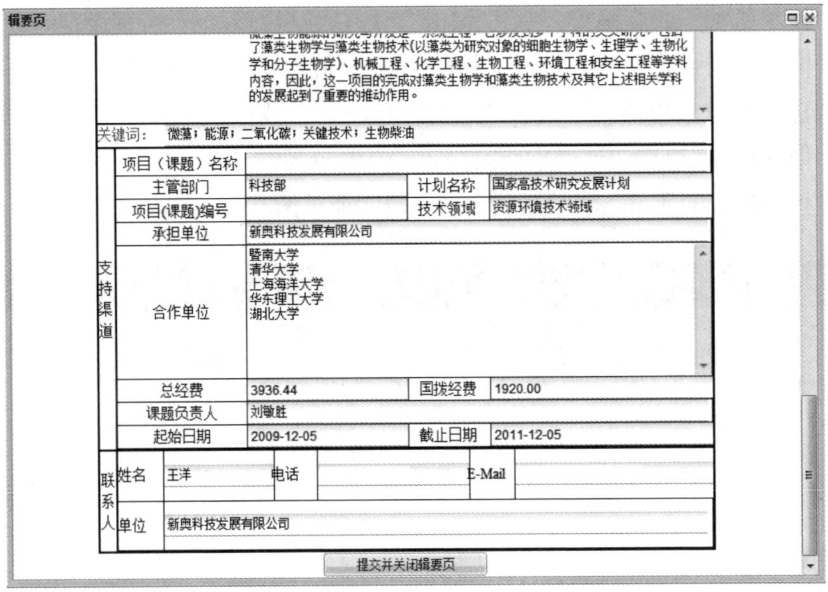
辑要页

了藻类生物学与藻类生物技术(以藻类为研究对象的细胞生物学、生理学、生物化学和分子生物学)、机械工程、化学工程、生物工程、环境工程和安全工程等学科内容，因此，这一项目的完成对藻类生物学和藻类生物技术及其它上述相关学科的发展起到了重要的推动作用。

关键词：	微藻；能源；二氧化碳；关键技术；生物柴油			
支持渠道	项目（课题）名称			
	主管部门	科技部	计划名称	国家高技术研究发展计划
	项目(课题)编号		技术领域	资源环境技术领域
	承担单位	新奥科技发展有限公司		
	合作单位	暨南大学 清华大学 上海海洋大学 华东理工大学 湖北大学		
	总经费	3936.44	国拨经费	1920.00
	课题负责人	刘敏胜		
	起始日期	2009-12-05	截止日期	2011-12-05
联系人	姓名	王洋	电话	E-Mail
	单位	新奥科技发展有限公司		

提交并关闭辑要页

图 9–4 科技报告审核系统功能——辑要页审核（2）

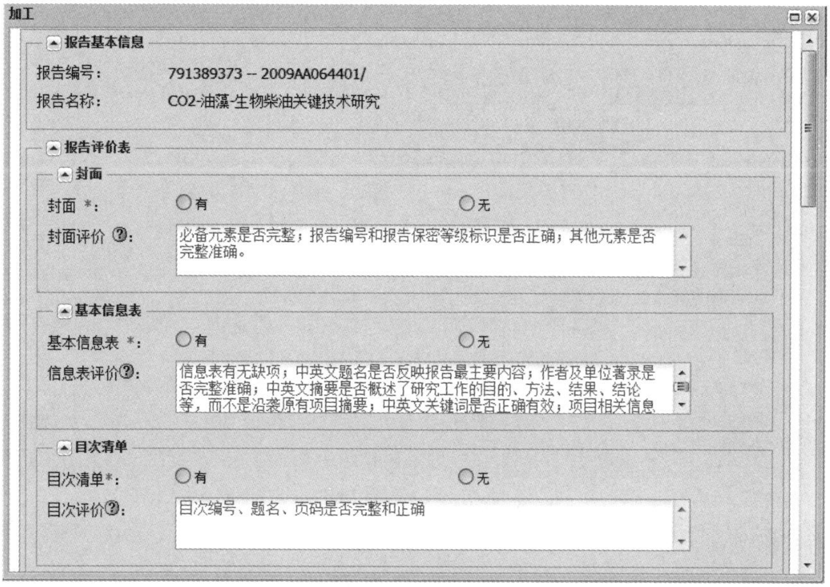

图 9–5　科技报告审核系统功能——评价表填写（1）

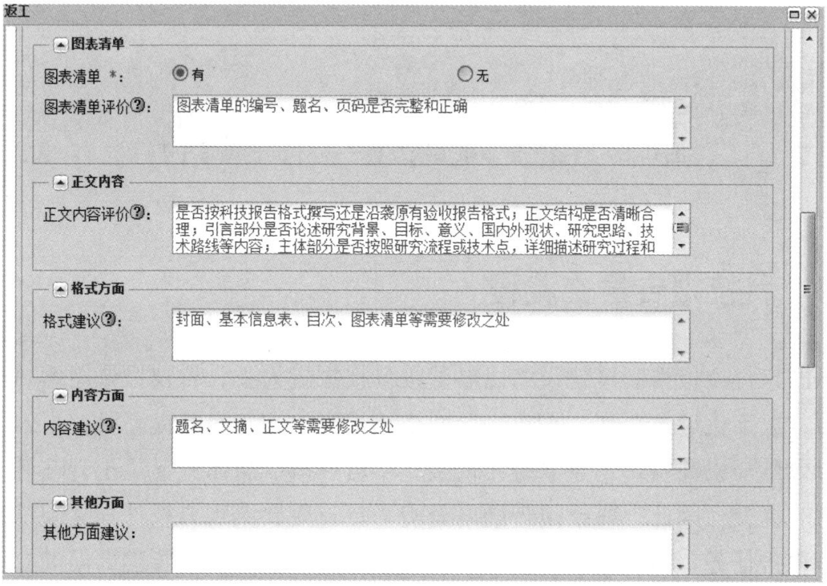

图 9–6　科技报告审核系统功能——评价表填写（2）

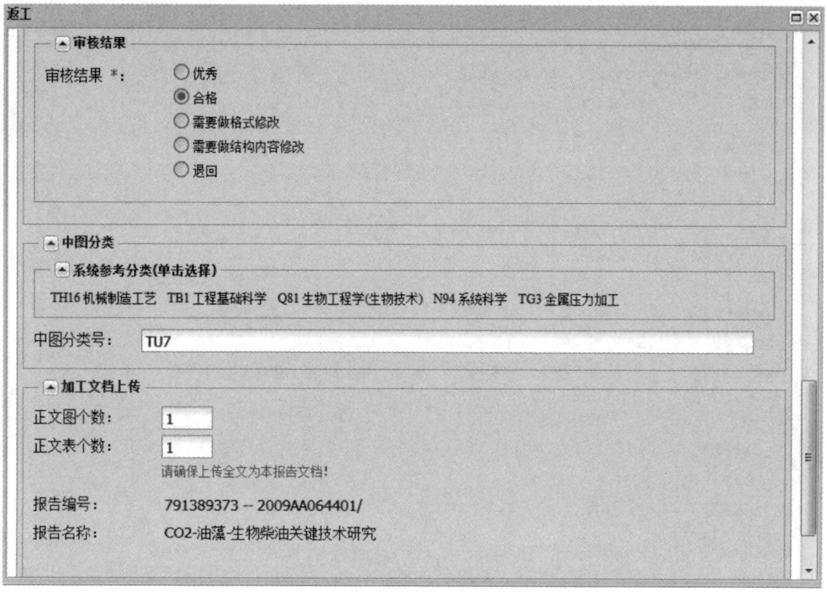

图 9-7 科技报告审核系统功能——评价表填写（3）

图 9-8 科技报告审核系统功能——评价表填写（4）

9.4 科技报告呈交流程

国家科技报告制度建设将以电子版科技报告为主，科技报告用编写模板撰写，数字化形态存在，需要进行网络化呈交，尤其是要提高科技报告收集的时效性与以往管理信息系统相衔接，尽可能减少科研人员负担，在同一系统同时提交。因此，科技报告网络呈交平台首先要实现科技计划立项信息与科技报告任务、科技报告呈交状况的连接，允许导入科技管理部门的立项信息和科技报告任务指标，并根据任务指标分配科技报告呈交权限，设定科技报告呈交数量和时限。其次，呈交系统根据科技报告呈交流程和控制机制，对科技报告编写软件进行集成，提供科技报告基本信息输入和规范控制、科技报告封面生成、科技报告正文上传、科技报告整体文档校验和合成、科技报告在线审核等功能，系统要着重解决数据规范控制、数据传输、数据安全、元数据抽取和保存等问题。最后，呈交系统应能够统计分析科技报告呈交的完成状态和完成情况，按计划、领域、项目等口径统计科技报告呈交数量和未完成情况，并提供反馈信息，实现定期催交。

在申报系统中，单位管理员将项目（课题）授权给项目申报人，项目申报人完成科技报告填写后将其提交至单位管理员，单位管理员检查后提交至科技部。科技报告呈交流程见图 9–9。

下面以项目（课题）组人员使用为例，描述项目申报人科技报告呈交操作指南。项目申报人呈交科技报告的步骤见图 9–10。

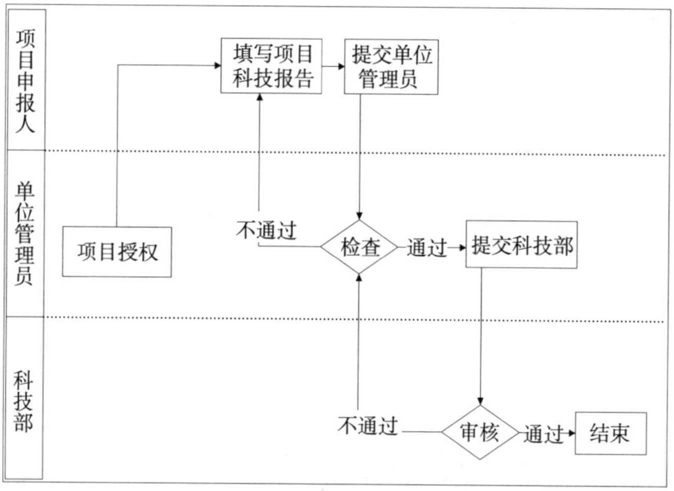

图 9–9 科技报告呈交流程

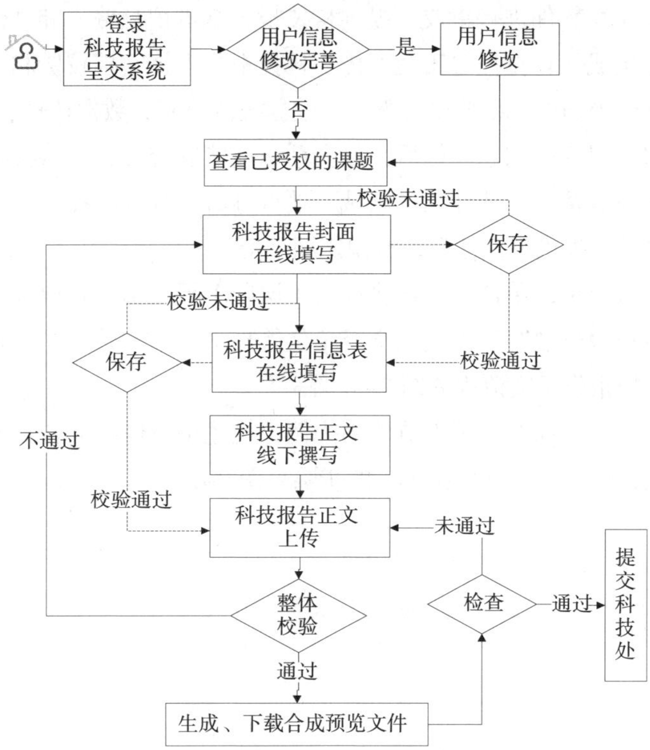

图 9-10　项目申报人呈交科技报告的操作流程

项目申报人在申报系统首页点击【用户登录】按钮，进入用户登录页面，输入用户名、密码和验证码，点击【登录】进入申报系统，见图 9-11。

图 9-11　登录页面

点击左侧计划名称列表中的 863 计划，即可进入 863 项目科技报告呈交主页，见图 9–12。

图 9–12　呈交页面

在主页上，申报人可以看到【填写中申报项目】、【已提交申报项目】和【立项及在研申报项目】栏目。点击“立项及在研申报项目”，可以看到与申报相关的多个栏目，见图 9–13。

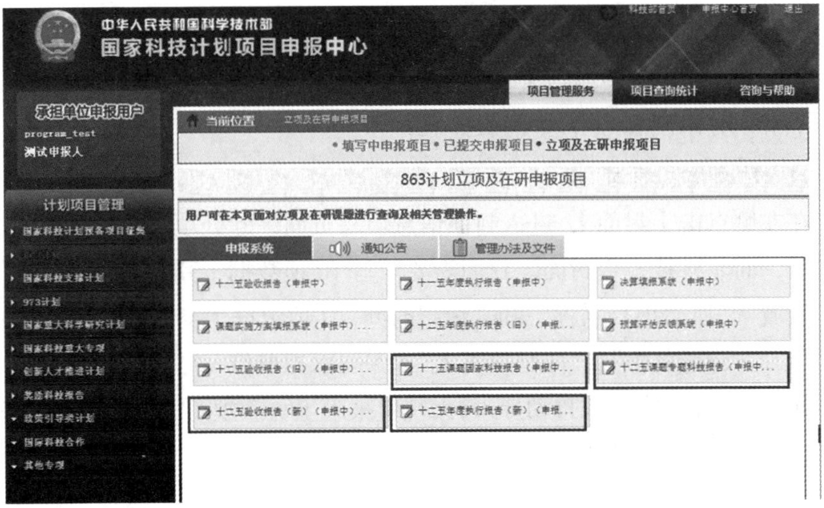

图 9–13　立项及在研项目页面

863项目科技报告可分为验收、年度执行和专题3种类型，需要通过【验收报告申报】、【年度执行报告申报】、【专题科技报告申报】和【回溯科技报告申报】4个不同的栏目呈交，下文以验收报告呈交为例说明。

点击图9–13的【十二五验收报告（新）】，进入验收报告呈交页面。该页面显示所有授权给该用户的、处于“申报人填写中”状态的项目列表。

在验收申请通过之后，点击图9–13中的【验收报告】图标，进入验收报告填写页面，见图9–14。如果申报人发现原来已处于“提交科技部”状态的报告，又处于“申报用户填写中”状态，点击【查看退回信息】查看退回原因。

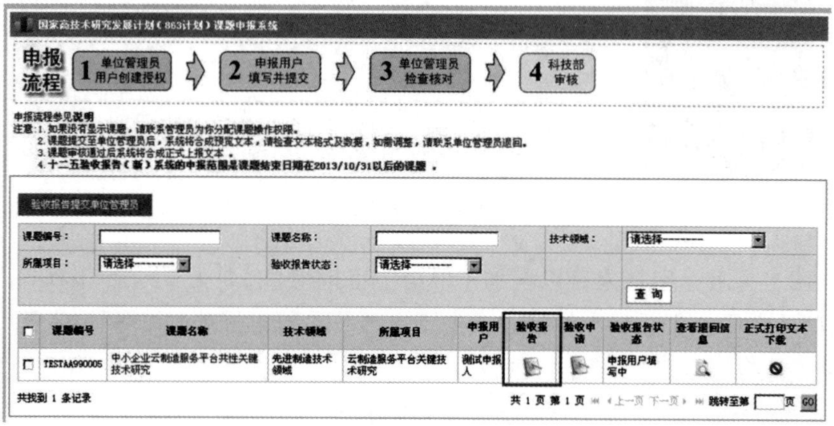

图9–14 验收报告填写页面

验收报告分为“课题技术报告”、“课题任务完成情况”和“经费使用情况”三个部分，其中第一部分即为科技报告。

（1）封面信息填写

在左侧点击【封面】，进入封面信息填写页面，此处填写的是验收报告整体封面，而非科技报告封面。封面需要填写10项数据，其中“密级”、“所属技术领域”、“所属项目名称”和“填报时间”4项数据为空白项，需填写。“课题编号”、“课题名称”、“课题负责人”“课题承担单位”、“开始时间”和“结束时间”6项数据为系统自动导入，无须申报人填写。填写完毕后点击【保存】按钮，说明及封面部分填写页面见图9–15和图9–16。

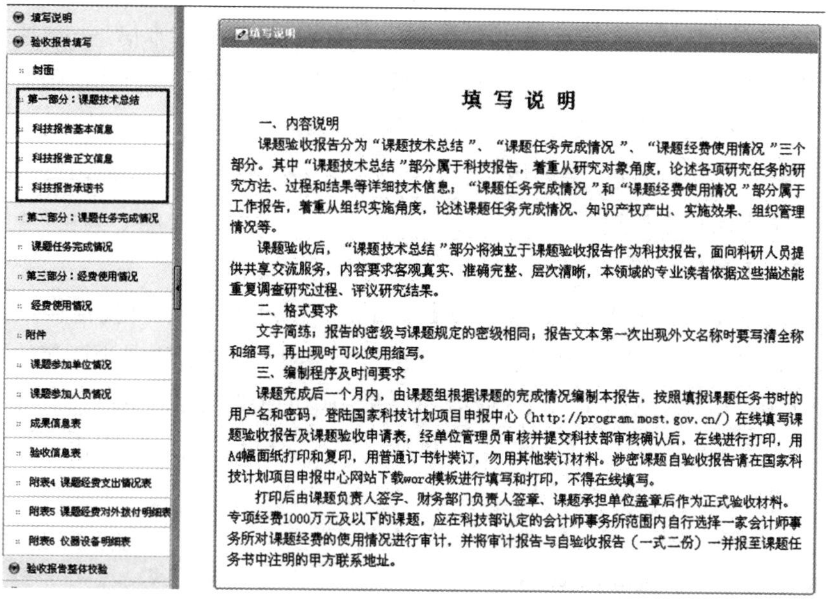

图 9–15 填写说明

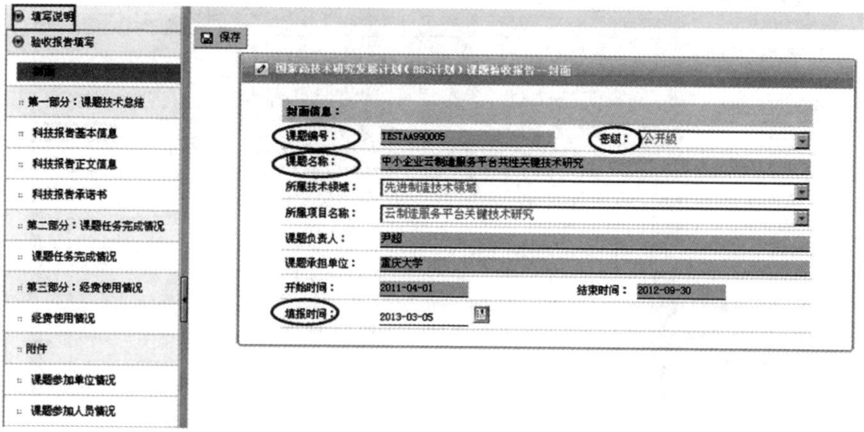

图 9–16 封面部分

（2）基本信息表填写

点击左侧栏目中【科技报告基本信息】，进入科技报告基本信息表填写页面。科技报告信息表包含"中英文报告名称"、"中英文报告作者及其单位"、"公开范围”、“编制时间”、“报告编号”、“备注”、“中英文摘要”、“中英文关键词”、“支持渠道”、“联系人”等数据项。“支持渠道”为课题的基本信息，包括“课题名称”、“课题编号”、“科技领域”、“承担单位”、“经费”、“合作单位”、“负责人”及“课题的主管部门”、“计划名称”、“科技领域名称”等信息，其中，“合作单位”为空白项，需要填写，其他项为系统自动导入，无须填写。填写完毕点击【保存】按钮。

（3）正文信息填写

信息表填写完毕后，点击【科技报告正文信息】，进入科技报告正文填写页面，申报人可以选择离线编写科技报告，然后复制粘贴到此页面的在线WORD中。应注意的是正文复制粘贴后，模板中的说明性文字需删除，如“正文”、“此处插入目录”、“附录”等。科技报告正文填写完毕后，点击【保存】，见图9-17。

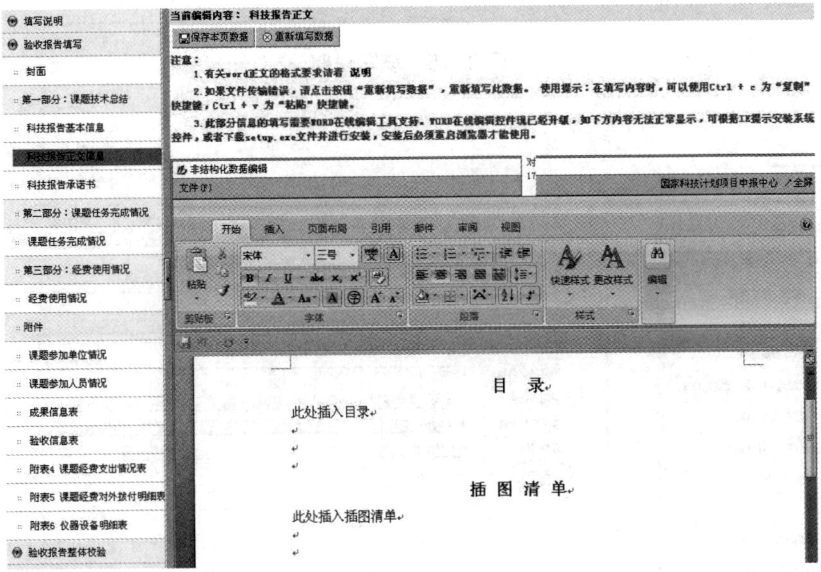

图9-17　正文信息

（4）承诺书填写

点击左侧的【科技报告承诺书】，进入科技报告承诺书填写页面，见图9-18。本页面提供WORD、PDF和压缩包3种承诺书下载方式，申报人首先下载承诺书、签字、扫描，最后以图片的形式粘贴到该页面上。

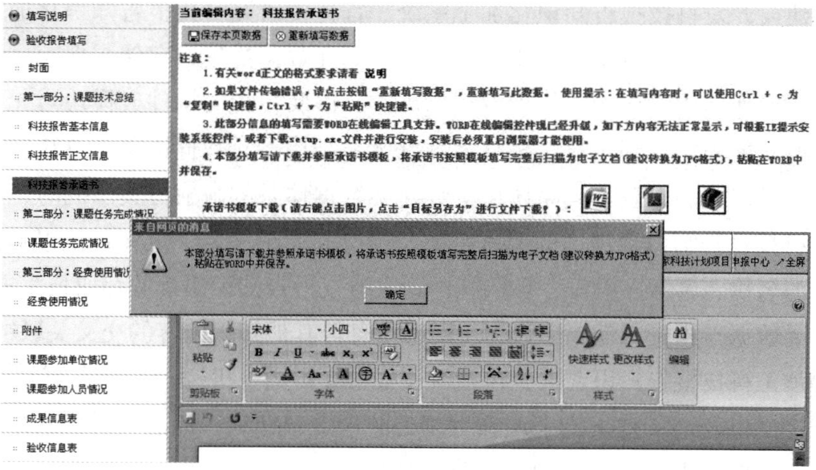

图 9–18　承诺书

（5）整体校验

科技报告正文复制粘贴无误后，点击【保存本页数据】。如果需要重新填写，点击【重新填写数据】。

至此，验收报告的第一部分，即课题技术总结填写完毕。申报人继续填写第二部分和第三部分，全部填写完毕之后，点击左侧【验收报告整体校验】。整体校验通过后，点击左侧的【提交单位管理员】提交填写完成的报告。申报人提交报告之后，需及时联系单位管理员，只有报告状态为“提交科技部”时，报告的呈交过程最终结束。

9.5　科技报告加工规则

科技报告与其他科技文献信息相比，内容更加全面、综合和丰富，而且包含了大量的图表、数据、参数、设计、技术、产品等知识要素，反映了国家科技投入的领域热点和前沿领域所产出的最新研究成果，无论对科研人员还是科技管理部门和社会公众都具有巨大参考价值。因此，对科技报告不但需要进行常规的元数据加工和检索服务，而且要通过内容抽取、知识标注、数据挖掘等技术手段，实现科技报告的知识化加工和揭示，满足多层次、多元化的知识化服务要求。[①]

建设开发科技报告知识化加工系统，首先要研究科技报告知识化加工和整合方法，调研科技报告知识化加工系统对元数据描述、存储与保存、缩放性、互操作、检索访问、知识发现的需要，以及各相关构件或模块对元数据模型的功能需求，制定科技报告元数据体系结构、元数据语义、语法和结构规定、扩展机制以及不同系统中个性化元数据体系的映射方案。同时，需要确定科技报告知识化加工的要素类型、构成和逻辑关系，定义科技报告知识要素的名称、属性、操作、导航等，制定科技报告知识要素的存取技术方案，实现元数据与相关文献、多媒体、网络信息等其他知识内容的交叉关联链接。需要加工科技报告知识要素，包括科技报告关键词、机构、人员、参考文献、图表等，以及与科技报告来源项目相关的论文、专利、标准等科研成果，需要进行这些知识要素的识别、切分、分类和标引、知识标注等，实现知识要素的资源描述，建立知识要素数据库，并建立知识要素关联关系。

9.6 科技报告服务系统功能

（1）系统功能设计

科技报告服务系统具有科技信息系统和科技管理系统的双重性，功能主要可分为后台管理和前台展示两大部分，具体功能包括用户注册、登录、检索、导航、浏览、订购、统计分析、动态信息显示、用户管理等，见图 9-19。

1）用户注册和登录功能

系统提供新用户注册功能，用户需阅读并同意用户须知的内容，才能进入注册页面，在注册页面中填写必要的信息，提交注册申请。注册信息由相关人员线下审核其真实性后，在系统后台用户管理中进行激活，激活后用户方可登录系统。

根据用户管理和身份识别的需要，用户注册时必须填写登录名、密码、真实姓名、所在省市、工作单位、机构性质、单位地址、邮政编码、受教育程度、邮箱、电话等真实信息。另外，系统还应提供密码修改及找回等功能。

① 曾建勋. 科技报告技术标准体系研究 [J]. 情报学报，2013（5）：459-465

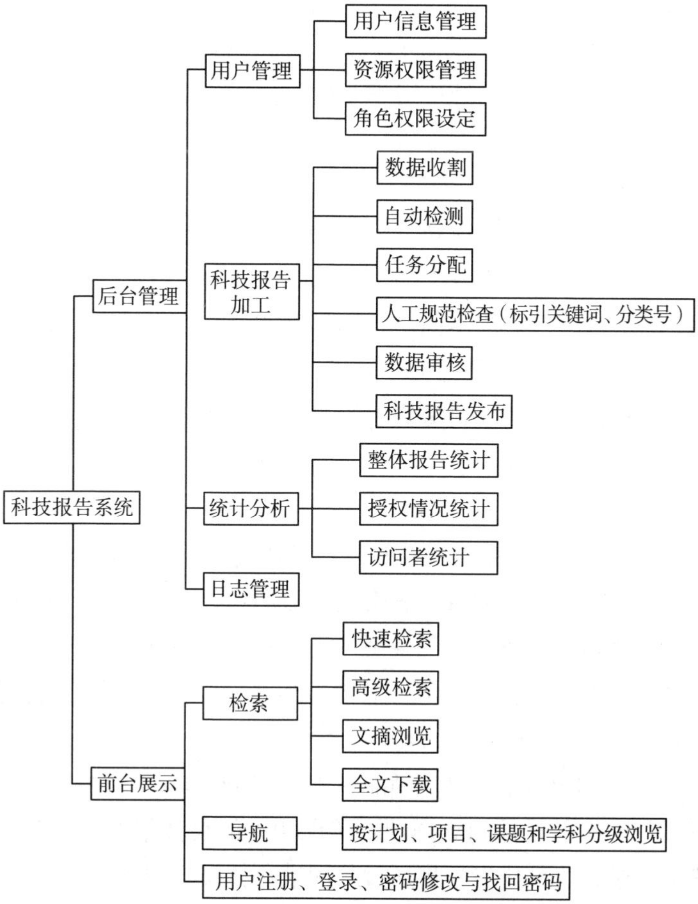

图 9-19　科技报告服务系统功能设计

2）检索功能

系统可以提供快速检索功能，用户可选择题名、作者、作者单位、科技报告类型、科技报告编号、关键词、摘要、计划名称、项目（课题）名称、承担单位、计划领域等查询条件，输入检索词进行检索，系统进行模糊匹配检索。系统还可以提供高级检索，显示多个检索条件和逻辑关系，系统进行组合检索。检索结果可考虑按年度、计划、学科分布聚类显示。有权限的用户登录后可以点击下载科技报告全文。

3）浏览功能

系统提供的浏览功能应包括文摘浏览和全文浏览。文摘浏览显示科技报告的题名、作者、文摘、关键词等详细信息，有权限的登录用户可以下载全文。全文浏览功能提供科技报告的 PDF 格式全文，只有有权限的登录用户才可以下载全文。全文下载时，系统应对下载的科技报告全文添加水印，隐含用户登录名、登录 IP 及下载时间等信息。

4）导航功能

系统导航功能可提供按科技计划、计划领域或报告学科等进行分级导航的查询服务。按计划领域分级导航可采用导航树的方式，对国家科技计划、省部计划、国防科技计划等不同层级和类型的科技计划进行分类显示，下级可显示计划领域、项目（课题）名称等，点击项目（课题）可以查看报告。学科导航可按科技报告的学科分类显示科技报告的基本信息，点击【显示详细信息】，有权限的用户可以点击全文浏览或下载。

5）统计分析

统计分析功能主要服务于科技管理和科技决策，包括按计划领域、部门、报告类型进行统计，统计结果以表格或图形形式显示或导出。另外，系统还应建立日志管理和统计功能，记录用户注册登录、浏览及下载科技报告、后台操作等，并对用户访问人次、科技报告检索量、浏览量、下载量等进行统计。

（2）国家科技报告服务系统实例

从 2013 年 4 月开始，科技部在国家科技计划中启动了科技报告试点，开展“十一五”以来科技计划立项项目（课题）的科技报告回溯与呈交工作。国家科技投入形成的科技报告将通过“国家科技报告服务系统”对广大科研人员和社会公众实行开放共享。

“国家科技报告服务系统”于 2013 年 11 月 1 日开通了征求意见版（第一阶段），展示了 1000 份最终报告，向社会公众提供公开科技报告摘要浏览服务，向经实名注册的科研人员提供在线全文浏览服务；于 2014 年 1 月 1 日开通了征求意见版（第二阶段），展示了 3000 份科技报告，这些报告都是依据“十一五”期间已验收项目（课题）的验收报告加工而成。

国家科技报告服务系统于 2014 年 3 月 1 日正式上线，截至 2014 年 10 月展示了涉及科学技术部、国家自然科学基金委员会和交通运输部的 3 万份科技报告，见图 9-20。公众只需登录网页 http://www.nstrs.cn，即可按所属计划、学科、地区、类型和部门进行导航链接，通过报告题名、作者及其单位、摘要、关键词、计划名称、项目（课题）名称等进行检索。系统开通了针对社会公众、

图 9–20 国家科技报告服务系统首页

专业人员和管理人员 3 类用户的服务。向社会公众无偿提供科技报告摘要浏览服务，社会公众不需要注册，即可通过检索科技报告摘要和基本信息，了解国家科技投入所产出科技报告的基本情况。向专业人员提供在线全文浏览服务，专业人员需要实名注册，通过身份认证即可检索并在线浏览科技报告全文，但不能下载、保存全文。科技报告作者实名注册后，将按提供报告页数的 15 倍享有获取原文推送服务的“阅点”（即用于获取全文推送服务的支付单位）。向各级科研管理人员提供面向科研管理的统计分析服务，管理人员通过科研管理部门批准注册，免费享有批准范围内的检索、查询、浏览、全文推送及相应统计分析等服务。

系统根据广大科技人员和社会公众提出来的意见和建议，进行了多方面改进和完善，如，在首页增加报告分类导引及其数量；增加“延期公开”科技报告的摘要查询服务，提供项目（课题）联系人信息，便于沟通交流；先期向科技报告贡献者赠予“阅点”，科技报告第一作者也可进行“阅点”转赠；全文在线浏览中增加目录导引，改进翻页功能；强化了项目（课题）关联信息的呈现，实现科技报告与计划项目执行情况和研究成果间的关联和链接；同时，增加了面向管理人员的统计分析服务。

附　录

附录一　国家科技计划科技报告编写模板样例

[科技报告编号]　　　　公开范围[延迟期限]

科 技 报 告

报告名称：________________________

支持渠道：________________________

报告类别：________________________

编制单位：________________________

编制时间：________________________

编写说明

一、课题负责人（项目首席科学家（973 专有）负责组织研究人员编写科技报告，并按相关计划管理的要求审核和提交。

二、科技报告一般包括封面、基本信息表、目录、插图清单、附表清单、正文、附录和参考文献等部分。

三、报告内容应客观真实、准确完整、层次清晰。本领域的专业读者依据这些描述能重复调查研究过程、评议研究结果。

科技报告基本信息表

<table>
<tr><td rowspan="2">1.报告名称</td><td colspan="4">中文（不超过 40 字）：</td></tr>
<tr><td colspan="4">英文：</td></tr>
<tr><td rowspan="2">2.报告作者及单位</td><td colspan="4">中文：</td></tr>
<tr><td colspan="4">英文：</td></tr>
<tr><td colspan="3">3.使用范围（公开和延期公开，延期公开需明确延期时间）</td><td colspan="2">4.编制时间（YYYY-MM-DD）</td></tr>
<tr><td colspan="5">5.报告编号（单位机构代码+课题编号+/顺序号，××××××××× -- NNNNUUNNNNNN/NN）</td></tr>
<tr><td colspan="5">6.备注（须注明的特殊事项，如延期公开报告的查询权限、免责声明、报告与其它工作或成果的联系等）</td></tr>
<tr><td rowspan="2">7. 摘　要</td><td colspan="4">中文（不超过 1000 字）：</td></tr>
<tr><td colspan="4">英文（不超过 1500 个字符）：</td></tr>
<tr><td rowspan="2">8. 关 键 词</td><td colspan="4">中文（3～8 个，以逗号隔开）：</td></tr>
<tr><td colspan="4">英文（3～8 个，以逗号隔开）：</td></tr>
<tr><td rowspan="8">9. 支持渠道</td><td>项目（课题）名称</td><td colspan="3"></td></tr>
<tr><td>主管部门</td><td></td><td>计划名称</td><td></td></tr>
<tr><td>项目（课题）编号</td><td></td><td>科技领域</td><td></td></tr>
<tr><td>承担单位</td><td colspan="3"></td></tr>
<tr><td>合作单位（不超过 5 家）</td><td colspan="3"></td></tr>
<tr><td>总经费（万元）</td><td></td><td>国拨经费（万元）</td><td></td></tr>
<tr><td>负责人</td><td colspan="3"></td></tr>
<tr><td>起始日期</td><td></td><td>截止日期</td><td></td></tr>
<tr><td rowspan="2">10.联系人</td><td>姓名</td><td>电话</td><td>E-Mail</td><td></td></tr>
<tr><td>单位</td><td colspan="3"></td></tr>
</table>

目 录

此处插入目录

插 图 清 单

此处插入插图清单

附 表 清 单

此处插入附表清单

正 文

摘要报告仅附摘要即可，其他报告可根据研究对象或研究过程本身特性，按引言、主体和结论三部分分章节撰写，自拟标题。

引言部分：描述研究背景和意义、前期研究基础、研究范围和目标、研究思路和总体方案等。

主体部分：逐一论述各项研究内容的研究方案、研究方法、研究过程、研究结果等信息，提供必要的图、表、实验及观察数据等信息，并对使用到的关键装置、仪表仪器、材料原料等进行描述和说明。

结论部分：阐述主要研究发现，可包括研究成果的作用、影响、应用前景，和研究中的问题、经验和建议等。

参考文献

参考文献插在此处

附 录

若有附录，插在此处

承诺书

本人完全了解国家科技报告的有关规定，同意国家按照规定收藏使用科技报告。包括：

（1）授权公开的科技报告可向全社会开放共享；延迟公开的科技报告，在延迟公开期限结束后可向全社会开放共享。

（2）本科技报告可被相关计划管理人员查阅。

（3）本科技报告中所有的研究内容和数据信息真实可靠。如有失实，本人承担相关责任。

课题负责人：

报告编制人：

年　月　日

附录二　国家科技计划科技报告管理办法

国家科技计划科技报告管理办法

（2013 年 10 月 11 日　科技部发布　国科发计〔2013〕613 号）

第一章　总　则

第一条　为贯彻落实《中共中央 国务院关于深化科技体制改革加快国家创新体系建设的意见》（中发〔2012〕6 号），加快建立统一的科技报告制度，推动国家科技计划科技报告的统一呈交、集中收藏、规范管理和共享使用，制定本办法。

第二条　科技报告是描述科研活动的过程、进展和结果，并按照规定格式编写的科技文献，目的是促进科技知识的积累、传播交流和转化应用。科技报告是国家基础性、战略性科技资源，是国家科技实力的重要体现。

第三条　本办法适用于以中央财政投入为主、由科技部组织实施的国家科技计划、专项、基金等。国家科技重大专项和国家科技奖励的科技报告工作参照本办法执行。

第二章　职责分工

第四条　科技部负责国家科技计划科技报告工作的总体部署和统筹协调，研究制定相关政策，推进科技报告开放共享。

（一）各计划主管司局应将科技报告工作纳入本计划、专项、基金的项目立项、过程管理、验收（结题）等管理程序，组织开展宣传培训工作；

（二）相关业务司局、中心应按照科技报告管理程序，指导、督促项目（课题）承担单位按要求开展科技报告工作。

第五条　中国科学技术信息研究所负责国家科技计划科技报告的接收、保存、管理和服务，主要职责是：

（一）编制科技报告标准规范，协助开展科技报告宣传培训工作；

（二）开展科技报告的集中收藏、统一编码、加工处理和分类管理等日常工作；

（三）建设和维护科技报告共享服务系统，开展科技报告的共享服务；

（四）对国家科技计划科技报告产出进行统计分析，推动科技报告资源的开发利用。

第六条　国家科技计划项目（课题）承担单位应充分履行法人责任，切实做好本单位的科技报告工作，主要职责是：

（一）将科技报告工作纳入本单位科研管理程序，指定专人负责本单位科技报告工作，并提供必要的条件保障；

（二）督促项目（课题）负责人按要求组织科研人员撰写科技报告，统筹协调项目（课题）各参与单位共同推进科技报告工作；

（三）负责本单位所承担项目（课题）的科技报告审查和呈交工作。

第三章　工作流程

第七条　项目（课题）呈交的科技报告类型包括：

（一）项目（课题）年度报告、中期报告及验收（结题）报告；

（二）项目（课题）实施过程中产生的实验（试验）报告、调研报告、工程报告、测试报告、评估报告等蕴含科研活动细节及基础数据的报告。

第八条　在签订合同或计划任务书时，应根据项目（课题）的研究性质和资助强度，经签约各方共同审核后，明确项目（课题）承担单位须呈交的科技报告类型、时间节点和最低数量等，作为项目（课题）的考核指标和验收（结题）的必备条件。

第九条　项目（课题）负责人按照合同或计划任务书要求和相关标准规范组织科研人员撰写科技报告，标注使用级别，或提出密级建议。

（一）非涉密项目（课题）的科技报告原则上标注“公开”。涉及技术诀窍以及需要进行论文发表、专利申请等知识产权保护的科技报告可标注“延期公开”，延期公开时限原则上为2～3年，最长不超过5年。非涉密项目（课题）产生的科技报告如涉及国家安全和重大利益等相关内容，应进行脱密处理；

（二）涉密项目（课题）的科技报告按照国家相关保密规定提出密级和保密期限建议；

（三）对延期公开时限超过 5 年的，或对原定延期公开时限进行延长的，须说明理由并报科技部相关中心审核、业务司局批准。

第十条 项目（课题）承担单位按照相关标准对科技报告进行编号，开展科技报告的形式审查、内容审查、密级审查后，通过科技部国家科技计划项目申报中心或指定渠道呈交非涉密项目（课题）的科技报告。涉密项目（课题）的科技报告通过机要渠道呈交。

第十一条 科技部相关业务司局和中心应在项目（课题）过程管理中同步检查科技报告任务完成情况，对涉密项目（课题）科技报告的密级和保密期限建议进行审核，及时做好定密工作。

第十二条 中国科学技术信息研究所对收集的科技报告进行统一编码、分类编目、主题标引和全文保存，并定期对各计划科技报告任务完成情况进行统计分析。

第四章 开放共享与权益保护

第十三条 科技报告按照“分类管理、受控使用”的原则向社会开放共享。“公开”和“延期公开”科技报告摘要向社会公众提供检索查询服务；“公开”科技报告全文向实名注册用户提供在线浏览和推送服务；“延期公开”科技报告全文实行专门管理和受控使用；涉密项目（课题）的科技报告严格按照国家相关保密规定进行管理。

第十四条 科技报告用户应严格遵守知识产权管理的相关规定，在论文发表、专利申请、专著出版等工作中注明参考引用的科技报告，确保科技报告完成人的合法权益。对社会举报的科技报告撰写或使用中涉嫌学术抄袭等科研不端行为，按照国家相关规定进行处理。

第十五条 中国科学技术信息研究所按照国家相关保密规定强化科技报告的安全管理，严格执行科技报告的延期公开时限，实时跟踪科技报告的使用日志，统计并发布科技报告共享使用情况。

第五章 保障条件

第十六条 科技报告撰写、呈交与管理所需费用应统一纳入相应项目（课题）经费预算。

第十七条　科技部对科技报告撰写和管理工作的先进单位和个人适时给予表彰和奖励。科技报告的共享使用情况将作为对项目（课题）承担单位申报成果奖励和后续滚动支持的重要依据之一。

第十八条　项目（课题）承担单位要积极参与科技报告培训活动，增强科研人员的责任感，提升科技报告的撰写能力和共享交流意识。

第六章　附　则

第十九条　本办法自发布之日起施行。

第二十条　本办法由科技部负责解释。

附录三 关于加快建立国家科技报告制度的指导意见

关于加快建立国家科技报告制度的指导意见

（2014 年 8 月 31 日 国务院办公厅发布 国办发〔2014〕43 号）

科技报告是描述科研活动的过程、进展和结果，并按照规定格式编写的科技文献，包括科研活动的过程管理报告和描述科研细节的专题研究报告。建立国家科技报告制度，将科技报告纳入科研管理，有利于加强各类科技计划协调衔接、避免科技项目重复部署，有利于广大科研人员共享科研成果、提高国家科技投入效益，有利于社会公众了解科技进展、促进科技成果转化应用。为深入实施创新驱动发展战略，推动科技成果的完整保存、持续积累、开放共享和转化应用，按照《中共中央 国务院关于深化科技体制改革加快国家创新体系建设的意见》和《国务院关于改进加强中央财政科研项目和资金管理的若干意见》（国发〔2014〕11 号）的部署要求，现就加快建立国家科技报告制度提出以下意见。

一、总体要求

（一）指导思想。以服务科技创新为根本目标，以促进科技报告规范产生、持续积累、集中收藏和开放共享为主要任务，充分利用现有机构和渠道，逐步建立健全国家科技报告组织管理机制和开放共享体系，形成统一的国家科技报告制度，为提升我国科技实力、深入实施创新驱动发展战略提供支撑。

（二）基本原则。坚持分步实施，在相关地方和部门先行试点，要求财政性资金资助的科技项目必须呈交科技报告，引导社会资金资助的科研活动自愿呈交科技报告。坚持统一标准，规范科技报告的撰写、积累、收藏和共享。坚持分类管理，在做好涉密科技报告安全管理的同时，把强化开放共享作为工作重点，充分发挥科技报告的作用。坚持分工协作，科技行政主管部门、项目主管机构、项目承担单位各负其责，建立协同创新的工作机制。

（三）主要目标。进一步完善国家科技报告制度的政策、标准和规范，理顺组织管理架构，推进收藏共享服务，到 2020 年建成全国统一的科技报告呈交、收藏、管理、共享体系，形成科学、规范、高效的科技报告管理模式和运行机制。

二、建立科技报告逐级呈交的组织管理机制

（四）加强国家科技报告工作统筹管理。科技部负责科技报告工作的统筹规划、组织协调和监督检查，牵头拟订国家科技报告制度建设的相关政策，制定科技报告标准和规范，对各地、各有关部门科技报告工作进行业务指导，委托相关专业机构承担国家科技报告日常管理工作，负责全国范围内科技报告的接收、收藏、管理和共享服务，开展国家科技报告服务系统的开发、运行、维护和管理工作。

（五）建立地方和部门科技报告管理机制。各地、各有关部门应将科技报告工作纳入本地、本部门管理的科技计划、专项、基金等科研管理范畴，在科研合同或任务书中明确项目承担单位须呈交科技报告的具体要求，依托现有机构对科技报告进行统一收藏和管理，并定期向科技部报送非涉密和解密的科技报告。对涉及国家安全等不宜公开的科技报告，项目承担单位应提出科技报告密级和保密期限建议，由项目主管机构按照国家有关保密规定进行确认，并负责做好涉密科技报告管理工作。

（六）强化项目承担单位科技报告管理责任。项目承担单位应建立科技报告工作机制，结合项目和工作要求，组织科研人员撰写科技报告，对本单位拟呈交的科技报告进行审核，并及时向项目主管机构呈交科技报告。

（七）明确科研人员撰写和使用科技报告的责任权利。科研人员应增强撰写科技报告的责任意识，将撰写合格的科技报告作为科研工作的重要组成部分，根据科研合同或任务书要求按时保质完成科技报告，并对内容和数据的真实性负责。科研人员在科研工作中享有检索和使用科技报告的权利，应积极借鉴、参考已有科技报告，高起点开展研究工作。

三、推动科技报告的持续积累和开放共享

（八）强化科技报告的完整保存和集中收藏。对目前已验收（结题）的科技项目，有条件的地方和部门应开展科技报告回溯工作。在做好财政性资金资助科技项目科技报告收集的同时，鼓励引导社会资金资助的科研活动通过国家科技报告服务系统向科技部或其委托机构呈交科技报告。科技部及其委托机构应对全国范围内收集的科技报告进行加工整理、集中收藏和统一管理。

（九）建立科技报告共享服务机制。科技部及其委托机构应根据分级分类原则，通过国家科技报告服务系统面向项目主管机构、项目承担单位、科研人员和社会公众提供开放共享服务。鼓励有条件的地方、部门推动本地、本部门科技报告的共享使用。各地、各有关部门要切实做好科技报告共享服务过程中的安全保密管理和知识产权保护工作，保障科研人员和项目承担单位的合法权益。

（十）开展科技报告资源增值服务。科技部和项目主管机构应组织相关单位开展科技报告资源深度开发利用，做好立项查重，避免科技项目重复部署；实时跟踪科技项目的阶段进展、研发产出等情况，服务项目过程管理；对相关领域科技发展态势进行监测，为技术预测和国家关键技术选择提供支撑；梳理国家重大科技进展和成果并向社会公布，推动科技成果形成知识产权和技术标准，促进科技成果转化和产业化。

四、营造科技报告工作良好环境

（十一）加强组织领导。科技部会同相关部门建立会商机制，加强对国家科技报告制度建设重大事项的沟通和协商，不断提升科技报告管理科学化规范化水平。各地、各有关部门要高度重视，精心组织，健全工作机制，加强协调配合，抓好组织落实。

（十二）建立奖惩机制。项目主管机构应将科技报告的呈交和共享使用情况作为对项目负责人和项目承担单位后续滚动支持的重要依据。对未按时按标准要求完成科技报告任务的科技项目，按不通过验收或不予结题处理。对科技报告存在抄袭、数据弄虚作假等学术不端行为的，纳入项目负责人和

项目承担单位的科研信用记录并依据相关规定向社会公布。

（十三）加强宣传培训。开展科技报告培训工作，提高科研人员的科技报告撰写能力，提升科技管理部门、科研单位科技报告规范管理水平，增强开放共享服务意识。加大对科技报告工作的宣传力度，在科技界和全社会营造重视科技报告的良好氛围。

参考文献

1 Database Descriptions [EB/OL]. [2012-07-19].

2 Department of Commerce. Department of Commerce Strategic Plan for FY 2004 - FY 2009. 2003

3 Department of Energy. Guide to the Management of Scientific and Technical Information（DOE G 241.1-1A）[EB/OL]. [2012-07-19]. http://www.osti.gov/stip

4 Department of Energy. Scientific and Technical Information Management （DOE O 241.1） [EB/OL]. [2012-07-19]. http://www.osti.gov/stip

5 DOD Information Analysis Centers [EB/OL]. [2012-07-19]. http://iac.dtic.mil/ about.html

6 http://www.dtic.mil/dtic/prodsrvc/dbase_descrip.html#tr

7 http://www.law.cornell.edu/uscode/html/uscode15/usc_sup_01_15_10_23.html

8 GB/T 15416—2014，科技报告编号规则[S].

9 GB/T 30534—2014，科技报告保密等级代码与标识[S].

10 GB/T 30535—2014，科技报告元数据规范[S].

11 GB/T 7713.3—2014，科技报告编写规则[S].

12 NASA Celebrates 90 Years of Aeronautics Excellence [EB/OL]. [2012-07-19]. http://naca.larc.nasa.gov/space-act.html

13 NASA STI Program and NTRS [EB/OL]. [2012-07-19]. http://ntrs.nasa. gov/?method=aboutntrs

14 National Advisory Committee for Aeronautics [EB/OL].[2012-07-19]. http://history. nasa.gov/naca/index.html

15 National Aeronautics and Space Act of 1958 [EB/OL]. [2012-07-19]. http://www.nasa.gov/home/hqnews/2005/mar/HQ_05067 _excellence.html

16 National Technical Information Service. Governments Reports Announcements & Index,

National Technical Information Service. 1961–1993

17 Office of Audits, Financial Statements Audits Division. National Technical Information Service Financial Statements Fiscal Year 2003. 2004

18 Office of Audits, Financial Statements Audits Division. National Technical Information Service Financial Statements Fiscal Year 2004. 2005

19 Office of Audits, Financial Statements Audits Division. National Technical Information Service New Business Model. 2002

20 Office of Scientific & Technical Information. Brief Overview of the DOE Scientific & Technical Information （STI） Harvesting Program. February 2003

21 Office of Scientific and Technical Information. DOE Scientific and Technical Information Program Strategic Plan [EB/OL]. [2012–07–19]. http://www.osti.gov/stip/strategicplan.html

22 Office of Scientific and Technical Information. GrayLIT Network [EB/OL]. [2012–07–19]. http://www.osti.gov/graylit

23 Office of Scientific and Technical Information. Information Bridge [EB/OL]. [2012–07–19]. http://www.osti.gov/bridge

24 Office of Scientific and Technical Information. OSTI history [EB/OL]. [2012–07–19]. http://www.osti.gov

25 Office of Scientific and Technical Information. Report to LOWG [EB/OL]. [2012–07–19]. http://www.osti.gov/speeches/fy2006/lowg

26 Office of Scientific and Technical Information. Science Research Connection [EB/OL]. [2012–07–19]. https://www.osti.gov/src/nag.jsp?nextURL= https://www.osti.gov/src/index.jsp

27 Office of Scientific and Technical Information. Scientific and Technical Information Advisory Board [EB/OL]. [2012–07–19]. http://www.osti.gov/stip/stiab.html

28 Scientific and Technical Aerospace Reports [EB/OL]. [2012–07–19]. http://www.sti. nasa.gov/Pubs/star/star.html

29 The Department of Commerce Budget in Brief: Fiscal Year 2003

30 The Department of Commerce Budget in Brief: Fiscal Year 2004

31 The Department of Commerce Budget in Brief: Fiscal Year 2005

32 U.S. Department of Commerce. National Technical Information Service: Financial Statement. Fiscal Year 2003

33 U.S. Department of Commerce. National Technical Information Service: Financial Statement.

Fiscal Year 2004
34 U.S. Department of Commerce. Strategic Plan FY 2004–FY 2009
35 U.S. National Commission on Libraries and Information Science: A Comprehensive Assessment of Public Information Dissemination – Final Report: Volume 1. January 26，2001
36 United States Code［EB/OL］. [2012–07–19].
37 卞子全. 不同省域纺织产业集群竞争力的比较研究[D]. 桂林：桂林理工大学，2011
38 常思敏. 科技论文质量评价的研究和实践[J]. 河南农业大学学报，2011（1）：127–132
39 陈卫红. 航天国防科技报告的编写与检索利用[J]. 航天器工程，2007（5）
40 崔莹，唐剑刚. 网络环境下的“禁毒防艾”信息资源共建共享模式研究[J]. 中国人民公安大学学报（自然科学版），2007，13（3）：65–67
41 邓剑平. 高新技术创新项目绩效评价研究[D]. 哈尔滨：哈尔滨工程大学，2007
42 邓剑平. 基于灰色混沌神经网络的高新技术创新项目绩效评价[J]. 学术交流，2008（9）：109–113
43 冯长根，饶子和，王陇德，等. 建立国家科技报告体系势在必行[J]. 科技导报，2011（21）
44 傅宽. 把航空科技报告征集工作纳入科研工作程序之中[J]. 航空科学技术，2003（2）
45 关浩杰，王继. 我国工业遗产评价指标体系的构建[J]. 山西经济管理干部学院学报，2009（3）：13–15
46 郭春玲. 熟悉国外灰色文献检索系统促进知识传播[J]. 兰台世界，2011（s3）：135–136
47 国家重点基础研究发展计划管理办法[J]. 中国基础科学，2008（5）：50–52
48 韩春雨，孙丽华. 加强高校知识产权的管理与保护[J]. 现代情报，1998（6）：43–44
49 贺德方，胡红亮，周杰. 中国科技报告体系的建设模式研究[J]. 情报学报，2009，28（6）：803–808
50 贺德方. 科技报告资源体系研究[J]. 信息资源管理学报，2013（1）：4–9，31
51 贺德方. 中国科技报告制度的建设方略[J]. 情报学报，2013，32（5）：452–458
52 侯进红，曾旗. 企业生产运作系统绩效考核的模糊综合评判模型研究[J]. 河南理工大学学报（社会科学版），2005（4）：296–298
53 侯人华. 科技报告政策体系及服务方式研究[J]. 情报学报，2013，32（5）：472–477
54 侯人华. 论科技报告资源配置的内容及其实现模型[J]. 中国科技资源导刊，2014（1）
55 胡红亮，宋清林，龚春红. 科技报告知识产权保护问题研究[J]. 科技进步与对策，2009（1）：97–102

56 胡红亮，王维亮，于洁. 网络时代的科技报告体系建设探讨[J]. 科技管理研究，2007（8）

57 胡红亮. 建立中国科技报告体系势在必行[J]. 全球科技经济瞭望，2007（2）：33-35

58 霍振礼，李艳. 美国政府四大科技报告的资料性和档案性及其对我国科技档案工作的启示[J]. 陕西档案，2002（3）

59 霍振礼，尹建. 美国为什么不存在科技档案和科技档案工作的专门概念[J]. 档案学通讯，2003（5）

60 金炬，梁战平. 美国科技信息基础设施建设的经验及启示——OSTI职能和www.science.gov网站的案例分析[J]. 情报学报，2006（5）

61 赖院根. 面向使用的科技报告资源整合模式研究[J]. 中国科技资源导刊，2014（1）

62 李海萍. 企业绿色持续创新的动力、能力与效益转换机制的研究[D]. 昆明：昆明理工大学，2004

63 李晓宏. 基于内部环境优化的国有企业改革研究[D]. 天津：天津大学，2009

64 林海，王卷乐. 国家重点基础研究发展计划（973）资源环境领域项目数据汇交工作正式启动[J].地球科学进展，2008（8）：895-896

65 刘海航，黄碧云，张畅. 欧洲灰色文献系统[J]. 图书馆杂志，2003（3）：22-23

66 刘洁. 完善科技报告管理体系[J]. 科技管理研究，2004（1）

67 刘智. 国家973计划管理研究[D]. 武汉：华中科技大学，2008

68 刘春燕，杜薇薇. 美国NITS服务研究及启示[J]. 中国科技资源导刊，2014（1）

69 莫洪宪，贺志军. 论知识产权犯罪控制中的道德要素[J]. 犯罪研究，2007（5）：16-21

70 莫祖英，马费成，罗毅. 微博信息质量评价模型构建研究[J]. 信息资源管理学报，2013（2）：12-18

71 倪虹. 探索灰色文献[J]. 中华医学图书情报杂志，2005（6）：5-7

72 倪素云，王敏，许培扬，等. 灰色文献资源建设现状与对策研究[J]. 医学信息学杂志，2008（8）：44-47

73 潘启树，徐若冰，李煜华，等. 科学论文质量的模糊综合评价模型研究[J]. 哈尔滨工业大学学报，2001，33（5）：612-616

74 彭晓玲. 国家重大科技决策及重点科技计划涉密专家科技保密管理机制研究[D]. 南京：东南大学，2006

75 秦川. 论商业秘密的刑法保护[D]. 苏州：苏州大学，2007

76 屈月华. 竞业禁止研究——以竞业禁止协议为中心[D]. 上海：复旦大学，2008

77 任伟. 互联网信息对专利法的影响——兼论现有技术的公众可获得性[D]. 贵州：贵州大学，2007
78 任显林. 质量管理体系远程审核系统研究与开发[D]. 重庆：重庆大学，2005
79 沈刚. 论商业秘密信息中国家经济利益的法律保护[D]. 北京：北京交通大学，2011
80 施建辉，樊静，胡朝阳. 论国家资助科技项目中第三方参与人的知识产权利益配置[J]. 山东科技大学学报（社会科学版），2011（4）：77–82
81 施容. 新颖性宽限期和先用权制度及对各方影响[D]. 上海：上海交通大学，2008
82 时春丽. 关于国防科技报告工作的思考——以中国原子能科学研究院为例[J]. 科技成果管理与研究，2010（12）
83 宋立荣. 农业科技信息共享中信息质量评价指标体系研究[J]. 情报杂志，2010（2）：60–65
84 宋立荣. 网络信息资源中信息质量评价研究述评[J]. 科技管理研究，2012（22）：51–56
85 宋清林. 科技报告的重要性[J]. 核情报工作与研究，1996（1）
86 孙杰. 南京广电MSTP专网建设工程项目质量管理的研究[D]. 南京：南京理工大学，2010
87 王超. 国际科技合作中的知识产权归属问题研究[D]. 厦门：厦门大学，2006
88 王辉. 商业秘密的构成及法律保护理论研究[D]. 北京：对外经济贸易大学，2000
89 王建英，马立毅. DOE报告研究和利用初探[J]. 科技情报开发与经济，2005（4）
90 王琳，陈京丽. 关于加速船舶科技报告发展的探讨[J]. 情报理论与实践，1997（6）
91 王维亮. 美国政府科技报告的调查分析——关于近几年来发行数量减少问题[J]. 情报理论与实践，2000（2）
92 王维亮. 美国政府四大科技报告实用指南[M]. 北京：科学技术文献出版社，1995
93 王晓峰. 知识产权犯罪侦查研究[D]. 郑州：郑州大学，2007
94 王晓红. 基于WTO规则的我国中小企业技术创新支持体系研究[D]. 哈尔滨：哈尔滨理工大学，2005
95 王玉茹. 论隐性采访的道德与法律的双重制衡[D]. 金华：浙江师范大学，2006
96 文军. 航空联盟形成机理及协调管理中若干问题研究[D]. 乐山：西南交通大学，2008
97 谢东闻. 企业e-learning培训效果评估研究——以三一重工为例[D]. 长沙：中南大学，2009

98　谢伟. 中国高新技术产业技术创新绩效研究[D]. 重庆：重庆大学，2008
99　杨国立. 高校科技查新优化发展的动力系统构建[D]. 镇江：江苏大学，2009
100　杨良选. 技术成熟度多维评估模型研究[D]. 长沙：国防科学技术大学，2011
101　杨晓农. 网络信息资源评价体系及其实现[J]. 现代情报，2006（10）：53–55
102　尹建，霍振礼. 美国科技档案工作探析（一）——美国国防科技报告的档案性与交流性[J]. 档案与建设，2001（5）：22–25
103　尹建，霍振礼. 美国科技档案工作探析——美国四大报告与中国GF报告的档案性[J]. 档案与建设，2001（6）
104　曾建勋. 关于构建国家科技报告管理条例的思考[J]. 中国科技资源导刊，2014（1）
105　曾建勋. 科技报告技术标准体系研究[J]. 情报学报，2013，32（5）：459–465
106　张爱霞，沈玉兰. 美国政府科技报告体系建设现状分析[J]. 情报学报，2007，26（4）：496–502
107　张爱霞. 我国政府资助科研项目报告制度调研分析[J]. 中国科技资源导刊，2014（1）
108　张爱霞，杨代庆，沈玉兰，等. "科技报告编写规则"国家标准的编制研究[J]. 图书情报工作，2009（13）
109　张爱霞. 美国能源部科技报告管理和服务现状分析[J]. 图书情报工作，2007（1）：89–92
110　张东，赵新力. 关于建立我国科技报告体系的探讨[J]. 中国信息导报，2003（8）
111　张东，赵新力. 美国国家技术情报服务局的改革及其对我国的启示[J]. 中国信息导报，2003（1）：16–18
112　张东. 国家科技报告管理体系分析及对策研究[D]. 北京：中国科学技术信息研究所，2003
113　张红燕，周良春. LC和NTIS在因特网上的信息服务、管理及启示[J]. 图书馆理论与实践，1999（1）
114　张奎勇，周杰. 科技报告撰写和呈交的激励机制探讨[J]. 中国科技资源导刊，2013（4）：100–103
115　张伟君. 知识产权滥用规制制度研究[D]. 上海：同济大学，2007
116　张文敏. 网络科技论文的质量控制研究[D]. 武汉：湖北工业大学，2009
117　张新民. 我国科技报告制度体系框架设计研究与实施进展[J]. 中国科技资源导刊，2013（3）：1–6，40
118　张艳鹏. 国家科技支撑计划项目的管理创新——引入第三方评估咨询机制[D]. 北京：

北京化工大学，2008
119 张永红. 国外灰色文献整理现状及其启示[J]. 大学图书情报学刊，2006（2）：89-92，96
120 赵俊杰. 美国科技报告体系建设概况[J]. 全球科技经济瞭望，2013（3）：1-7
121 郑伟. 美国科技信息基础设施建设的经验[J]. 全球科技经济瞭望，2005（11）
122 周杰. 科技报告资源的构成及产生机理研究[J]. 情报学报，2013，32（5）：466-471
123 周金元，杨国立. 我国科技查新研究热点及趋势分析[J]. 情报杂志，2009（3）：35-38
124 周萍，刘海航. 欧盟科技报告管理体系初探[J]. 世界科技研究与发展，2007（4）：94-100，89
125 周彦文. 文献认知上的新经验[C]//古代文献的考证与诠释：海峡两岸古典文献学国际学术会议论文集. 李浩，贾三强，西北大学古典文献学科. 上海：上海古籍出版社，2006：48-63
126 朱东辉，文秀芳. 科技报告：一种高值高效的技术信息产品[J]. 情报理论与实践，2004（5）
127 庄官保. 美国国防科技报告的发展概况[J]. 航空科学技术，2004（1）
128 邹大挺，沈玉兰，张爱霞. 关于建设中国科技报告体系的思考[J]. 情报学报，2005，24（2）：131-135
129 邹键. 关于科技报告管理体系建设的思考[C]//中国竞争情报第十四届年会论文集，南昌：危机预警与竞争情报. 中国科技情报学会 竞争情报分会. 2008：306-314

后 记

中国科学技术信息研究所从1958年开始收集美国政府科技报告，从20世纪90年代初就一直关注和跟踪研究科技报告管理体系。曾经先后起草《中国科技报告编号规则》、《科技报告编写规则》、《科技报告保密等级代码与标识》、《科技报告元数据规范》等标准，承担过中央级科研院所科技基础性工作专项“中国科技报告体系建立与示范工程（2003DEA4T034）”等多个研究项目。通过系统研究，中国科学技术信息研究所积累了大量的科技报告制度建设相关成果，通过对美国政府科技报告资源的收藏、整理和服务，凝练了科技报告体系构建的相关经验体会。

近年来，我国科技报告工作得到了党和国家的高度重视。2011年5月，温家宝同志在中国科协第八次全国代表大会上指出，欧美等国家都有系统的科技报告制度，把国家支持的科研活动产生的资料，包括研究目的、方法、过程、技术内容、中间数据以至经验教训，尽可能向公众开放共享。2012年2月，刘延东同志在视察中国科学技术信息研究所时也强调指出，科技报告工作是基础性工作，我国在这方面与发达国家还有很大差距，我们也要加快建立科技报告制度。2012年7月，中共中央国务院《关于深化科技体制改革加快国家创新体系建设的意见》明确强调，对财政资金资助的科技项目和科研基础设施，加快建立统一的管理数据库和科技报告制度，并依法向社会开放。2013年，《中共中央关于全面深化改革若干重大问题的决定》中提出“建立创新调查制度和创新报告制度”。2014年3月，国务院《关于改进加强中央财政科研项目和资金管理的若干意见》（国发〔2014〕11号）中第二十五条也明确要建立国家科技报告制度。2014年，李克强总理《政府工作报告》中也提出要实行国家创新调查和科技报告制度。2013年4月，科技部在国家科技计划中正式启动了科技报告试点工作，颁布了《国家科技计划科技报告管理办法》，制定了国家科技报告制度建设实施方案。2014 年 8 月 31 日，国务院办公厅转发科技部《关于加快建立国家科技报告制度的指导意见》，成为国家科技报告制度建设纲领性文件，我国科技报告制度建设工作正在全国范围内系统展开。

2011 年，我申报获准了国家社会科学基金重点项目“中国科技报告资源体系构建研究（11ATQ006）”，课题研究进程，恰逢我国国家科技报告制度建设的战略部署，课题组成员全程参与了科技部实施的国家科技报告制度建设全过程，结合国家科技报告制度建设进行课题研究，更具实证性和可操作性。《科技报告体系构建研究》这部学术专著就是该重点项目的研究成果，是对 20 多年来科技报告相关研究和实践的凝练与归纳，也是对科技报告制度建设发展历程的回顾与总结，对我国科技报告体系构建模式和策略的思考与展望。在本书的成稿过程中，中信所张新民副所长、乔晓东总工程师给予了大力帮助；课题组成员曾建勋、周杰、张爱霞、侯人华、刘春燕、赖院根、杜薇薇、胡红亮以及赵捷、王星、杨代庆等参加了相关部分的研究和探索；武汉大学信息管理学院陈传夫教授和南京大学信息管理学院孙建军教授也参与了相关知识产权和质量管理方面的研究，苏静、丁遒劲等研究生协助进行了大量的整理与编辑工作。在书稿即将付梓之际，我衷心感谢为我国科技报告制度建设工作付出辛劳的人们，感谢黄长著研究员为本书题序，在重点项目研究中给予的指导；感谢参与课题研究的所有专家学者，书稿中凝聚了大家的汗水和智慧。书稿中参考了大量的相关文献和素材，也一并向有关作者表示敬意。

本书总结了科技报告产生发展的管理历程、凝练了科技报告制度的建设路径、制订了科技报告资源的整合方案，提出了科技报告体系的构建模式，归纳了科技报告实践的操作过程。本书对于各级科技计划管理人员强化科技计划项目管理过程具有借鉴作用；对于科研人员撰写高质量科技报告，各类科研机构做好科技报告呈交，推进科技报告的规范管理和机构知识库建设具有参考价值；对于图书信息机构做好科技报告深层次加工和收藏利用具有引导作用；也可作为高校信息管理、科技政策与管理等专业研究生学习的参考书。

科技报告制度建设既是科研管理的有效管理手段，又是科研创新产出的重要表现形式，也是科技信息工作的重要组成部分，是一项复杂、实施难度巨大的长期性基础工作。我国科技报告制度建设的理论研究还处于初始阶段，我国科技报告体系框架的实践推进也刚刚全面展开，本书是科技报告相关理论研究与实践归纳的首部著作，书中必有不少纰漏之处，加之我们学识水平有限，恳请各位专家与同行斧正。

贺德方

2014年9月